大学生水文化教育

水

主编 李水弟 高週全

中国水利水电出版社
www.waterpub.com.cn

内 容 提 要

　　本书以水之源、水之忧、水之治、水之人、水之魂、水之路为编写思路，通过写实的手法，全面介绍了人们认识水、治理水、利用水的探索过程，引用大量翔实的治水人物、事件和水利工程，传递了水利人治水的精神，诠释了水文化的丰富内涵，为传承和弘扬水文化提供了教育素材。

　　本书既是水文化的通读书目，又可作为水利类专业学生的必读素材，也可作为水利院校所有学生的选修教材。

图书在版编目（CIP）数据

　　大学生水文化教育/李水弟，高遇全主编 . —北京：
中国水利水电出版社，2014.8（2021.1重印）
　　ISBN 978 - 7 - 5170 - 2432 - 3

　　Ⅰ . ①大… 　Ⅱ . ①李…②高… 　Ⅲ . ①水-文化教育
-高等学校-教材 　Ⅳ . ①K928.4

　　中国版本图书馆 CIP 数据核字（2014）第 197261 号

书　　名	**大学生水文化教育**
作　　者	主　编　李水弟　高遇全
出版发行	中国水利水电出版社 （北京市海淀区玉渊潭南路 1 号 D 座　100038） 网址：www. waterpub. com. cn E - mail：sales@waterpub. com. cn 电话：（010）68367658（营销中心）
经　　售	北京科水图书销售中心（零售） 电话：（010）88383994、63202643、68545874 全国各地新华书店和相关出版物销售网点
排　　版	北京零视点图文设计有限公司
印　　刷	天津嘉恒印务有限公司
规　　格	184mm×260mm　16 开本　12.5 印张　299 千字　2 插页
版　　次	2014 年 8 月第 1 版　2021 年 1 月第 7 次印刷
印　　数	17501—21500 册
定　　价	**36.00 元**

凡购买我社图书，如有缺页、倒页、脱页的，本社营销中心负责调换

序

"以 水 为 师"

　　我国大思想家老子的师父常枞，在他即将离开人世的时候，众弟子环侍左右。老子问师父："老师！你还有最后的教示吗？"常枞用极微细的声音说："你看牙齿和舌头，哪个刚强？哪个柔弱？"老子说："牙齿刚强！舌头柔弱。"常枞缓缓打开嘴巴："你看，我的嘴里还有什么？"原来常枞的牙齿已经完全掉光了，然而柔弱的舌头依然存在。常枞用深邃无比的眼睛，最后看了老子一眼："以水为师。上善若水，好好悟水，对你人生大有启示！"

　　水是宇宙星际中神奇的物质，是生命之源，文明之源。水是哺育人类的母亲，人类从诞生的那一天起，就与水息息相关。从一定意义上说，人类发展的历史，就是一部认识水、顺应水和治理开发水资源，从而推进文明进步的历史。我们每天都离不开水，对水的珍惜与保护就是对生命、文化的珍惜和保护，水对人类社会的可持续发展至关重要。因此，了解地球上水的来源、形态、位置、分类、循环、数量、开发、治理以及水与人类社会文明、国家民族的关系等，从而树立科学的水观念，人水和谐共处，是每一个地球人的必修课。

　　我们生活的陆地江河湖泊密布，陆地之外又有浩瀚无垠的海洋，大气层中也漂浮着水汽云层，土壤中蕴含着地下水。那么，地球之水最初从何处而来？一种说法认为，宇宙大爆炸，星云演化形成了地球上的原生水，这被认为是地球之水的主要来源之一。地球的另一部分水应该来自无以数计的天外来客：陨石给地球带来了水。而地球上无数生物体的氧化反应过程中产生的水（称为代谢水）也是地球之水的补充，破解水的来源之谜是人类对宇宙、地球和生物奥秘不断探索过程。

人们对水的认识永无止境。纯水在常温常压下为无色无味的透明液体。在自然界，水通常多是酸、碱、盐等物质的溶液。水是一种可以在液态、气态和固态之间转化的物质，水的密度随温度升高而减小，水的热稳定性很强，具有很大的黏聚力和表面张力，普通的水因含有少量电解质而有较强的导电能力……人们对水的特性的研究，从微观的分子结构分析，到洪流巨能的宏观把握，使人类掌握水、利用水的能力得到发展，也促进了人类自身的发展。

远古时代，人们择水而居。纵观世界历史古代文明的发祥地无不与水息息相关。文化源地是人类最古老的文化发生地，即古文明中心。一般认为，人类四大古文明中心分别是尼罗河流域的古埃及、印度河流域西北部的古印度、底格里斯河与幼发拉底河间的美索不达米亚古文明中心、黄河中下游的中华古文明。四大文明中心均位于亚热带和温带的大河流域，文化沿河流传播和扩大影响。这些文明中心的形成和发展，足以证明文明的产生和传播与水域以及水系有密不可分的关系。

华夏民族视黄河为母亲河，它与长江等大江大河一起孕育了伟大的中华民族，我国人民在对江河湖泊的不懈治理与开发保护的过程中，所创造的水文明史是人类古代文明水平的重要标志。中国的水文明史内容十分丰富，建设了一流的工程，如都江堰、黄河大堤、京杭大运河、洪泽湖、海塘等等，无不是当时最早、规模最大的古代水利工程，有些工程至今还在造福人类。创造了一流的技术，如坝工技术、埽工技术、船闸技术、水碓、水磨、水排、水碾、水转大纺车、辘轳等水力机械，有些至今仍在世界各地沿用。形成了一流的理论，如《管子·度地》、贾让三策、泥沙理论、水循环理论，水文测验、降雨观测、泥沙测验以及流速、流量概念等，可以说从古至今中国在世界上都保持着领先地位。拥有一流的治水专家，如大禹、孙叔敖、西门豹、李冰父子、王景、范仲淹、王安石、郭守敬、潘季驯、李仪址等均是当时世界水利先进水平的杰出代表。治水活动不仅为中华民族创造了巨大的物质财富，也为中华民族积累了宝贵的精神财富。

21世纪人类生存面临的最严峻的挑战之一是严重的水资源危机。我国的"水"存在两大主要问题：一是水资源短缺，二是水污染严重。我国是一个干旱缺水严重的国家，是全球人均水资源最贫乏的国家之一。而日趋严重的水污染，进一步加剧了水资源短缺的矛盾，严重威胁到城乡居民的饮水安全和健康。可以说，水资源危机将是我国可持续发展的重要限制因素之一。

新中国成立以来，党和政府高度重视水利建设，大力实施治水工程。淮河、黄河、长江、运河、辽河、松花江、珠江等七大流域都先后进行规划治理。不论筑坝防洪发电，修堰引水灌溉，水土保持治理、水污染防治、水利经营管理等，国家参与程度、群众动员人数和总投资额，都远远超过了历代，取得了显著的成效。建设了一批世界级的水利工程，如三峡水利枢纽工程、葛洲坝水利枢纽工程、黄河小浪底水利枢纽工程、南水北调工程等。在新形势下，我国坚持可持续发展的治水思路，建设以人为本的民生水利，人水和谐的生态水利，突出节约保护水资源的可持续利用水利，统筹兼顾的协调发展水利，改革体制机制和法制建设的创新水利，坚持现代化方向的现代水利。现代治水思路是马克思主义科学发展观在中国水利事业中的具体体现，是有效解决我国水资源问题，保障经济社会可持续发展的必然选择，涵盖了水利发展和改革的各个方面，具有坚实的实践基础、鲜明的时代特征和丰富的科学内涵，必将指导我国水利事业又好又快地向前发展。

中华民族长期的治水活动，深刻影响了中华民族的文化性格和精神塑造。形成了独具特色的中华水文化。水文化是中华文化和社会主义文化的重要组成部分。党的十八大提出，把经济建设、政治建设、文化建设、社会建设和生态文明建设五位一体有机结合起来，实现中华民族的伟大复兴。水文明是生态文明的基础，深入理解水文明的内涵，大力开展水文化教育，积极推进水文明建设，以波澜壮阔的水利实践为载体，弘扬优秀文化传统，丰富和提升水文明水平，是推动社会主义文化大发展大繁荣的需要，也是推进我国水利事业和经济社会可持续发展的需要。

胡振鹏

2014 年 5 月 26 日

前　言

在当今科学技术飞速发展的时代，水利事业和水利科技也得到了较快发展，但人们对水的认识还有待进一步提高，对水利事业的发展还需要进一步地了解和推动。"水是生命之源、生活之基、生产之要"这是党中央在新的历史时期提出的新的观点，但要真正变为人们的自觉意识，还需加强水和水利的科普宣传教育，宣讲生活中与大众密切相关的水利科学知识，倡导科学方法、传播科学思想、弘扬科学精神。作为水利院校的教师和学者应带头而为之，所以编写了《大学生水文化教育》这本科普性的读物。

水文化是以水为载体创造的各种文化现象，是人类在认识水、治理水、利用水、爱护水、欣赏水的过程中形成的物质和精神的文化总和，内涵十分丰富。本书没有对水文化进行学理阐述，而是把我们多年来开展各种水文化宣传教育活动积累的科普知识进行整理归纳，以水之源、水之忧、水之治、水之人、水之魂、水之路为思路编写而成，旨在帮助大学生更好更准确地了解水和水利，认识人们在水利建设和水事活动中形成的"人、物、事、魂"，提高学生的水意识，增强学生对水利行业的认同感、归属感，增强学生学水利、爱水利和献身水利事业的责任感和使命感。本书既是水文化的通读书目，又可为水利类专业学生的必读教材，也可以是水利院校的所有学生的选修课教材。

本书编写历时两年多，受南昌工程学院江西省"十五"重点学科"马克思主义中国化研究"和南昌工程学院江西省高校人文社会科学重点研究基地"水文化研究中心"以及南昌工程学院教学教材的资助和支持，也得到了南昌工程学院教务处、学工处、团委的关心和支持，本书编写还参阅并引用了一些专家和同行的研究成果，在此一并表示衷心感谢。

本书由李水弟、高週全任主编。全书共分六章，第一章由高週全编写，第二章由黄华编写，第三章由江辉编写，第四章由李水弟、高明、温乐平编写，第五章由欧阳子龙编写，第六章由李水弟、江辉编写。书稿汇总后由李水弟、高週全和欧阳子龙进行编辑、修改和统核稿。

本书是多位作者编著而成，因各自的写作风格不尽相同，表述方式不一，有些史料来自网上资源，难以标注出处和作者的姓名，在此敬请大家谅解。同时也因编者的水平有限，全书难免有不当或错误之处，敬请广大读者和专家批评指正。

编者

2014 年 8 月

目　录

第一章　水　之　源

　　在浩瀚的宇宙，有一颗神奇的星球：地球。亿万年来，不知何时何因，她的全身被"蓝色的血"液覆盖，奔流不息。于是就有了北冰洋、印度洋、大西洋、太平洋；有了北极、南极、雪山、冰川；有了白云、瀑布、黄河、长江。从此森林茂盛、原野苍茫、生灵繁衍、人类起航；更有那一曲《蓝色多瑙河》的世纪旋律，成为这世界永远流动的美妙音符……

第一节　生命的起源

　　虽然地球之水的来源众说纷纭，但水是地球上一切生物的起源并赖以生存的最基本物质条件却毋庸置疑。世界古代文明的发祥地都是处在大江大河流域。人类文明从傍水而居发展出最早的农业文明，到逐水而生发展出游牧文明，到踏浪而行发展出海洋文明，到依靠蒸汽的力量进入工业时代，人类文明的每一个过程都深深留下了水的印记，水利文明自始至终发挥着决定性的作用。

一、地球之水概说

　　我们最熟悉不过的水最初是从哪里来的？我们一刻也离不开的水隐藏了哪些秘密？影响我们人类文明发展的水在地球上分布如何？确实扑朔迷离，令人浮想联翩。

　　1. 地球之水来源之谜

　　地球上水的起源在学术上存在很大的分歧，目前有几十种不同的水形成学说。主要有：

　　(1) **"宇宙爆炸说"**。这也是迄今关于水的形成学说最为权威的一种理论，该学说认为：宇宙星系爆炸之后，在宇宙引力场的作用下，形成新一代的星系。其部分空间物质在特定的条件下进行逐步的收缩，成为新的星球。由于宇宙在爆炸的过程中，宇宙空间拥有大量的氢元素和氧元素。在新行星形成过程的中晚期，氢元素与氧元素不断的进行化合反应，也就在星球的表面形成了大量的水分子。这就是地球水的来源。现代宇宙空间研究推测，茫茫宇宙还有无数被水覆盖的星球。这一学说还派生出"气成水说"、"岩浆成水说"等理论。

　　(2) **"气成水说"**。地球形成后期，地球是由难熔的物质凝聚而成，而挥发性的气体则形成大气圈。地球原始的大气圈主要成分是碳氢化合物，那时天上飘的是甲烷云，落下的是甲烷雨，聚集在地面上的是甲烷湖。这些碳氢化合物在光合作用下被分解成水和碳，而这种水就形成了地球原始的水。

　　(3) **"岩浆成水说"**。该学说认为：星云演化成地球时，星云中的氢和氧随尘埃封存在地球的原始物质中。在地球形成地核、地幔和地壳的过程中，高温高压的物理化学作用形成了水分子。此时，组成洋壳的蛇纹岩，在洋壳俯冲、沿缝合线进入地幔时，温度超过

500℃，这时的蛇纹岩就释放出大量水而变成橄榄岩。蛇纹岩"吐"出的水，即是现今海洋水之源。或者在高温高压下从熔岩中分离出来，以水蒸气的形式逸出地表，在大气层中冷凝后形成了地球上的原生水。

（4）**"陨石撞击说"**。地球的另一部分水来自天外，可以说部分地球之水天外来。陨石是地球频繁的来客，一般陨石重量的0.5%～5%是水，碳质陨石中含水量约10%。地球形成至今，落到地球上的陨石无以数计，这些陨石都给地球带来了水。1995年，美国科学家对"波拉"卫星上返回资料的分析表明，太空每天有质量为20～40t的雪球飞向地球，主要成分都是水。这些雪球在离地面1000～20000km的高空分解成云，每1～2年可在地球表面平均积水约30mm。20世纪人类在月球上发现了水，银河系最寒冷的地区也存在大量的水。科学研究证明 "地球之水天外来" 当是事实。现在从地球上逸散到宇宙的水和天外来水基本平衡。

（5）**"生物体内造水说"**。在生物体的氧化反应过程中产生的水，称为代谢水。例如，1个骆驼峰里的脂肪， 在体内氧化作用下平均产生约40L的水。黄鼠、刺猬、盐木鸦、山鼠的皮下脂肪中都会产生代谢水。

综上所述，地球表面之水来自地球内部、天外和生物代谢的事实得到了科学的证明，这是对宇宙、地球生物奥秘不断探索的结果。

2．地球之水初识

（1）**水的形态与密度**。水是由氢、氧两种元素组成的无机物。自然界，水不完全是单水分子（化学式：H_2O），而更多的情况下是水分子的聚合体，包括：单水分子（H_2O）、双水分子（H_2O）2、三水分子（H_2O）3。在常温常压下，水为无色无味的透明液体，温度高于100℃呈气态时，水主要由单水分子组成。水温达到0℃时呈固态冰，且体积膨胀10%。水温在3.98℃时，结合紧密的二水分子最多，此时水的密度最大，为$1000kg/m^3$。当水中溶有其他物质的时候，溶液的密度会相应地增高，浓度越大，密度越大。

（2）**水的温度**。地球上水的温度变化过程是一个复杂的热传递过程。引起水温上升的因素有：来自太阳的热量、天空长、短波辐射、地壳内热、水面水汽凝结、不同水温区域间的水流和水运动、深水与浅水间的垂直热交换、化学的、生物的和放射性物质产生的热量等。引起水温降低的因素有：水面辐射释放、蒸发所消耗、水流带走、水体垂直交换等。其中海洋、江河、湖泊、水库、地下水、地下热水等水温变化的影响因素、温度分布、变化情况等等均具有各自不同的特点。

（3）**水的颜色**。纯水为无色。但自然界水体的水色，则由水体的光学性质以及水中悬浮物质、浮游生物的颜色决定。水色是水体对光的选择吸收和散射作用的结果，因为水体对太阳光谱中的红、橙、黄光容易吸收，而对蓝、绿、青光散射最强，所以海水水色多呈蔚蓝色、绿色；而水体的颜色与天空状况、水体底质的颜色也有关。

（4）**水的透明度**。这是指水体的能见程度，或清澈的程度，表示的是水体透光的能力。但不是光线所能达到的绝对深度。透明度的大小，取决于光线强度和水中的悬浮物和浮游生物的多少。光线强，透明度大，反之则小。水色越高，透明度越大；反之透明度越小。

（5）**天然水的成分**。天然水由于与大气、土壤，岩石及生物体接触，在运动过程中，把其中的许多物质溶解或挟持，成为一个极其复杂的水循环体系。各种水体里已发现80

多种元素。天然水中各种物质按性质通常分为三大类：悬浮物质（例如，泥沙、黏土、藻类、细菌等不溶物质。悬浮物的存在使天然水有颜色、变浑浊或产生异味。有的细菌可致病）、胶体物质（多分子聚合体，其中无机胶体主要是次生黏土矿物和各种含水氧化物。有机胶体主要是腐殖酸）、溶解物质（在水中成分子或离子的溶解状态，包括各种盐类、气体和某些有机化合物）。

（6）**天然水的矿化过程**。该过程是指化合物溶于水，随着水循环一起迁移，其数量、组成及存在形态都不断变化的过程。此过程受两方面因素的制约：元素和化合物的物理化学性质；各种环境因素，如天然水的酸碱性质、氧化还原状况、有机质的数量与组成，以及各种自然环境条件等。天然水的主要矿化作用：溶滤作用、吸附性阳离子交替作用、氧化作用、还原作用、蒸发浓缩作用、混合作用。

（7）**天然水的分类**。天然水有不同的分类方法。一是按水化学成分分类（也叫库尔洛夫分类），是用类似数学分式的形式表示水的化学成分的方法。二是按溶解性总固体（旧称矿化度，英文缩写为 TDS）分类，天然水的 TDS，综合反映了水被矿化的程度，常以 1L 水中含有各种盐分的总克数来表示（g/L），根据 TDS 大小，可将天然水分为淡水、弱咸水、咸水、强咸水、卤水五类。三是按主要离子成分比例分类，例如，阿列金分类、舒卡列夫的分类等。

（8）**水体的化学性质**。各类水体由于环境、温度等千差万别，其化学成分和性质呈现不同特点。例如，大气水的特点：溶解气体的含量近于饱和，降水普遍显酸性。海水最大特点之一是所含化学元素中，12 种主要离子浓度之间的比例几乎不变，海水组成的恒定性对计算海水盐度具有重要意义。河水的水化学属性几乎完全取决于补给水源的性质及比例，这是因为河水流动迅速，交替期平均只有 16 天，河水与河床砂石接触时间短，其矿化作用很有限。湖泊的形态和规模、吞吐状况及所处的地理环境，造成了湖水化学成分及其动态的特殊性。地下水储存于岩石圈上部相当大的深度（10km），构成了地下水圈，渗流速度很小，循环交替缓慢，TDS 变化范围大，从淡水直到盐水，地下水的化学成分的时间变化极为缓慢，常需以地质年代衡量。

3. 地球之水分布

地球上的水分布很广泛，地球表面 70.8% 的面积被水覆盖。水以固态、液态和气态的形式分布于海洋、陆地以及大气之中，形成各种水体，共同组成水圈。地球上的总水量达 13.86 亿 km^3，占地球质量的万分之二。其中，绝大部分为咸水，淡水只占全球总水量的 2.53%。淡水中 68.7% 为冰川及永久雪盖，30.1% 为地下水，前者地处僻远，难以利用，后者需凿井提取，才能利用。余下的 1.2% 才为可以利用的江河、湖、土壤和大气圈中的水。我们往往把海洋、河流、湖泊、冰川、地下 800m 深度以上和大气层 7km 以内的水作为水环境的主体。

（1）**海洋**。是水圈的主体，面积约 3.61 亿 km^2，覆盖了地球表面约 71% 的面积。总水量为 $13.38km^3$，占地球总水量的 96.5%，折合成水深可达 3700m，如果平铺在地球表面，平均水深可达 2640m。

（2）**大气水**。大气中的水汽来自地球表面各种水体水面的蒸发、土壤蒸发及植物散发，并借助空气的垂直交换向上输送。一般说来，空气中的水汽含量随高度的增大而减少。大气水在 7km 以内总量约有 12900km³，折合成水深约为 25mm，仅占地球总水量的 0.001%。大气水虽然数量不多，但活动能力却很强，是云、雨、雪、雹、霰、雷、闪电的根源。

（3）**地下水**。地表之下储存于地壳约 10km 范围含水层中的重力水，称为地下水。由于全球各地的地质构造、岩石条件等变化复杂，很难对地下水储量作出精确估算。科学研究一般认为，从地面至深达 2km 的地壳内，地下水总储量为 2340 万 km³。

（4）**土壤水**。是指储存于地表最上部约 2m 厚土层内的水。据调查土层的平均湿度为 10%，相当于含水深度为 0.2m，如果以陆地上土层覆盖总面积 8200 万 km² 计算，那么土壤水的储量为 16500km³。地球表面生物体内的贮水量约为 1120km³。

（5）**生物水**。地球表面生物体内的贮水量约为 1120km³。

二、水是生命之源

地球上的生命作为宇宙奥秘中最神秘的环节，到底从哪里来的？又是怎样形成如今的生命体系的呢？科学研究表明，生命起源是一个自然历史过程，而水是地球生物起源的决定性物质，也是构成一切生物体的基本成分，更是人类赖以生存和发展的不可缺少的最重要的物质资源之一，一句话：水是生命之源。

1. 生命起源的几种假说

（1）**创世说（神创论）和新创世说**。神创论是把生命起源这一科学命题划入神学领域，认为地球上的一切生命都是上帝设计创造的，或者是由某种超自然的东西干预产生的。19 世纪以前西方流行神创论这一学说。近年来，在科学的高速发展的情况下，神创论的支持者为坚持这一非科学的观点，不得不作出新的努力使圣经与科学调和，用科学知识来证明圣经的故事，如将生物学和古生物学的一些"证据"来证明上帝造物和物种不变的观点，这就是现代的新创世说。这一学说无论怎样修饰都是不科学的。

（2）**自然发生说（自生论）**。此说认为生命可以随时从非生命物质直接迅速产生出来。如腐草生萤、腐肉生蛆、白石化羊等。这一学说在 17 世纪曾流行于欧洲。随着意大利的医生雷地和法国微生物学家巴斯德等人的实验的成功，这一学说失去了它的生命力。

（3）**生物发生说（生源论）**。此说认为生命只能来自生命，但不能解释地球上最初的生命的来源。犹如不能解释到底是先有鸡还是先有蛋的游戏一样。

（4）**宇宙发生说（自生论）**。此说认为地球上的生命来自宇宙间的其他星球，某些微生物的孢子可以附着在星际尘埃颗粒上而到达地球，从而使地球具有了初始的生命。这个学说仍然不能解释宇宙间最初的生命是怎样产生的。此外，宇宙空间的物理因素，如紫外线、温度等对生命是致死的，生命又是怎样穿过宇宙空间而不会死亡呢？

（5）**化学进化说（新自生论）**。此说认为地球上的生命是在地球历史的早期，在特殊的环境条件下，由非生命物质经历长期化学进化过程而产生的。生命起源大致经历了以下四个过程：由无机小分子物质（如氢、氨等）生成有机小分子物质（如氨基酸、含氮碱基、核糖或脱氧核糖等）；从有机小分子物质形成生物大分子物质；从有机高分子物质组成多分子体系；从多分子体系演变为原始生命，这是生命起源最关键的一步。这一学说因为有比较充分的根据和实验证明，为多数科学家接受，但仍需要深入进行研究。

米勒模拟实验（Miller's simulated experiment）。一种模拟在原始地球还原性大气中进行雷鸣闪电能产生有机物（特别是氨基酸），以论证生命起源的化学进化过程的实验。1953年由美国芝加哥大学研究生米勒（S.L.Miller）在其导师尤利（H.C.Urey）指导下完成，故名。其实验装置如图1-1所示。

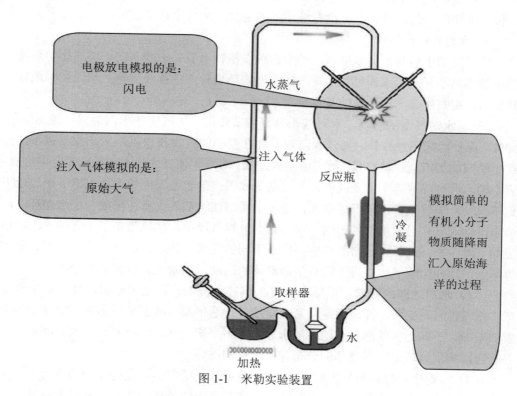

电极放电模拟的是：闪电

注入气体模拟的是：原始大气

水蒸气

注入气体

反应瓶

模拟简单的有机小分子物质随降雨汇入原始海洋的过程

冷凝

取样器

水

加热

图1-1　米勒实验装置

2. 水与生命起源的化学进化学说

在原始地球上，从作为构成生命最基本物质的蛋白质和核酸的起源条件和地点区域来看，水参与了生命起源的化学进化全过程。

（1）**陆相起源说**。这一学说认为，蛋白质和核酸形成的缩合反应是在大陆火山附近完成的。原始地球火山活动频繁，形成局部高温缺氧地区，从而为脱水缩合提供了极佳的条件。附近水池里的有机物形成大量的氨基酸和核酸，当水池由于高温蒸发干枯时，氨基酸弱聚合脱水反应形成多肽等高聚物，后由雨水搬运到海洋，氨基酸和核苷酸自我装配分别形成蛋白质和核酸。这样，就为生命起源提供了所需的有机分子。

（2）**海相起源说**。这一学说认为，在原始海洋中，氨基酸可以被吸附在黏土等物质的活性表面，在适当的缩合剂（如羟胺类化合物）存在时，可以发生脱水，缩合成高分子量聚合物，进而产生团聚体和原始细胞。

（3）**深海烟囱起源说**。从1977年加拉巴哥斯群岛洋中脊的火山喷口的发现至今，已在各大洋、部分浅海河裂谷湖泊中发现了约150余处黑烟囱痕迹。海水在深海烟囱（deep-sea vent）中经历了巨大的温度和化学梯度的变化，可能形成多种溶解物，包括原始生物化学物质。深海烟囱巨大的热量，可以产生类似于大陆火山区里产生的缩合物。蛋白质和核酸一旦产生并且同处于一个独立的分子体系，生命就算产生了。

上述三种分支学说没有排他性，在化学进化阶段并无分歧，生命的起源与进化过程充分说明，水，既是生命起源化学反应中的最基本的介质，又是生命自身最基本物质，扮演着极其重要的角色。没有水就没有地球上的生命，从这个意义上讲，水无愧于生命之源。

3. 水对生命的影响

地球上的生命与水关系密切，动物系统、植物系统、土壤系统、地球化学系统、大气系统等都离不开水。水通过对地球气候、地理环境等产生重要影响，从而影响地球生命生息繁衍，更是生命不可或缺的基本物质。

（1）水对气候的影响。水对气候具有调节作用，大气中的水汽能阻挡地球辐射量的60%，保护地球不致冷却。海洋和陆地水体在夏季能吸收和积累热量，使气温不致过高；在冬季则能缓慢地释放热量，使气温不致过低。海洋和地表中的水蒸发到天空中形成了云，云中的水通过降水落下来变成雨，冬天则变成雪。落于地表上的水渗入地下形成地下水，地下水又从地层里冒出来形成泉水，经过小溪、江河汇入大海，形成一个水循环。雨雪等降水活动对气候形成重要的影响。在温带季风性气候中，季风带来了丰富的水汽，形成明显的干湿两季。此外，在自然界中，由于不同的气候条件，水还会以冰雹、雾、露水、霜等形态出现并影响气候，进而影响生命群体的活动，造就生命群体的差异性。

（2）水对地理的影响。地球表面有71%被水覆盖，从空中来看，地球是个蓝色的星球。水侵蚀岩石土壤，冲淤河道，搬运泥沙，营造平原，改变地表形态。地球上因地理位置的差异，不同地区的降水和地表淡水分布很不平衡，从而影响到地表生态环境的变化，并直接影响到地球上生命群体的分布和生物链的循环。

（3）水对生命体自身的影响。水即是生命活动的载体，也是生命构成的重要元素。水有利于体内化学反应的进行，在生物体内还起到运输物质的作用。水对于维持生物体温度的稳定起很大作用。水约占我们人体组成的70%左右，每个成年人一天要消耗掉2500mL左右的水，需要摄入3000mL左右的水。水参与人体内新陈代谢的全过程，是细胞和体液的重要组成部分之一，保持着人体一定的血容量，从而影响着人体的各种器官，调节人体体温……

总之，无论是地球生命的形式，还是生命的维持和成长，都离不开水。所以，水是当之无愧的"生命之源"。

三、水是人类文明之源

世界古代文明的发祥地都是处在大江大河流域，纵观人类文明发展史，就是一部识水、治水、用水、护水、赏水的历史。如举世公认的四大文明古国：古埃及、美索不达米亚文明、古印度、黄河文明等，都是以大江大河为摇篮，并在定居农耕的基础上发展起来的河流文明。究其原因，就是由于他们在长期的治水活动中，很好地掌握了控制河流、治理河流、保护河流、利用河流的能力，这种能力越高，文明程度就越高。否则，虽有河流，也不可能产生文明。世界上的大江大河很多，但文明古国只有四个。一方水土养一方人，农业文明的产生和发展，必须具备一定的自然地理条件，尤其不能缺少水的滋润与哺育。

1. 尼罗河文明（古埃及）

尼罗河是世界流程最长的国际性河流。发源于赤道南部东非高原上的热带雨林地区，全长 6670km，它的下游穿越茫茫的草原和代表死亡的撒哈拉沙漠，其中 2000km 没有接纳一条支流，在古埃及语中，"尼罗河"是"不可能的河流"的意思，流域面积约 335 万 km²，占非洲大陆面积的 1/9，入海口处年平均径流量 810 亿 km³。

尼罗河流域是世界文明发祥地之一，公元前 4000 年代中期，这里诞生了人类有史以来的第一个文明——古埃及。流经埃及境内的尼罗河河段虽只有 1350km，却是自然条件最好的一段，平均河宽 800～1000m，深 10～12m，且水流平缓。在古代先民眼中，洪水是灾难，但在称为"尼罗河赠礼"的埃及，每年尼罗河水固定的泛滥，给生活在极端干旱的埃及人不仅提供了生产、生活所需的水，还给河谷提供一层富含营养的厚厚淤泥，同时，又对土壤盐分进行充分稀释，解决了农业中常遇到的盐碱化问题，使土地极其肥沃，庄稼可以一年三熟，农业兴起，成为古代著名的粮仓。但也由于尼罗河水的泛滥，使古埃及人必须不断地开展农业水利建设，强化不断变化的土地管理，最终催生了人类最早的古文明。巍巍金字塔，高耸于尼罗河畔 5000 年；尼罗河纸草，比公元 61 年中国蔡伦造纸还早 1000 多年；人类历史上最早的太阳历，是当今世界一年 365 天公历的渊源；行驶在尼罗河上的古船和神秘莫测的木乃伊，标志着古埃及科学技术的高度……

尼罗河被沙漠重重包围后，以其几乎枯竭的"乳汁"抚育了埃及这个自然条件最为恶劣、人类文明起点最早的孤儿，对于尼罗河在埃及文明所起的作用，无论如何评价也不夸张。

2. 两河流域文明（美索不达米亚文明）

两河是指共同发源于西南亚的亚美尼亚高原上的幼发拉底河与底格里斯河。幼发拉底河是西南亚最大河流，经土耳其、叙利亚进入伊拉克，全长 2750km；底格里斯河是西亚水量最大的河流，经土耳其进入伊拉克，全长 1950km。两河流域面积共 104.8 万 km²。两河在古尔奈汇合后称阿拉伯河，长近 200km，河口宽约 800m，上半段在伊拉克境内，下半段为伊拉克和伊朗界河。两河中下游河水是美索不达米亚平原的灌溉水源。航运价值主要在底格里斯河，海轮可通航近 900km 到阿拉伯河畔巴士拉的港口。由于两河流域的定期泛滥，使两河沿岸因河水泛滥而积淀成适于农耕的肥沃土壤。从地图上看，由两河流域及巴勒斯坦、约旦河、叙利亚等构成的、共约 40 万～50 万 km² 大片土地好像一弯新月，史称"新月沃土"。

两河流域文明（也称美索不达米亚文明）是指在新月沃土所发展出来的文明，是西亚最早的文明，也是人类最早的文明之一。公元前 4000——前 3000 年的苏美尔文明（史称"早期高度文明"）时期，苏美尔人定居美索不达米亚，其间，诺亚方舟的故事家喻户晓，"东方的拉丁语"楔形文字在两河流域形成，制定了世界上最早的天文历法——"一年 12 个月，一星期 7 天"，诞生了世界上最早的学校，世界上最早的史诗《吉尔伽美什》流传在两河流域。至公元前 2371——前 2191 年，阿卡德王国建立，出现了世界最早的地图，创立了世界上第一部成文法典《乌尔纳姆法典》，进入青铜时代。公元前 2000—前 1700 年巴比伦王国时期，诞生了世界上现存的最古老、最完整的法典《汉摩拉比法典》，出现了世界上最早的 60 进制——"每小时 60 分，每分 60 秒"的巴比伦时间，出现了世界上最早的商业银行，建造了"世界七大奇迹"之一"空中花园"，开凿"汉穆拉比——万民之富"运河，兴建了无数灌溉水渠，诞生了数学史上第一条"根据水渠的矩形断面计算水渠的浇灌水量"的公式，出现了人类历史上最早的农业历书《农人农历》。公元前 10 世纪，建立了辉煌而短暂的亚述帝国文明。

令人痛心的是，当今两河流域，由于战火连绵，古老辉煌的两河文明正经受残酷的战争损毁。

3. 印度河文明（古印度）

印度河发源于终年冰雪覆盖的西藏高原，上游为中国西藏狮泉河，向西北流向印度，穿过喜马拉雅山脉和喀喇昆仑山脉之间，接纳众多冰川，进入巴基斯坦境内后，与吉尔吉特河相汇，转向西南贯穿巴基斯坦全境，在卡拉奇附近注入阿拉伯海。长度为 2900km，流域面积约 100 余万 km²，其中，中国 5.3 万 km²，阿富汗 6.7 万 km²，印度 35.4 万 km²，巴基斯坦 56.1 万 km²，年流量约 2070 亿 m³。历史上，印度河仅次于恒河，为该地区的文化和商业中心地带。1947 年"印巴分治"，分为印度和巴基斯坦，河水归两国共同使用。为了避免纠纷，两国签订了《印度河用水条约》，规定印度使用河水系总水量的 1/5，其余归巴基斯坦使用。因此，印度河是巴基斯坦主要河流，也是巴基斯坦重要的农业灌溉水源。

印度河文明为世界上最早进入农业文明和定居社会主要文明之一。关于古印度文明开始的时间，甚至可以追溯到公元前 5000 年。到公元前 2500—前 1700 年，已出现人类最早、规模最大、最繁荣的城市文明。主要包括哈拉帕和摩亨约—达罗两大古城市以及 100 多个较小的古城镇和村庄（均属巴基斯坦境内）。两个大城市方圆都超过 5km，人口都在 4 万以上。城堡内有砖砌的大谷仓和被称为"大浴池"的净身用建筑等，显示了这个城市当时的富足。市区有四通八达的宽阔街道，市民的住房家家有井和庭院，房屋的建材是烧制过的砖块。城市完整的排水系统就连现今世界上数一数二的现代都市也未必能够达到，二楼冲洗式厕所的水可经由墙壁中的土管排至下水道，有的人家还有经高楼倾倒垃圾的垃圾管道，从各家流出的污水在屋外蓄水槽内沉淀污物再流入有如暗渠的地下水道，地下水道纵横交错，遍布整个城市，令人不禁瞠目结舌。

印度河文明地域覆盖东西达 1600km，南北 1400km，涵盖范围如此之大的古文明在世界上可以说是独一无二的。然而，印度河文明至今仍有许多未解之谜，最关键的是对大量出土的古印章上的文字和图案至今无人能够解读。有一点可以肯定，印度河文明的特殊性和神奇性，使其过去、现在都为人类历史的发展奉献着无法取代的财富，它不仅是印度文化的源头，也是人类文明史的重要一环。

4. 黄河文明（古中国）

黄河全长约 5464km，流域面积约 79.5 万 km²，平均流量 1774.57m³/s，是中国第二长河，世界第五大长河。它发源于青海省青藏高原的巴颜喀拉山脉北麓的卡日曲，呈几字形。流经青海、四川、甘肃、宁夏、内蒙古、陕西、山西、河南及山东 9 个省区，最后流入渤海。由于河流中段流经中国黄土高原地区，夹带了大量的泥沙，所以它也被称为世界上含沙量最高的河流。由于泥沙淤积，黄河的大部分河段里，河床都高于流域内的城市、农田，全靠大堤约束，因而它又被称为"悬河"或"地上河"。在中国历史上，黄河及沿岸流域给人类文明带来了巨大的影响，是中华民族最主要的发源地之一，中国人称其为"母亲河"。

黄河文明的形成期大体在公元前4000—前2000年之间，前后经历了2000年之久，形成了甘青文明、中原文明、海岱文明等古文明，其代表性的考古学文化有仰韶文化、中原龙山文化、大汶口文化，山东龙山文化、马家窑文化等。中国历史上的五帝（黄帝、颛顼、帝喾、唐尧、虞舜）时代创造了灿烂的黄河早期邦国文明，可以说是华夏文明的初级阶段。至夏、商、周三代，是黄河文明的发展期，大中原地区文化是黄河文明的中心。在这一历史阶段，出现了父传子家天下的政权体制，形成了比较成熟的国家机构，制定了比较完善的礼乐制度，出现了比较规范的文字，科学技术、农业、手工业、商业贸易飞速发展，划时代的青铜文化闻名中外，出现了中国最早的诗歌总集《诗经》和哲理丰富的《易经》等许多不朽之作。影响中国几千年的道家、儒家、墨家、法家、兵家、名家等学派也如雨后春笋一齐涌向社会，开创了中国学术界百家争鸣的黄金时代。封建帝国文明的历史阶段，是黄河文明的兴盛期，自秦汉开始直至北宋，1000多年来，帝都文化推动着全国科学文化大踏步前进。天象历法、农学、地学、医学、水利、机械、建筑、冶炼、陶瓷、酿造、纺织、造纸、活字印刷等科学技术，都创造了历史奇迹；汉赋、唐诗、宋词以及书法、绘画、雕塑等，都攀登上文化艺术的高峰；留传后世的各类史书浩如烟海，记载了古往今来王朝兴替以及社会发展的历史。

黄河文明的光芒照亮了亚洲的东方，不仅在大江南北、长城内外望尘莫及，即使在当时世界范围内，也享有极高的声誉。

第二节 中华水文明

治水是中华民族改造自然的伟大实践活动，在治水过程中不仅创造了伟大的物质文明，也创造了伟大的精神文明。长城是中华文明的象征，横亘数千里的黄河大堤和纵贯南北的京杭大运河以及运用2000多年至今仍发挥巨大效益的都江堰等何尝不是中华文明的象征？从广义的角度讲，中华水利文明作为治水的直接产物，是中华民族在开发、利用、控制、改造水为人类服务的过程中所创造的物质财富和精神财富的总和；从狭义的角度而言，中华水利文明是指华夏民族在长期的治水实践中创造出的水利成果，包括工程、技术、理论、管理制度、法律法规等。

一、中华文明始于治水

中华民族依水而生、傍水而兴，一部中华文明的发展历史，在一定意义上就是中华民族与洪涝、干旱作斗争而不断前进的历史。千百年来，在中华民族以农业立国的历史进程中，水利文明自始至终发挥着决定性的作用。从这个意义上说，中华民族所创造的一切物质财富和精神财富都蕴涵着治水的成果。

1. 水环境孕育了中华水文明

历史运行的基础是文明，而文明产生于环境的挑战。中华文明最重要的策源地位于黄河流域的中下游地区，由于这一带气候温和、雨量适中、四季分明、黄土松软、土壤肥沃、濒江临河、利于石耕古作，在相当长的历史时期成为中国古代农业的起源地和最为发达的地区。但由于黄河流域降雨集中，上游陡急的河流挟裹大量的泥沙，流至河势渐平的中下游平原，泥沙逐渐沉淀，使许多地方的河床高于平原，造成黄河"三年两决口"的严重洪涝灾害；此外，黄河下游平原由浅海淤成，流泻不畅，内涝盐碱也相当严重。因此，洪旱盐碱等灾害对华夏民族的生存构成了严峻的挑战。洪水横流的环境给人们带来了艰难和逆境，也激发了治水护家的蓬勃生命力。没有洪水就没有治水，为了驾驭江河，过上稳定的农耕安居生活，自尧舜时代开始，我们的祖先便开展了大规模的艰苦卓绝的治水平土活动。"筚路蓝缕，以启山林"，经过累世不屈不挠的奋斗，终于产生了治水文化特征鲜明的中国古代农业，自此，水文明为中华文明的发展开辟了道路。

2. 大禹治水催生了中华文明时代的提前到来

国家的形成是人类文明发展的里程碑，大禹治水催生了中国第一个奴隶制国家。早在4000多年前，我国的黄河流域洪水为患，尧命鲧负责领导与组织治水。鲧因采取"水来土挡"的策略治水而失败，被帝治罪杀于任上，后由其独子禹主持治水大任。禹带着尺、绳等测量工具到全国的主要山脉、河流进行严密的考察，他大刀阔斧，改"堵"为"疏"，疏通九州河道，拓宽龙门山峡口，让洪水能更快地通过，开展农田水利建设，大力发展农业，实行平衡政策等方式，使社会经济得到迅速发展，从而为国家的建立奠定了经济基础；大禹治水13年，三过家门而不入，耗尽心血与体力，终于完成了这一件名垂青史的大业，在部族中树立了强大的个人威信。同时，百姓在享受到丰厚的治水成果后，民心思定，渴望实行必要的集权体制以对抗较大的自然灾害，并进行大规模的农业开发，为国家的建立奠定了思想基础；大禹治水，必然要组织各部族力量共同进行治水，由此促进了以血缘关系为纽带的氏族部落的大联合，促进了华夏各部族的融合与团结，组织严密、高度集权的治水机构逐渐沿袭为国家的组织机构，为国家的建立奠定了组织基础。大禹因治水有功，被大家推举为舜的助手，舜死后，他继任部落联盟首领。后来，大禹的儿子启创建了我国第一个奴隶制国家——夏朝，从此文明时代取代野蛮时代。

3. 水文明是中华文明的根基

水文明史是人类古代文明水平的重要标志。治水活动对强化国家封建专制制度、维护国家政权的稳定、促进中华民族大一统观念的形成和国家的统一、民族的团结起到了重要促进作用。水往低处流的自然特性，使水一般以流域或河系为单元形成一个相对独立的系统，生活在流域内上下游、左右岸、干支流的人们对水的利用、治理、开发互相影响，甚至一河发洪水也可能影响到相邻的河流。水的这一自然特征决定了治水活动必须统筹兼顾，甚至要牺牲局部利益，保护全局利益。这就客观上需要政府的强有力组织，需要中央权威的统一领导。例如，夏商周时期，邦国林立，部落众多，每遇大的水旱灾害，主要靠中央政府的权威和强有力的组织来解决防洪、抗旱中的问题以及由此引发的水事矛盾。东周以后，王权衰落，各诸侯国之间各自为政，争河道，控水源，甚至任意决堤，以水代兵，侵犯别国。为了协调各诸侯国的利益关系，当时的中原霸主齐桓公主持诸侯会盟，制定"毋曲防"（不准曲为堤防，壅滞河水危害他国）盟约，解决水事纠纷。不久齐桓公又进一步提出了"无障谷"、"毋壅泉"等条文，形成了"四海之内若一家"的团结治水局面。汉武帝时期，黄河频繁出现堤防溃决，灾区人民流离失所，为了稳定封建统治，汉武帝"沉白马玉璧于河"，下决心堵塞决口，并亲率文武百官到瓠子决口处指挥封堵战役，经过几万人不分昼夜的艰苦奋战，使梁楚之地的百姓从水患中解脱出来，汉代著名史学家司马迁亲历瓠子堵口战役，在《史记》中首创《河渠书》专篇的体例，成为中国第一部水利通史。隋代南北大运河和元代京杭大运河的开凿，成为维系封建国家政治稳定和南北经济交流的生命线，如此庞大的水利工程如果不是由中央政府主持，并举全国之力进行建设，要取得成功是难以想象的。清朝以开"康乾盛世"著称的康熙皇帝，一度将河务、漕运与平叛三藩并列，作为施政的三件大事，足见其重视水利的程度以及治水在当时国家政治生活中所处的重要地位。"兴水利，而后有农功；有农功，而后裕国"，中国自大禹治水催生统一的奴隶制国家以后，水运系国运，水运兴，则国运昌。这种集权的意识逐渐强化和深化，并深深地积淀到中国人的心中，成为"集体无意识"，极大地影响了中国社会政治制度和人们的文化心理以及生活方式。我们的祖先通过兴修水利，治理江河，开拓疆土，繁衍人口，发展经济，推进社会的文明进步，使中华民族文明之邦屹立于世界东方，几千年长盛不衰。

二、水利文明创造了中华民族富饶强盛的物质文明

中国古代水利工程既为中国古代经济社会创造了丰富的物质财富，其本身也是物质文明的主要代表，主要分为防洪、灌溉、航运和城市水利建设等方面。

1. 中国古代防洪和农田灌溉体系的建设是农业立国的文明基石

在中国古代，兴水利主要体现在防洪和农田灌溉体系的建设上。为了解决洪涝灾害对农业生产的影响，古人在生产实践中受到水往低处流运动规律的启发，发明了排洪和引水灌溉系统，从而大大促进了农业生产的发展。防洪工程有起源于春秋战国时代的黄河大堤，始于东晋的荆江大堤，开创于汉代的江浙海塘等。早在原始社会末期，我们的祖先就已发明了沟渠灌溉技术；至春秋战国时期，楚国孙叔敖主持兴办了中国最早的蓄水灌溉工程——芍陂，使楚国更加强大起来，楚庄王也一跃成为春秋五霸之一。魏国西门豹开引漳十二渠，使漳河两岸成膏腴；秦国李冰主持兴建了举世闻名的都江堰水利工程，使水旱灾害不断的成都平原成为沃野千里的粮食供应基地；郑国主持兴建关中最早的大型水利工程——郑国渠，使原来土地瘠薄的渭北平原成为沃野。汉武帝时，"用事者争言水利"，先后开凿了漕渠、河东渠、龙首渠、六辅渠、白渠、灵轵渠、成国渠、六辅渠等，对巩固汉王朝的统治起到了重要作用。汉以后的历代有为的统治者，如唐太宗、唐玄宗、宋太宗、元世祖、明太祖、清圣祖、清高宗等，无不重视兴修水利，发展灌溉事业，以强国富民。最早出现在汉代的新疆坎儿井，与万里长城、京杭大运河并称为中国古代三大工程，是新疆特有的利用暗渠截取地下潜流进行农田灌溉和供人畜饮用的一种古老的水利工程，没有坎儿井，就谈不上农牧业灌溉，就没新疆经济社会的发展与繁荣。

古代中国通过防洪与灌溉体系的建立，大大促进了农业生产的发展，为中华民族的繁衍生息和安居乐业提供了安全的保障，水利文明创造了中华民族富饶强盛的物质文明。

2. 古代人工运河的开凿是促进社会经济发展的文明动脉

水能给人类带来舟楫之便，利用天然河道航行，始于远古。但是，由于传统习惯和政治上的原因，历代封建王朝的都城大多坐落于北方，而中国的基本经济区却处于水土和阳光资源更加优越的南方、特别是长江流域。例如，宋代更有"苏湖熟，天下足"的谚语。这就使得发展与维护沟通南北经济中心与政治中心的运输体系成为历史的必然，在陆上交通不发达的古代，水上运输有着运力强、成本低等无可比拟的优势。然而，我国主要大江大河都是东西走向，因此，解决运输的最佳途径只能是开凿大运河，特别是南北走向的大运河，通过漕运将南资北运，保障都城的经济供给，水运的兴衰上升为社会政治稳定、国家兴衰的重要因素。最早开通的人工运河是战国时期吴国开凿的邗沟，打通了淮河与长江的水系；魏国开凿的鸿沟，沟通了淮河和黄河；此后，秦代开挖了灵渠，连通了长江水系和珠江水系；汉代武帝开凿的漕渠，将长安与黄河联系起来，成为京师长安给养运输的生命线。东汉光武帝则修建了沟通洛水与黄河的阳渠，从而实现了洛阳与中原之间的水运交通；东汉末年，曹操因军事目的开凿了平虏渠、泉州渠、新河等一系列运河，沟通了黄、海、滦河流域。隋朝统一全国后，倾全国之力，大力开凿运河，并最终开成了由永济渠、通济渠、邗沟和江南运河组成的南北大运河，将海河、黄河、淮河、长江和钱塘江五大水系联系在一个水运网中，成为北方政治中心与南方经济中心两大区域连接的纽带；元代在南北大运河的基础上花大力气开凿了京杭大运河，进一步将南北两大中心连接起来。

大运河使京师得以滚滚不息地吸纳长江流域丰富的物资资源，既促进了长江流域的经济发展，又保持了首都的繁荣与稳定，有效地加强了中央对地方的控制，对打破地区、民族间封闭的壁垒，加强各民族之间的融合特别是文化认同感，巩固和维护中华民族的大统一都起到了不可替代的重要作用。

3. 古代城市的兴起与城市水利建设提升了中华民族的文明高度

城市的兴起，是人类文明进步的里程碑。中国古代城镇几乎都是临河（湖）靠海而建，目的是为了给城市取水、用水、排水、城市水运交通、水美化城市环境等提供便利条件。但洪水泛滥、海水倒灌等也极易给城市造成灾害，因此，历代王朝从维护统治的目的出发，无不全力发展城市尤其是都城水利：一是修建护城河与城墙作为防御敌人进攻和洪水侵袭的最有效的工程体系；二是建立比较完善的供水、排水系统，以供应城市居民用水、手工业用水、防火和航运用水，排泄城市的废污水和涝水；三是兴修水利工程以改善城市环境，特别是通过城市河湖水系的开发利用，因地制宜地修建了各种水景园林，以提升城市的环境质量和文化品位；四是开挖城市通往外部的运河以之为交通干线，这种运河大多还兼有城市用水等多重功用。例如，战国时期郑韩故城、燕下都等地，都有独特的水井和地下水管道等水利工程。齐都临淄，临淄河而建，开凿淄济运河与济水沟通，再由济水与黄河相通，形成了畅通的水运交通网。西汉都城长安，形成了一个以昆明池为中心的庞大供水体系和以漕渠为中心的城市内外水运体系。隋唐和北宋时期，伴随南北大运河的开通，出现了长安、洛阳和开封等规模宏大的城市，城市水利也随之兴旺发达，建设了庞大系统的防洪排涝、取水供水、航运以及城市水环境体系，极大地促进了城市的繁荣和发展。元明清三代定都北京，使北京成为三代城市水利建设的集大成者，经过精心营建，形成了以通惠河为通航干道，以汇集西山诸泉水为水源、昆明湖为中心的城市河湖水利体系，对北京的发展起到了重要作用。堪与万里长城相媲美的著名人工水道——京杭大运河，更是孕育和滋养了一大批如扬州、南京、苏州、杭州、北京等著名的城市。

由于城市人口密集，财富集中，文化发达，又大多是国家或地区的政治经济中心，这些城市通过运河将城市文明辐射到四面八方，对中华文明的发展做出了重大的贡献。

三、水利文明孕育了中华民族光辉灿烂的精神文明

古代中华民族长期与水旱灾害进行艰苦卓绝的抗衡和斗争，深刻影响了中华民族的文化性格和精神塑造。铸就了艰苦奋斗、自强不息、坚忍不拔、百折不挠、天下为公，无私奉献、团结协作、顾全大局等意志品质，成为中华民族精神的重要组成部分。治水活动不但创造了当时世界一流的水利工程，也创造了一流的技术、一流的管理、一流的理论、一流的文化，水利文明是中华民族精神文明的渊源。

1. 古代治水活动对科学技术的发展起到了十分直接而重要的作用

水利科学技术是人类在对自然界水资源利用、控制和改造过程中，逐步认识、掌握水和水利规律的结晶。中国古代的治水活动，对科学技术的发展特别是水利科学技术的发展起到了十分直接而重要的作用。早在大禹治水的时候，古人就已经掌握了"河图"、"洛书"等数理的观念，发明了原始测量工具和技术，即所谓"左规矩，右准绳"，"行山表木，定高山大川"，推进了数学发展，并应用于工程实践。先秦时期，人们将地表水分为干流、分支、季节水、支流、湖泊五种，这一科学的分类方法甚至沿用至今。还对水力学中的水跃、环流、冲刷等问题有了一定的认识，出现了专职水利专家，如郑国等。都江堰水利工程中发明了无坝引水技术和我国最早的水位观测工具：石人水尺。汉代对水循环现象有了较深刻的认识，贾让提出了著名"治河三策"，至今仍是治水良策；张戎第一个提出了利用水力刷沙的思想，为解决黄河泥沙问题开辟了新的思路；黄河千里堤防，已有了石堤、护岸及挑水坝、闸门等建筑物；埽工技术（埽，就是用梢芟、薪柴、竹木等，夹以土石卷制而成的水工建筑构件。将若干个埽捆连接起来，用于护岸、堵口等工程，就叫埽工），是我国水工技术史上的一大创造；首开龙首渠隧道，运用竖井分段施工，此法解决了隧洞施工照明、通气、出土的困难，为世界首创；后推广到新疆，演变成著名的"坎儿井"；"长藤结瓜"式灌溉工程（主要分布于淮河和长江流域，其灌溉方式为把几个相邻水流相连的陂塘结为一体，联合蓄水和调度运用）技术，已得到大规模的推广和运用，极大地促进了当时农田水利事业的发展；水碓、水排、水转浑天仪、龙骨水车、筒车、莲花漏、石磨、水磴等水力机具已普遍运用。隋唐至北宋时期，水文技术有了长足发展，提出了流量的概念，测量水流已发明"浮瓢"或"木鹅"法。南北大运河建设在运河上形成了较完整的工程体系，出现了类似现代船闸的复闸、澳闸等；海塘、海堤迅速发展，已由土塘发展为柴塘、埽工塘、竹笼石塘以至砌石塘。水磨、水碾等水力机具极为发达。南宋与元时期，各州县已普遍设置量雨器及量水器。元代郭守敬提出了海拔概念，水利设计施工技术达到了很高的水平。明清至民国时期，对河流泥沙性质有了较深刻的认识，潘季驯对黄河治理提出了束水

攻沙及放淤固滩等治理黄河的方略；明末清初，西方水利技术开始传入中国，对中国的水利技术发展起到了一定的促进作用，民国元年（1912 年），中国第一座水电站——云南石龙坝水电站建成。

中国古代治水技术直接推动了科学技术的前进步伐，为中华民族创造强大的物质文明奠定了提供了技术和人才上的智力支持。

2. 古代治水的法律法规和水管理制度是中华文明的重要内容

古代用水规范是我国古代法律的渊源。当生产力发展到一定程度，水事冲突频繁发生，合理开发利用水资源问题便不以人的意志为转移地出现在人类的生产生活活动中。经过治水实践，人们获得了种种经验，并形成了约束有关各方的条例，这就是是水利法规的起源。例如，象形字"刑"字，取意是：在奴隶社会中，部落间经常为了争夺水井发生矛盾，为解决争端，奴隶主们便达成协议，各派一名奴隶守在井边监管水井，以便各方公正公平地使用水井。这就是"刑"字的由来，也是原始法律的始端。夏商周时期，颁布了"毋填井"的条款，是我国最早以文字形式出现的水法规。春秋战国定盟约"毋曲防"。 秦定《田律》。汉定《水令》、《均水约束》。唐定《水部式》是我国历史上第一部比较完善的水利法典，一些原则一直沿用至今。宋定《农田水利约束》、《疏利决害八事》。金颁行《河防令》，是我国历史上第一部较为详备的防洪法规。明定《水规》、《明会典》、《漕河禁例》、《漕河夫数》、《漕河水程》等水利法规，清在《大清律》有专门的水利的条款。可以说，人类社会的文明进步是水法规的产生和发展必然结果，而水法规对古代法律的产生和人类社会的进步又起到了巨大推动作用。

与水利法律制度相配套的是中国古代水利职官制度。几千年来，管理水利的政府机构、官职设置、权力授予、决策程序和运作机制等，相沿承袭，而且代代都有发展，深深地渗透到国家机器之中。中国古代水政系统包括行政管理机构和工程修建机构，中央职官系统和地方职官系统，中央派往地方的各级机构，文职系统和武职系统。这些水利机构和职官系统的设置，是水利在中国历来作为一种政府职能和行为的体现。中国古代水利职官的设立，源于原始社会末期。例如，"禹作司空"，被认为是"水利设专司之始"。西周设"司工"水利行政长官，一直沿袭至汉代。隋代以后中央政府设吏、户、礼、兵、刑、工六部，其中工部主管包括水利建设在内的工程行政。历代往往还设"将作监"或"都水监"来管理水利事宜，与工部并行。明清将水利建设管理职能划归流域机构或各省，水利行政则由工部继续掌管。工部之下设水部，主管官员为水部郎中。

古代中国几千年的治水历程，产生了完整的治水法律体系，有着严格的管理机构和职权设置，其本身也是中华民族精神文明的重要组成部分。

3. 丰富多彩的古代水利文献和文学作品是中华文化宝库的瑰宝

中华治水历史悠久，并形成了相当丰富的治水文献，成为中华文化宝库的瑰宝。先秦时期，《山海经》是我国最古老的地理著作，是早期珍贵的水利文献。《尚书·禹贡》记述了大禹治水的传说，成为后世家喻户晓的典故，并首次按河流水系将中国划分为九个地区（称九州）。《周礼·职方氏》扼要叙述了全国的山川、泽薮、水利、物产、人口、男女比例等。《管子·度地》则是先秦水利科技经验的总结。汉司马迁所著的《史记·河渠书》开史书专门记述水利史的先河。之后的《汉书》、《宋史》、《金史》、《元史》、《明史》、《清史稿》等史书中，均有河渠水利专篇。有影响的水利文献有：《水经》，是我国第一部记述全国河道水系的专著。北魏郦道元著《水经注》，是一部脍炙人口的不朽巨著，它以河道水系为纲，详细记载了1252条河流的变迁以及河流流经地区的地形、物产、地理变化、风俗、重大历史事件、神话传说等情况。北宋沈括的《梦溪笔谈》，对江河水文、水土流失等问题进行了深入的研究探讨；明代徐霞客的《徐霞客游记》，对长江、南盘江、北盘江、湘江等十多条江河进行了研究考证。而专题记载黄河、长江、京杭大运河、中国滨海地区海塘工程、流域和地方性记载水利的文献等更是汗牛充栋。丰富多彩的古代水利文献和文学作品成为中华民族几千年精神文明之花的奇葩。

4. 治水活动深刻影响了中华民族文化性格和精神塑造

中华民族累世不屈的治水斗争，为后代留下了宝贵的治水精神财富和优良传统。首先，无数治水英雄人物，为造福中华民族建立了不可磨灭的丰功伟绩，他们的治水勋业和献身精神是中华民族伟大智慧创造能力和优秀品质的集中体现，被人们视若"水神"，并立庙设祠祭祀，成为顶礼膜拜的对象。例如，大禹治水，"三过家门而不入"；西门豹以极大的胆识和魄力破除了当地"河伯娶妇"的迷信，狠狠打击了借水患为害当地百姓的土豪和巫婆；李冰主持兴建了驰誉世界的都江堰工程，被后人颂扬"继禹神功"等。这些治水英雄公而忘私、勇于奉献的精神，已成为中华民族精神的有机内核。其次，治水塑造了中华民族意志品质。水旱灾害的频繁出现，使中华民族必须不断地与大自然进行反复的较量和抗争，长期的治水斗争对中华民族文化性格和精神塑造产生了深刻的影响。形成了诸如艰苦奋斗、自强不息意志品质；以人力补天之不足、人定胜天的信念；天下为公、无私奉献的品格；团结协作、顾全大局的精神；未雨绸缪，凡事做长远打算的思维方式；人格重于事功，不以成败论英雄；大一统的思想观念等等。锤炼了中国人民忍受痛苦的能力，更铸就了中华民族坚忍不拔、百折不挠的意志品质。第三，治水也深刻影响中华民族的文化性格的养成。治水使中华先民过上了稳定的农耕生活，导致了人们思维方式和生活方式的巨大变化，形成了安土重迁、本分务实、处事中庸、重农抑商、集权主义与民本思想相反相成等独具特色的中华文化性格。最后，治水对中华民族文化特征产生巨大的影响。并深深地渗透到哲学、艺术、宗教等领域，表现出鲜明的文化特征。例如，在哲学思想方面，产生了中庸思想、道法自然、人与自然和谐共处、按自然规律办事等系统性、整体性和辩证法的哲学观念。在文学艺术方面，产生了许多与治水相关的神话传说、民谣故事、诗词歌赋、美术绘画和小说戏剧等，极大地丰富了中华文化的宝库。在宗教方面，在中国几千年漫长的历史时期，不论是朝廷还是民间，每遇大的水旱灾害，都举行祭祀水神的活动。中华传统文化中对司水之神——龙王、水母等超自然水神的崇拜，以及由此而形成的中国特有的"龙"文化现象，体现了浓郁的水利崇拜情节。

总之，中华文明的开创和发展在很大程度上是治水斗争的产物，治水催化了中国奴隶制国家的诞生，并对中国政治体制产生了极为深远的影响。治水在推进中国经济社会发展的同时，也直接为中华文化的发展提供了动力和源泉。治水文明本身也成为中华文明的重要组成部分，伟大的治水精神和优秀传统成为中华民族宝贵的精神财富。

第三节　水　资　源

　　水是人类及一切生物赖以生存的必不可少的重要物质，是工农业生产、经济发展和环境改善不可替代的极为宝贵的自然资源。随着时代进步，水资源及其内涵也在不断丰富和发展。广义上的水资源是指能够直接或间接使用的各种水和水中物质，对人类活动具有使用价值和经济价值的水均可称为水资源。狭义上的水资源是指在一定经济技术条件下，人类可以直接利用的淡水，即与人类生活和生产活动以及社会进步息息相关的淡水资源。

一、我国水资源

　　水是一种宝贵的自然资源。水看似在地球上的储量非常丰富，可淡水量的全部总和只占总储水量的2.53%，而能供人类生活和工农业生产使用的淡水资源（即水资源）不到淡水储量的万分之一。我国属被联合国列为世界上13个贫水国家之一，人均拥有水资源量占世界人均量的1/4。近年来，随着经济的飞速发展，水危机已成为我国可持续发展的重要制约因素。

　　1. 我国水资源概况

　　我国水资源总量每年为$2.8 \times 10^{12} m^3$，其中，河川年径流量（地表水资源）为$2.7 \times 10^{12} m^3$，地下水资源量为$8.3 \times 10^{11} m^3$，我国水资源总量约占全球的8%，居巴西、俄罗斯、加拿大、美国、印度尼西亚之后列世界第六位，但由于我国人口众多，人均水资源每年占有量仅约$2300 m^3$，在世界上排名109位，属水资源缺乏国家。随着人口增长、不合理使用和污染，地球的生命之源被逐渐榨干。水污染造成的危害加剧，"环境难民"不断增加，水资源危机带来的生态恶化和生物多样性破坏，也严重威胁人类生存。我国从20世纪70年代以来就开始闹水荒，水荒由局部逐渐蔓延至全国，形势越来越严重，对农业和国民经济已经带来了严重影响。北方资源性缺水，南方水质性缺水，中西部工程性缺水。全国600多个城市中，已有400多个城市供水不足，其中比较严重的缺水城市达110个。在32个百万人口以上的特大城市中，有30个长期受到缺水困扰。全国实际可利用水资源量接近合理利用水量上限，水资源开发难度极大。

　　2. 我国水资源特点

　　我国水资源有以下特点：一是江河湖泊众多。中国是河川之国，据统计，河流总长度达42万km以上，流域面积在$100 km^2$以上的河流有5万多条，大于$1000 km^2$以上的河流有1580条，大于1万km^2的有79条。其中长江和黄河，不仅是亚洲两条最长的河流，而且是世界著名的巨川。中国天然湖泊也很多，湖面面积在$1000 km^2$以上的大湖就有13个。鄱阳湖、洞庭湖、太湖、巢湖、洪泽湖等，都是闻名全国的大湖。二是水资源的季节和年际变化大。降水是中国河川地表径流和地下径流的主要补给来源。由于降水量的季节分配不均，年际变化大，河川水量丰、枯相差悬殊。汛期和丰水年水量大，且来水集中，容易泛滥成灾；枯水季节和少雨年份水量不足，常常出现供水紧张的局面。因而兴修水利，调节水量，防洪抗旱，便成为合理开发利用河川水资源的根本措施。三是水资源的地区分布极不均衡。由于降水量地区分布的不均匀，带来地表、地下水资源分布的不平衡，由东南部沿海向西北部内陆逐渐减少。长江和珠江流域面积仅占国土面积的1/4，地表径流量却占全国的1/2，黄河、淮河、海河三大流域面积约占全国的1/7，而地表径流量只占全国的1/25。水资源分布的不平衡，对社会经济发展有着极大的影响。

3. 我国水资源利用

随着经济社会的发展，我国大力开展水利基础设施建设，倡导节水型社会建设，有效减轻和防治洪涝灾害，水土保持和生态保护得到加强，发挥水资源的经济、社会、生态效益。水资源的有效利用，促进了我国经济社会可持续发展。但是，长期以来，我国不但缺水严重，水资源利用方式的"粗放、浪费、污染"三大"顽疾"，使水资源利用效率极为低下。例如，农业灌溉大部分地区仍然采取传统的大水漫灌方式，灌溉水有效利用系数仅为0.45左右，节水灌溉面积占有效灌溉面积的35%；工业用水效率也较低，尤其是水重复利用和再生利用程度比较低，约为60%～65%；日常生活用水常常被不经意地浪费掉，如街头洗车、维护草坪、美发美容、自来水管道老化漏失等大量水资源因没有回收处理措施而白白流走；水污染问题已经严重威胁我国经济社会可持续发展。

实现我国水资源可持续利用，要大力开展节约用水宣传教育活动，建立节约用水管理体制和运行机制；切实保护水资源，把水污染防治放在突出重要的地位；科学进行水资源评价，根据水资源、水环境和水生态状况，科学制定水资源利用、配置规划；加强流域水资源统一管理，明晰水权，建立水资源的宏观控制体系和水资源的微观定额体系；实行城乡一体化的水务管理体制，实行水资源统一管理、统一调度，合理确定城市发展规模和产业结构调整的方向，在可能条件下实现更为科学的调水；建设跨流域调水工程，在调整产业结构和节水的基础上向人均水资源量短缺和自然水生态不平衡的地区实行跨流域的科学调水；加大水资源利用的科技创新投入，进一步对水资源实行优化配置；依靠市场机制，建立水价形成机制，推进城市供、排水、污水处理及回用的民营化，以形成竞争，解决投入严重不足，真正实现我国水资源可持续利用。

二、江西水资源

江西省位于我国东南近海内陆，居长江中、下游南岸。全省土地面积16.7万 km²，占国土总面积的1.74%。周边与湖南、湖北、安徽、浙江、福建、广东毗邻。江西省山地丘陵占64%，东、西、南三面为武夷山、罗霄山、南岭等山岭环绕，连同中南部红岩丘陵，向北开口为鄱阳湖平原盆地形势。江西山清水秀，风景独好。

1. 江西水资源概况

（1）**江西省水资源比较丰富**。全省地表水资源1546亿 m³，地下水资源量380亿 m³，扣除地下水资源量与地表水资源量间重复计算量，全省实际水资源量为1565亿 m³。江西水资源总量约占全国水资源总量的5.2%，居全国第7位；人均拥有水资源量为3500m³，高于全国平均水平；单位土地面积水量为85万 m³，居全国第5位。江西省内水系纵横、河流密布、交互成网，全省流域面积100km² 以上的河流450余条，1000km² 以上的45条，10000km² 以上的5条。河流总长约18400km，其中常年有水的有160多条，赣江是境内主川，自南向北纵贯全省，与抚河、信江、饶河、修河构成江西五大河流，源于东、南、西三面山地，汇入中国最大淡水湖：鄱阳湖，构成一个以鄱阳湖为中心的向心水系，在湖口县注入长江。可以说，江西是一个河流密布，并以鄱阳湖为中心的比较完整的鄱阳湖流域生态系统。

（2）**江西的水质良好**。赣江、抚河、信江、饶河、修河五大河流及主要支流枯水期符合饮用水标准的河段占 56.35%（评价长度为 3188 km），符合渔业水标准的占 86.8%，符合农灌水的占 98.3%，严重污染河段约占 1.7%。而丰水期的水质还要好于枯水期水质。鄱阳湖水质的优劣不仅中国人、江西人十分关心，世界上许多国家或国际组织的专家也都对湖区生态环境及质的变化极为关注。根据连续测评结果，从总体上来说，鄱阳湖水质是良好的或至少是较好的，在全国大型淡水湖泊中，水质名列第一。但近年来在一定程度上也出现有"富营养化"的趋势，或者说有"中营养化"的发展趋势，这应引起我们的重视。

（3）**江西的水资源分布**。江西省水资源量虽然丰富，但存在时空分布不均，年际变化和年内不同季节变幅较大，在一定程度上也影响了水资源的开发利用。其主要表现为：资源与热量资源分布不完全同期，在很大程度上影响了作物的生长和生产潜力的发挥；4～7月的径流占全年的 60%～70%，且多以暴雨形式出现，易酿成洪涝灾害；降水的分布和变化趋向，总体上是赣东大于赣西，中部小于东部，山区大于平原、盆地。这就需要我们江西水利人掌握水的规律，除害兴利，让丰富的水资源为江西儿女服务。

2. 江西水资源存在的问题

（1）**江西可利用水资源并不富裕**。江西省人均拥有水资源量仅为世界平均值的 1/3，属于少水地区。其中，特别缺水的萍乡市人均水资源量仅 2000m³，只有世界平均值的 1/5，属于重度缺水地区。从全年水资源问题上看，虽然不会出现严重缺水的现象，但由于水资源量不仅在年际间变化较大，同时年内的分配也极不均匀，汛期大量洪水资源没有得到有效利用就白白流走，枯水期又无水可用，所以，总体属于缺水状态。

（2）**江西水资源利用效率低下**。一是由于节水宣传教育工作做得不够好，廉价水作为社会公共产品又未引起人们对节水的足够重视，从而导致公民节水意识薄，造成水资源浪费严重；二是水利工程建设相对滞后，渠系年久失修，漏水渗水现象比较严重，农业大多采取大水漫灌，农田实灌亩均用水量高于全国平均水平，节水器具使用率普遍偏低，水利工程转化为水利资源的能力低下；三是再生水利用水平和水资源重复利用率较低，万元工业产值耗水量、万元工业增加值用水量为等指标均较大的高于全国平均水平，使有限的水资源不能发挥最大作用，说明江西的水资源利用比较低下，浪费较为严重。随着经济的发展，水资源供需矛盾将日益突出。

（3）**江西水体污染日益严重**。随着江西省经济社会快速发展，城市化进程的加快和人口的增长，工业和生活废、污水量的增加，部分企业未按要求运行污水处理设施，大量排放污染物未经处理或处理不达标进入水体，偷排污水，农田施用化肥、农药等，使水质总体呈下降趋势。从"十五"期间来看，污染河长增加了 10 个百分点，并且平均每年以 2个百分点速度增加，必须引起高度重视。

3. 江西的水资源开发利用

保护和合理开发利用水资源，促进江西经济发展是江西水利人的光荣使命。小康社会的标准是经济发展，生活富裕，生态良好。要满足小康社会的用水需求，就必须坚持科学发展观，做到人与自然、社会、经济的协调发展。对水资源进行优化配置，合理确定经济社会发展的结构，使之与水资源条件相适应。实施需水管理，提高用水效率，统筹解决好生活、生产和生态用水。一是要抓紧实施水资源立法，做到有法可依，执法必严；二是按水功能区划实施水资源管理，控制各水域的纳污总量；三是要建设完善的水源工程，保障用水安全；四是建设节水型城市和节水型社会，充分发挥价格对促进节水的杠杆作用；五是加强生态保护和建设，对地方领导实行生态环境质量和经济发展相结合的考核体制，用绿色 GDP 作为衡量经济发展的硬指标。

三、江西的"五河一湖"简介

江西河湖密布，水系发达，呈现千河万水以鄱阳湖为汇集中心的辐聚水系。其中，流控制流域面积大于 1 万 km^2 的赣江、抚河、信江、饶河、修河五大河流占鄱阳湖水系控制流域总面积 90.6%，各河来水汇聚鄱阳湖后，经调蓄于江西省湖口注入长江，号称江西的"五河一湖"。

1. 赣江

赣江是鄱阳湖水系中最大河流，长江八大支流之一，纵贯江西省南部和中部。赣江的正源为东源——贡水，源自武夷山瑞金市与长汀县的赣源崇下的上石寮之南溪，经石城、于都汇入贡水，继续西流，至赣州市；赣江的西源——章水，源自赣、粤交界处的大庾岭，北流经大余、南康两县境，至赣州市。章、贡二水均在赣州市的八镜台会合始称赣江。主河道长 823km，控制流域面积 82809km²，流域多年平均年降水量为 1580mm，多年平均年径流量为 686 亿 m³。赣江河网密布，水系发育，主要一级支流有湘水、濂水、梅江、平江、桃江、章水、遂川江、蜀水、孤江、禾水、乌江、袁水、肖江、锦江等。干流自南向北流经赣州、吉安、宜春、南昌、九江 5 市，至南昌市八一桥以下扬子洲头，尾闾分南、中、北、西四支汇入鄱阳湖。

（1）**水利资源**。赣江水资源丰富，流域水力资源理论蕴藏量 267 万 kW，占鄱阳湖水系 60.5%。其中干流 111 万 kW，占流域水力资源总量 41.6%，支流 156 万 kW，占 58.4%。技术可开发量为 280 万 kW，相应年发电量 101 亿 kW 时。经济可开发量 223 万 kW，相应年发电量 83.3 亿 kW 时。

（2）**蓄水灌溉工程**。流域已建成蓄水工程 4052 座，其中万安、上犹江、江口等大型水库 13 座，总库容 54.9 亿 m³；中型水库 117 座，总库容 24.9 亿 m³；小型水库 3913 座，总库容 45.8 亿 m³。兴建引水工程 6.24 万座，各类排灌站万余座，全流域有效灌溉面积 87.2 万 hm²，占流域耕地总面积的 88.7%。

（3）**防洪圩堤工程**。总长 1234.7km，经过多年整修加高加固，大部分堤顶超过历史最高洪水位 1～2m，赣东大堤、富大有堤已达到抗御 50～100 年一遇洪水标准。

（4）**水能开发**。流域已开发装机容量 98.5 万 kW，年发电量 33.4 亿 kW·h。其中万安大型水电站装机容量 53.3 万 kW，年发电量 15.16 亿 kW·h。上犹江、江口、龙潭 3 座中型水电站，总装机容量 13.52 万 kW，年发电量 5.18 亿 kW·h。

（5）**水土保持**。赣江上游是江西省水土流失最严重的地区之一，兴国县是全国八片水土保持重点治理区之一。赣江流域是江西省开展水土保持最早的地区。1997 年编制《赣江流域水土保持重点治理规划》，至 2004 年，流域累计治理水土流失面积 1.04 万 km²，生态环境和农业生产条件得到较大改善。

（6）**航运**。赣江是江西的黄金水道，也是全国水运主通道之一。新中国成立以来，多次对主航道实施较大规模治理，通航条件得到改善。赣江水系航道里程 2 480km，赣州、吉安、樟树、丰城、南昌 5 个主要港口年货运量 1 130 万 t，客运量 4.22 万人次。

2. 抚河

抚河是鄱阳湖水系中第二大河流，位于江西省东部。因隋朝废郡立州，临川郡改为抚州，故名抚河。发源于广昌、石城、宁都三县交界处的广昌县驿前镇灵华峰（血木岭）东侧里木庄，干流自南向北流，经广昌、南丰、南城、金溪县、临川区、丰城市、南昌县、进贤县，在进贤县三阳集乡三阳村汇入鄱阳湖。主河道长 348km，降水多年平均年降水量 1732mm，多年平均年径流量 165.8 亿 m³，流域面积 200km² 以上一级支流 10 条，其中 500km² 以上一级支流 4 条分别为黎滩河、芦河、临水和东乡水。

（1）**水利资源**。水力资源理论蕴藏量 57.9 万 kW（其中干流 21.69 万 kW），技术可开发装机容量 43.12 万 kW（其中干流 19.16 万 kW），经济可开发量 24.1 万 kW（其中干流 16.7 万 kW）。

（2）**蓄水灌溉工程**。清代之前就已修建较大陂堰 2624 座，典型的陂堰有崇仁宝水渠、宜黄博梓陂和永丰陂、广昌文下里官陂、临川千金陂等水利工程。新中国成立后，先后建成金临渠、宜惠渠、芦河渠、赣抚平原灌区以及众多山塘、陂坝等灌溉工程。建成洪门、廖坊等 2 座大型水库，燎源、麻源等 20 座中型水库，以及 929 座各类小型水库，总库容 28.97 亿 m³，灌溉面积 16.89 万 hm²；

（3）**防洪圩堤工程**。建有抚西、抚东、唱凯等 3 条保护 6667hm² 以上耕地的圩堤，中州、蒿湖等 17 条保护 667hm² 耕地的圩堤。

（4）**水能开发**。流域内建成洪门、廖坊等大小水电站共计 1061 座，总装机容量 22.8 万 kW，年平均发电量 7.41 亿 kW·h。

（5）**水土保持**。流域内水土流失面积 2000 年统计约 4602.79km²，占流域面积 27.9%，较 1997 年减少 317.94km²。采取营造水保林、经济林、生态自我修复、封育治理、种草等生物措施；修建坡面水系、塘坝、蓄水池、谷坊等小型蓄水保土工程进行综合治理，至 2006 年已治理水土流失面积 2833.73km²。

（6）**航运**。南城以上河段已断航，南城以下至廖坊水库坝址可通 100t 位以下船舶，廖坊水库坝址以下河道可通 10t 位以下船舶。

3. 信江

信江是鄱阳湖水系五大河流之一，古称余水，又称信河，因流经江西省古信州府故名信江。位于江西省东北部。发源于浙赣边界江西省玉山县三清乡平家源，干流流经玉山、上饶县、上饶市信州区、铅山、横峰、弋阳县、贵溪市、鹰潭市月湖区、余江、余干县，在余干县潼口滩分为东西两大河，东大河汇同饶河在龙口汇入鄱阳湖，西大河在瑞洪镇下凤洲注入鄱阳湖。主河道长 359km，流域面积 500km² 以上支流 8 条（其中一级支流 7 条），较大一级支流有丰溪河、铅山河、白塔河。多年平均年降水量 1860mm，多年平均年径流 209.1 亿 m³。

（1）水利资源。水力资源理论蕴藏量 67.35 万 kW（干流 18.68 万 kW），技术可开发量 58.46 万 kW（干流 16.72 万 kW），经济可开发量 37.56 万 kW（干流 4.42 万 kW）。水能蕴藏主要集中在铅山河、石溪水、玉琊溪等支流。水域总面积 21.3 万 hm²，其中可开发水域面积 8 万 hm²。

（2）蓄水灌溉工程。利用信江天然径流灌溉，始于唐、宋而兴于明、清，至今已有 1300 多年历史。较典型的工程为弋阳县上葛坝，始建于清代，拦截葛溪河引水灌溉。现流域内建成蓄水灌溉工程主要有七一、大坳、界牌大型水库 3 座，七星、茗洋关等中型水库 32 座，各类小型水库 1146 座，以及众多山塘、陂坝、水井、提水等万余座灌溉工程。总库容 17.5 亿 m³，总有效灌溉面积 14.3 万 hm²。

（3）防洪圩堤工程。信江洪水灾害频繁，为了抗御洪水侵袭，筑堤防洪历史悠久。建设防洪堤总长约 730km，总保护耕地 6.5 万 hm²，保护人口 70 万人；除涝工程的除涝面积 2.4 万 hm²。

（4）水能开发。流域已建水电站 965 座，总装机容量 20.35 万 kW（其中干流 3.42 万 kW），2003 年发电量 7.05 亿 kW·h。

（5）水土保持。流域内水土流失面积 4325km²，占流域总面积 24.5%。采取以植树造林、封山育林等生物措施为主，修建水平梯田、水平沟、水平条带、谷坊、拦沙坝、挡土墙等工程措施为辅的方式治理，至 2005 年已治理水土流失面积 1800km²，占流域总面积 10.23%，占水土流失总面积 41.6%。

（6）航运。按《江西省信江流域规划报告》，信江流口以上设有岭底、青沙溪、流口 3 个梯级，各梯级枢纽建成后该河段达到通航 300 吨级船舶的 V 级航道；流口以下设有界牌、貉皮岭 2 个梯级。另加上饶河的双港梯级，各梯级枢纽建成后该河段达到通航 1000 吨级船舶的 III 级航道，1000 吨级船舶可直鄱阳湖。

4.饶河

饶河是鄱阳湖水系五大河流之一，古称鄱江，其中，乐安河为其纳昌江之前干流名称。因流经古饶州府治故名饶河，位于江西省东北部。发源于皖赣交界江西省婺源县段莘乡五龙山，干流流经婺源县、德兴市、乐平市、万年县、鄱阳县，在鄱阳县双港镇尧山注入鄱阳湖。主河道长 299km。流域面积 500km² 以上支流 9 条（其中一级支流 8 条），较大一级支流有昌江、建节水和安殷水。多年平均年降水量 1850mm，多年平均年径流量 165.6 亿 m³。

（1）水利资源。多年平均水资源量 165.6 亿 m³。水力资源理论蕴藏量 23.71 万 kW（其中干流 8.60 万 kW），技术可开发量 24.63 万 kW（其中干流 10.65 万 kW），经济可开发量 19.70 万 kW（其中干流 8.65 万 kW），年发电量 1.76 亿 kW·h。水能蕴藏主要在昌江、长乐水等支流。水域总面积 18.6 万 hm²，其中可开发水域面积 6.7 万 hm²。

（2）**蓄水灌溉工程**。利用饶河天然径流灌溉，始于南北朝，至今已有 1400 多年历史。景德镇市昌江区宁家陂始建于南北朝，拦截昌江引水灌溉。现已建有滨田、共产主义大型水库 2 座，段莘、双溪、大港桥等中型 16 座水库，各类小型水库 986 座，以及众多山塘、陂坝、水井、提水等灌溉工程，总库容 10.5 亿 m³，有效灌溉面积达 7.2 万 hm²；兴建各类引水、提水工程 5410 座，有效灌溉面积达 5 万多 hm²。

（3）**防洪圩堤工程**。饶河洪水灾害年年发生，为抗御洪水侵袭，筑堤防洪历史悠久。流域内有防洪堤总长 300km，总计保护耕地 4.11 万 hm²，保护人口 30 万人。干流河道经多年整治，沿河城市的防洪能力大大提高。1998 年后饶河河段按规划设计的平垸行洪、退田还湖工程可增加蓄滞洪水总量 1 亿 m³。

（4）**水能开发**。流域已建水电站总装机 5.34 万 kW（其中干流 1.8 万 kW），2003 年发电量 1.76 亿 kW·h。

（5）**水土保持**。水土流失面积达 1362km²，占流域总面积 8.8%。采取以植树造林、封山育林等生物措施为主，修建水平梯田、水平沟、水平条带、谷坊、拦沙坝、挡土墙等工程措施为辅的方式治理，至 2005 年已治理水土流失面积 800km²，占流域总面积的 5.23%，占水土流失总面积的 58.7%。

（6）**航运**。饶河干流鸣山以上设有铜埠、黄柏垣、鸬鹚埠、坝口、鸣山五个梯级，各梯级枢纽建成后该河段达到通航 300 吨级船舶的 V 级航道；鸣山河段在《江西省信江流域规划报告》中已按三级航道作出规划；昌江按浯溪口、樟树坑、景德镇、鲇鱼山、凰冈梯级开发成为 V 级航道，现已建成鲇鱼山、凰冈船闸，300 吨级的轮驳船队可由景德镇经昌江、饶河、鄱阳湖直航长江。

5. 修河

修河是鄱阳湖水系五大河流之一，古称建昌江、于延水，又名修河、修江，得名于修远悠长之意。位于江西省西北部。发源于铜鼓县高桥乡叶家山，即九岭山脉大围山西北麓。干流流经铜鼓、修水、武宁、永修县，全长 419km。八百里修水流至吴城镇，经吴城水位站与赣江汇合于望湖亭下注入鄱阳湖。流域面积 500～1000km² 一级支流 3 条（渣津水、安溪水、巾口水），1000～3000km² 支流 1 条（武宁水），3000km² 以上支流 1 条（潦河）。流域多年平均年降水量 1663mm，多年平均年径流量 135.05 亿 m³。

（1）**水利资源**。流域多年平均水资源量 135.05 亿 m³。水力资源理论蕴藏量 44.72 万 kW（其中干流 19.88 万 kW），技术可开发量 83.16 万 kW（其中干流 58.31 万 kW），经济可开发量 76.78 万 kW（其中干流 55.91 万 kW）。技术可开发年发电量 20.93 亿 kW·h（其中干流 11.71 亿 kW·h）。

（2）**蓄水灌溉工程**。流域筑堤防洪历史悠久。唐代筑何公堤，清朝筑孙公堤。此后修水中下游陆续修建一些疏防结合的水利工程。现流域已建成柘林、东津、大墩等大型水库 3 座，郭家滩、抱子石、盘溪等中型水库 13 座，各类小型水库 610 余座，以及众多山塘、陂坝、引水、提水等工程。

（3）**防洪圩堤工程**。建起保护耕地 667hm² 以上圩堤总长 150 余 km，其中永修县有 7

座保护耕地 667hm^2 以上圩堤，18 座保护耕地 66.7hm^2 以上圩堤。全流域有效灌溉面积达 11 万 hm^2，旱涝保收面积 9.3 万 hm^2，分别占总耕地面积的 68% 和 58%。

（4）**水能开发**。柘林水电站装机 42 万 kW；东津电站装机 6 万 kW 的，抱子石电站装机 4 万 kW，流域还先后建成各类小水电站 630 余座，全流域水电总装机容量达 63.01 万 kW，年发电量 13.3 亿 kW·h，宜丰、奉新、靖安、铜鼓、武宁、修水 6 县已实现农村水电初级电气化县建设目标。

（5）**水土保持**。流域重点水土流失区的修水县，1952 年起开展水土保持工作以来，通过封山育林育草的措施恢复植被，通过坡面、沟谷工程，修建拦沙坝以抬高和稳定侵蚀基点，年治理面积由 1980 年的 0.933km^2 发展到 1991 年的 38.53km^2。至 1991 年全县综合治理小流域 27 条，治理水土流失面积 223km^2，营造水保林 130km^2，修造水保拦蓄工程 1407 座。治理后植被覆盖率提高 21.2%，治理区泥沙冲刷量减少 70%。2000—2006 年又治理小流域 22 条，治理面积 152km^2，每年减少水土流失量 4.93 万 t。

（6）**航运**。修水历史上通航条件较好，木帆船曾上溯到上游段的渣津。后来由于公路交通日趋发达，沿河拦坝引水，航道淤浅堵塞，力口之港口设备落后，使修水于流水道没有得到充分利用。2002 年修水中上游交汇处再次拦河建起抱子石水库大坝，使续航能力到此终止。修水下游永修河段航道基本保持不变，货物运输可经鄱阳湖进入长江。永修县城至吴城河口 30km 的航道经 1991 年初整治后，已由 Ⅵ 级提升至 Ⅴ 级。水上客运也是永修县重要交通方式，2005 年全县水上客运量为 14.6 万人次。

6. 鄱阳湖

鄱阳湖古称彭蠡泽、彭泽、彭湖。位于长江中下游右岸，江西省北部，为中国最大淡水湖。公元 6 世纪末 7 世纪初，因水域扩展到鄱阳县境内，隋代称为鄱阳湖，沿袭至今。湖泊成因系中生代末期燕山运动断裂而形成地堑性湖盆，属新构造断陷湖泊。鄱阳湖水域辽阔，其水域、湖滩洲地，分别隶属于沿湖 11 个县（区），东为湖口、都昌、鄱阳 3 县，南为余干、进贤、南昌、新建 4 县，西为永修、德安、星子 3 县，西北为九江市庐山区。鄱阳湖汇纳江西省赣江、抚河、信江、饶河、修河五大河以及博阳河、漳田河、清丰山溪、潼津河等河流来水，各河来水经鄱阳湖调蓄后，于湖口注入长江。

鄱阳湖是吞吐型、季节性淡水湖泊，高水湖相，低水河相，具有"高水是湖低水似河"、"洪水一片，枯水一线"的独特形态。进入汛期，五河洪水入湖，湖水漫滩，湖面扩大，碧波荡漾，茫茫无际；冬春枯水季节，湖水落槽，湖滩显露湖面缩小，比降增大，流速加快，与河道无异。洪、枯水期的湖泊面积、容积相差极大，最大湖泊面积与最大容积比最小时高出几十倍。湖面似葫芦形，以松门山为界，分为南、北两部分。南部宽浅，为主湖体；北部窄深，为入江水道区。湖南北最长 173km，东西最宽 74km，最窄处 2.8km，平均宽 18.6km，平均水深 7.38m，岸线长 l200km。湖盆自东向西。由南向北倾斜，湖底高程由 10m 降至湖口黄海基面以下 1m。湖中有 25 处共 41 个岛屿，总面积 103km^2，岛屿率为 2.5%。多年平均年降水量为 1542mm，多年平均经湖口汇入长江的年径流量为 1468 亿 m^3。

（1）**水力资源**。湖区地势平坦落差小，为鄱阳湖水系地表径流的集散地，蕴藏水力资源按鄱阳湖区 38 个县（市、区）统计，技术可开发装机容量 36.0 万 kW，占全流域 7.01%；

相应年发电量 7.47 亿 kW·h，占全流域 4.39%。

（2）**风能资源**。湖区风力资源丰富，年平均风速 2.4～4.8m/s。从星子向鄱阳湖水域延伸，成为高值区，年平均风速 3.5m/s 以上，庐山、星子、棠荫、康山全年各月平均风速都在 3.0m/s 以上，其中庐山有 11 个月大于 4.0m/s，为风能资源丰富区。有效风能密度大于 160W/m²，年平均有效风能达 500kW·h/m² 以上，适宜小型风力发电。

（3）**水生物资源**。一是浮游植物种类多，数量大，分布广，有利于渔业生产。二是浮游动物主要有原生动物、轮虫类、枝角类和桡足类。三是水生维管束植物是鄱阳湖水生生物的重要组成部分。四是底栖动物主要有软体动物门的腹足类（螺类）和瓣鳃类。分布广，数量大。五是鱼类是鄱阳湖最重要的经济水生动物，多年产鱼量 0.96 万～3.16 万 t。鱼类的优势种群是鲤科的鲤鱼和鲫鱼，约占鱼量的 50%。六是湖中分布有江豚，也曾发现白鳍豚，是国家二类和一类保护动物。

（4）**鸟类资源**。源湖区鸟类资源丰富，在水面、湖滩、草洲及湖滨分布的鸟类有 37 科 150 种。鸟类因栖息条件的差异而产生不同的生态地带性分布水面分布的鸟类代表种为游禽类的潜鸭、秋沙鸭、鸬、鸥类等。湖滩草鸟类主要为涉禽、游禽，如鹤类、鹳类、鹭类、小天鹅、雁鸭类、大鸨、董鸡、白骨顶、斑鱼狗等。每年冬季至次年春季枯水期，为候鸟越冬期。从 10 月份开始，各鸟陆续迁徙至鄱阳湖越冬，在洪水到来前的次年 3 月，又飞离鄱阳湖。1983 年该地建立候鸟保护区，由于保护措施得力，鸟类数量逐年上升。

（5）**治理开发**。长期以来，由于大量围垦，湖水面积、容积急剧减少。1998 年特大洪灾过后，江西省实施平垸行洪、退田还湖、移民建镇的治水方略，高程 20.09m 时面积恢复到 4078km²，相应容积达 300.89 亿 m³。由于对鄱阳湖实施综合治理开发，湖区已建各类水库 1080 座，总库容 12.6 亿 m³。其中大型水库 3 座，中型水库 23 座，小型水库 1054 座。防洪抗旱、航运养殖、血吸虫防治等方面，取得巨大的综合效益。

浩瀚的"五河一湖"，孕育了"物华天宝，人杰地灵"的神奇红土地上的人民，满载了江西老表千百万年的发展与迁变，奔腾向前，赣鄱之水翻腾着难以尽数的故事。如果说，五大河流源头的第一滴水，就是母亲河唱响的第一个音符；那么，五大河流沿途容纳百川的气度，则宛如一组优美的民乐合奏，婉转悠扬；而当她白浪滔天、惊涛裂岸时，又犹同一曲雄壮的交响乐，震撼人心；最终，五大河流以一往无前的浩大气势，汇入无边的鄱阳湖怀抱，则恰似一曲完美演绎的颂歌。

第二章　水　之　忧

水是生命之源，水是万物之灵，水是世界的主宰，地球 70.8%的面积被水覆盖，人体的 70%由水组成，水是善利万物而不争的孺子牛！但是，水能载舟，亦能覆舟。水太多、水太少、水太脏、水太浑都会给人类造成灾害。

第一节　水　多

一、中国历史上各大流域水灾概述

水灾有狭义与广义之分，狭义上是指因自然气候长期不正常的雨水过多而形成的气象性灾害，广义上是指因自然因素与人为因素而造成的洪水泛滥、山洪暴发、河湖决堤、水涝等灾害。水灾分为自然水灾与人为水灾两种，通常以自然水灾为主。自然水灾又以洪涝灾害为主，主要为洪水泛滥、山洪暴发、暴雨积水、水涝等灾害。水灾威胁人的生命安全，造成巨大财产损失，严重影响社会经济的正常发展，对社会生产与人类社会造成极大的危害。自古以来防治水灾就是国家的一项重要公共保障事业，然而至今水灾仍是我国影响最大的灾害之一。

中国地处亚欧大陆东南部，东南临太平洋，西南西北深入亚欧大陆腹地，地势西北高、东南低，地形复杂，大部分地区位于世界上著名的季风气候区，夏秋多暴雨，冬春少雨干旱，且降水的时空变化、年季变化都很大，极容易造成洪涝灾害。中国历史上水灾是最常见发生的灾害之一，据学者统计，公元前 206—1949 年的 2155 年间，有历史记载的较大洪水灾害共计 1092 次，主要频发于黄河、长江、淮河、海河、珠江、辽河和松花江等七大江河的中下游地区。

1. 黄河水患

黄河，是中国的母亲河，是中华文明诞生的摇篮。然而，历史上它是一条多灾多难之河，特别是其下游，洪水决溢十分频繁。据《人民黄河》一书的统计：公元前 602—1938 年的 2540 年间，黄河下游有 543 年发生决口，决口泛滥次数达 1593 次，重要的改道 26 次，曾经有 6 次大迁徙。1855 年黄河在铜瓦厢决口后才形成如今的河道。此后的 130 多年中，较大的堤防决口有 114 次。黄河决口泛滥的范围，北到天津，南至长江下游，总计 25 万 km²。黄河频繁决溢给下游人民生命财产带来深重灾难。1933 年黄河发生大水，南北两岸大堤决口 50 余处，河北、山东、河南三省共有 67 个县受淹，受灾面积达 1.1 万 km²，灾民 364 万人，死亡 1.8 万人，经济损失达 2.3 亿银元；1935 年大水造成黄河在兰考以下决口，江苏、山东两省 27 个县受淹，灾民达 340 万人。1938 年国民党军队在花园口扒开黄河，造成下游大改道，淹没面积达 44 个县市，5.4 万 km²的广大地区成为一片汪洋，受灾人口 1250 万人，390 多万人流离失所，89 万人死亡。黄河上游地势较高，一般水灾较少较轻，但是遇到特大洪水也会造成严重的灾害。1904 年 7 月兰州以上特大洪水，兰州一带受淹面积 2 万余亩，受灾人口 2.8 万人。黄河中游多局部性大暴雨，易形成中小河流大洪水，局部地区常造成严重的洪涝灾害。1977 年延河大洪水，延安地区 11 个县市受灾，农田受灾面积达 28 万亩。

2. 长江水患

长江自汉代开始就有水灾的记载。据历史资料统计，自唐初至清末的 1300 年间，长江共发生水灾 223 次；而且越到近期越严重。唐朝平均 18 年一次，宋、元时平均 5～6 年一次，明、清则平均 4 年一次。

长江洪水大致分为三种类型：①全流域型。上、中、下游地区普遍发生大洪水，干支流并涨，洪水量大，历时长。如 1931 年长江流域连续多次暴雨引起的大洪灾、1954 年出现的历史上罕见的全流域性特大洪水。②上游型。洪水主要来自长江上游。如 1860 年和 1870 年长江上游发生的罕见特大洪灾。③中、下游型。洪水主要来自中、下游支流，灾情一般限于某些支流或干流某一河段，如 1935 年长江中游区域性洪灾。

洪水给人类带来巨大灾害，尤其是因其决口所造成灾害更为严重。自 20 世纪以来，长江流域先后发生了几次大洪水。1931 年全江型大洪水，平原湖区几乎全部受灾，淹没耕地约 5000 万亩，灾民达 2800 万人，死亡 14.5 万人，灾害损失达 13.5 亿银元。1935 年，汉水、澧水发生特大洪水，长江中下游地区 6 省受灾，受灾面积 2.9 万 km²，淹没农田 2200 多万亩，受灾人口 1000 余万人，死亡 14 万余人。1954 年全流域性特大洪水，长江干流及主要湖区洪水位绝大部分达到了历史最高纪录，淹没农田 4755 万亩，受灾人口 1880 余万，死亡 3.3 万人，京广铁路不能正常通车达 100d，国民经济发展受到严重影响。

3. 淮河水患

淮河流域地处我国东部，介于长江和黄河两流域之间，面积 27 万 km²。流域西起桐柏山、伏牛山，东临黄海，南以大别山、江淮丘陵、通扬运河及如泰运河南堤与长江分界，北以黄河南堤和泰山为界与黄河流域毗邻。淮河原是独流入海的河道，在 1194 年黄河夺淮入海以前，洪涝灾害较少。据统计，自公元前 185—1194 年的 1379 年间，共有 175 年发生洪涝灾害，其中有 119 年是淮河水系造成的水灾，有 56 年是黄河洪水造成的水灾。而 1194—1855 年的 600 多年里，有 128 年发生洪涝灾害，大部分是由黄河造成的。由于黄河长期夺淮达 650 多年，致使淮河干流河道淤塞破坏，全流域水系紊乱，上、中游雨水难排，下游入海、入江不畅，水旱灾害连年不断。其中全流域性洪水主要有 1931 年和 1954 年洪水。1931 年，淮河干支流普遍溃决泛滥，淮北平原和里下河地区一片汪洋，7700 万亩耕地被淹，死亡 20 余万人。1954 年，治淮工程初见成效，广大平原免除了洪灾，但上中游灾情仍然十分严重，成灾农田 6400 万亩，受灾人口达 2000 多万人。

4. 海河水患

海河是我国洪涝灾害最严重的地区之一。海、滦河总面积 31.8 万 km²，其中海河流域（包括海河、徒骇河、马颊河各水系）流域面积 26.36 万 km²。海河流域内主要有潮白蓟运、永定、大清、子牙、南运河等五大水系，诸水系呈扇形分布，于天津附近汇合后始称海河，东流至大沽入渤海。

海河流域降水量较少，年平均降水量 560mm，低于全国平均值（650mm），是我国东部沿海降水量最少的地区。而且，降水量年际变化很大，据 1956—1979 年资料统计，降水量最多的 1964 年，流域平均降水量 808mm，最少的 1965 年，仅 357mm，相差 1 倍以上。由于各年之间降水量很不稳定，同时雨量在季节上的分配又非常集中，加之受地形、气候因素的影响，流域内水旱灾十分频繁。据历史资料统计，明洪武元年（1368 年）至 1948 年的 581 年间，海河共发生水灾 387 次。其中北京城被淹 12 次，天津城被淹 13 次。1801 年水灾，海滦河流域所属州县 210 个，其中有 170 个受灾，92 个州县绝产 7 成以上，北部平原地区积水深达 3m，天津城水淹城砖 26 级，为明朝永乐年间建城以来淹没水位最高的一次。1939 年大洪水，下游主要河道决口达 79 处，扒口分洪 7 处，造成广大平原地区严重洪涝灾害。洪水淹没面积 4.94 万 km²，受灾农田 5200 万亩，灾民近 900 万人，死伤人口 1.332 万多人，山西、河北、山东、河南 4 省及天津市经济损失约 11.69 亿元，其中天津市 6 亿元。天津城被淹长达一个半月。1963 年大洪水，虽然各支流上游水库发挥了一定的拦蓄调蓄作用，但被淹耕地达 5360 多万亩，104 个县市受灾，受灾人口达 2200 万人，减产粮食 25 亿 kg，直接经济损失达数十亿元。

5. 辽河水患

辽河位于中国东北地区西南部，源于河北省，流经内蒙古自治区、吉林省、辽宁省，注入渤海。辽河流域由两个水系组成：一为东、西辽河，于福德店汇流后为辽河干流，经双台子河由盘山入海；另一为浑河、太子河于三岔河汇合后经大辽河由营口入海。辽河干流来水原在六间房附近分流经外辽河汇入大辽河。1958 年外辽河上口堵截后，干流与浑河、太子河不再沟通，成为各自独立的水系。辽河流域洪水灾害主要在辽河干流和浑河、太子河中下游平原地区。自 1801 年以来，辽河流域发生了 20 多次较大洪水。有些年份洪水决口形成河流改道，例如，1861 年辽河决口冲入双台子潮沟，以后逐渐形成双台子河；1894 年西拉木伦河在台口口以上决口，形成了新开河。1949 年以后，辽河干流以 1951 年灾情最重，33 个县市受灾，被淹农田 651 万亩，受灾人口 87.6 万人。辽河流域是我国重工业集中的地区，一旦发生洪水灾害，损失和影响都十分巨大。

6. 松花江水患

松花江女真语"松啊察里乌拉"，汉译"天河"，有南北两条源头，正源在长白山天池，河长和水资源总量均位居中国第三。松花江径流总量 759 亿 m³，超过了黄河的径流总量；流域面积为 55.72 万 km²，占东北三省总面积近 70%，超过珠江流域面积，位居长江、黄河之后。

松花江是黑龙江在我国的最大支流，洪水多为暴雨洪水。据历史记载，清乾隆五十九年（1794 年）松花江北源嫩江发生大水，齐齐哈尔城全部被淹。20 世纪内，1932 年松花江发生特大洪水，松花江流域黑龙江、吉林、内蒙古等 3 省区 64 个县市受灾，3000 万亩耕地被淹，哈尔滨站最大流量 16200 m³/s，哈尔滨市区被淹一个月，最大水深达 5m 以上，全市 30 万居民中 23.8 万人受灾，2 万多人死亡，12 万人颠沛流离。1957 年的洪水虽比 1932 年小，但洪水灾情遍及黑龙江东南部、吉林全省、内蒙古的呼盟及兴安盟地区，哈尔滨市水位也超过 1932 年水位 0.58m，经大力抗洪抢险，虽保住了主要市区的安全，但流域内受灾农田仍有 796 万亩，受灾人口 406 万人。

7. 珠江水患

珠江，或叫珠江河，旧称粤江，是中国境内第三长河流，按年流量为中国第二大河流，全长 2320km。原指广州到入海口的一段河道，后来逐渐成为西江、北江、东江和珠江三角洲诸河的总称。珠江三角洲地区是个冲积平原，由于受江河洪水和海岸风暴潮的双重影响，洪涝灾害十分频繁。据文献记载，自 15 世纪初至 19 世纪末的 500 年间，珠江三角洲 3 个县以上成灾或受灾超过 50 万亩农田的洪灾共发生了 128 次。20 世纪以来，水灾更为频繁。以 1915 年为最大。1915 年，我国南部地区发生了大面积的暴雨，东、西、北三江同时发生大洪水和特大洪水，引发珠江流域出现历史上罕见的大洪水，西江、北江洪水遭遇，相当于 200 年一遇的洪水。这次洪灾涉及云南、广西、广东、湖南、江西、福建等 6 省区 100 多个市县，其中以广东、广西、湖南、江西 4 省区灾情最严重，两广受灾农田达 97km²，受灾人口 600 万人，广州市被淹 7d。

二、中国各大流域洪水发生特点

中国各大流域洪水发生特点从各大流域历史洪水发生的规律来看，我国洪水大多为暴雨洪水。其特点如下。

1. 各地暴雨洪水出现的时序有一定的规律

洪水的暴发是有一定规律的，根据季节而发生周期性的灾害。每年 4～9 月，是我国暴雨多发期。从 4 月开始，珠江流域首先进入汛期，而后是江淮流域、黄河、海河、松辽流域。暴雨在时空分布上主要集中在三个时期、三个地区：一是华南地区的前汛期暴雨，一般集中在 4～6 月份；二是江淮梅雨期的暴雨，常发生在 6 月中旬至 7 月中旬；三是华北地区和东北地区的夏秋暴雨，集中在 6～8 月。

2. 暴雨洪水集中程度是世界各国中少有的

我国不同历时的最大点暴雨与世界各地相应最大记录相当接近甚至超过。实测最大 1h 降雨达 401mm（内蒙古上地），最大 6h 降雨达 830mm（河南省林庄），最大 24h 降雨达 1672mm（台湾新寮）。这种强度高的暴雨，经常形成极大的洪峰流量，造成严重洪涝灾害。另外，暴雨洪水在时间分布上也比较集中。从历史资料中不同年代发生特大洪水的次数分析，20 世纪 30 年代和五六十年代是我国洪涝灾害最为频繁的时期。30 年代共发生过 5 次重大水灾，五六十年代共发生过 11 次重大水灾。

3. 最大洪水量级地区差别很大

在我国云南腾冲至黑龙江呼玛一线以东地区，是我国主要的暴雨洪水区。主要江河的洪水，不仅峰高而且量大。根据实测洪水，长江主要支流、东南沿海中等河流最大 7 天洪量占年平均径流量的 10%～20%，北方河流实测最大 7 天洪量甚至占年平均径流量的 30%～60%。此线以西地区为非暴雨洪水区，最大洪峰流量在 1000 m³/s 以下。

4. 严重的洪水灾害存在着周期性变化

根据全国 6000 多个河段历史洪水调查资料分析，近代主要江河发生过的大洪水，历史上几乎都出现过极为类似的洪水，其成因和分布情况非常类似。如海河流域 1668 年洪水与1963 年 8 月大洪水、1801 年海河北系特大洪水与 1939 年大洪水、松花江 1932 年特大洪水与 1957 年洪水、吉林中部地区 1856 年洪水与 1953 年洪水、浑太地区 1888 年洪水与 1960年洪水、黄河上游 1904 年洪水与 1981 年 9 月洪水、黄河中游 1843 年洪水与 1933 年洪水、四川 1840 年洪水与 1981 年 7 月洪水、江淮 1931 年洪水与 1954 年洪水等，都十分相似。因此，暴雨洪水有大体重复发生的规律性。除暴雨洪水外，在我国西部地区，由于积雪冰川分布面广，不少河流冬季长期结冰，融雪、融冰洪水和冰凌洪水在很多地方也曾发生。如 1961 年 9 月新疆叶尔羌河上游发生的一次冰川洪水，库鲁克兰干水文站记录的最大洪峰流量 $6670m^3/s$，为该河多年平均流量的 40～50 倍。虽然影响范围不大，但破坏力很强。在一些地方小流域缺乏治理，水土流失较为严重，造成的局部洪灾和山体滑坡，道路损毁，人员伤亡事故也时有发生。

三、中国各大流域洪水发生的典型事例

1. 1153 年长江流域有记载最早的特大洪灾

1153 年 7～8 月间，位于四川省和重庆市境内的长江流域段发生了一场特大洪灾。7～8 月期间四川往往会出现闷热、干旱天气，因此这段时间是四川的枯水期。洪灾的发生与当年的气候反常有着直接的关联，即主要由枯水期的大量降雨而形成。

当年该流域段的洪水主要来自沱江、涪江以及嘉陵江中下游。根据洪水调查资料推算，1153 年 7 月 31 日万县洪水位为 149.46m；宜昌站洪峰水位为 58.06m，相应洪峰流量为 $92800m^3/s$，连续三天洪水总量为 232.7 亿 m^2。根据历史洪水记载以及科学考察分析，如此大洪水的重现期约为 210 年。

据重庆市博物馆《川江洪灾调查报告》，忠县县城下游约 2～3km 的长江北岸有两处宋代洪水石刻。一处刻在忠县东北乡红星村旺家院子屋后的石壁上，刻记为"绍兴二十三年（即 1153 年）癸酉，六月二十六日，江水泛涨去，耳、史二道士吹篪书刻以记岁月云耳"；另一处则在同村的选溪沟的岩石上，刻记为"绍兴二十三年（即 1153 年）六月二十七日水此"。该题刻是迄今为止在长江上游地区发现的最早的洪水题记。

根据目前掌握的历史调查资料，1153 年的这场洪灾是在长江流域有记载的最早的一次特大洪灾，四川盆地是受灾最严重的地区。涪江江水淹没了当时的潼川府（即现在的三台县县城）及其周围地区，城内民舍全部浸在水中。此次洪灾破坏了大量的房屋和农田，很多人在这次灾难中溺水死亡；而在遂宁，整个夏季都有强降雨，河流均发了大水，许多当地的庙宇被淹没和冲毁；沱江金堂县也被洪水冲毁房屋数千间；合川县处于涪江和嘉陵江干流的交汇处，大水冲毁了当地一座很有名气的古迹——监乐堂。

1153 年，长江中游的洞庭湖水系的沅江一带，下游的水阳江和太湖流域也发了大水，由此可见当年长江暴发了全流域性的大洪水。这场洪水的发现对于评估 1870 年特大洪水的稀缺程度具有重要作用。

此次洪灾是长江流域有记载的最早的特大洪灾，洪峰流量之大、涉及范围之广在历史上也较罕见。这次洪灾是在长江流域处于枯水期时发生的，有悖一般规律。当上游发生洪灾后，中下游地区也发了大水。由此启示我们在认识了事物发展的一般规律后，也要掌握其演变的特殊性。这将有助于我们更全面地认识客观事物，而且这次记载的洪灾对现代防汛工作具有重要的参考价值。

2. 1915 年珠江全流域特大洪灾

1915 年 6 月下旬到 7 月上旬，我国南部地区发生了大面积的大暴雨，东、西、北三江同时发生大洪水或特大洪水，引发珠江流域出现历史罕见的大洪灾。

这场暴雨中心位于南岭山区和武夷山区，包括北江、桂江、贺江、北流河以及闽江支流沙溪、赣江、湘江的中上游，影响面积约 50 万 km²，主要由 6 月下旬至 7 月上旬一直稳定在华南上空的静止锋造成。

珠江水系由西江、北江、东江及珠江三角洲诸河构成，其中西江是珠江流域的最大支流。各支流从 6 月 25 日开始涨水，并在西江干流相遇，使干流梧州水文站出现流量为 54500m³/s 的特大洪峰，洪水历时 30 余天，洪水总量达 544 亿 m³，北江横石流量 21000m³/s，均为近 200 年来最大洪水。受到南北两江与漾江、北流河、抚河（桂江）同时涨水的影响，位于广西东南部的滕县洪水水位非常之高，淹至古藤州牌坊下，实为空前，为百年未有之巨灾。7 月上旬，西江水系各支流普遍发生较大洪水，干流梧州站 7 月 10 日出现最高水位 27.07m。东江洪水稍先进入三角洲，紧接着西、北江洪水接踵而至，三江洪峰基本上同时到达三角洲，义适逢六月初一（7 月 12 日）大潮，珠江三角洲遭到有史可考的最大水灾。

这次洪灾涉及云南、广西、广东、湖南、江西、福建等 6 省区 100 个市（县），其中以广西、广东、湖南、江西 4 省区灾情最严重，两广受灾农田达 94.7 万 km²，受灾人口 600 万人左右。

广西壮族自治区南宁、苍梧、桂林、柳江、田南、镇南等 30 余县均受水灾，受灾人口约为 220 万人，灾民流离失所 40 余万人，冲塌房屋 10 余万间，田禾财产牲畜荡然无存，受灾面积约 26.7 万 km²。广东省西、北、东江及珠江三角洲以及粤西沿海 25 县受灾，佛山镇数十万难民露宿山冈，缺食待救，有传言说当时死亡 2 万多人。尤以珠江各水系下游及三角洲地区受灾最为严重，几乎所有堤围全部崩溃。广州市自 7 月 11 日受淹至 18 日水犹未退尽，城区被水淹浸长达整整 7 昼夜。广州市西关因地势低洼洪灾尤为严重，12 日适逢大潮，水势增高使长堤大马路水深超过 1m，13 日水涨更加迅猛，长堤水深达到 3m，新城城外均成泽国。整个三角洲地区的灾民达 328 万人，死伤 10 万余人。

大河大江特大洪水的形成，与中小河流不同，并非由于流域内出现极大的暴雨而往往是由于暴雨中心位置的移动，使干、支流洪水相互叠加的结果。1915 年的这场珠江洪水就是一个典型的案例。

3. 1950 年淮河大洪水拉开治淮序幕

1950 年，正当新中国刚刚建立，百废待兴之时，淮河水系出现了新中国成立后第一个洪水年。跟以往洪灾类似，这次洪水主要由淮河上中游的暴雨引发。

淮河地处长江与黄河两大流域之间，由于历史上黄河夺淮长达几百年，给淮河流域带来了灾难性的变化。淮河入海故道被淤塞，被迫改从洪泽湖东南角的三河夺路南下，经高邮湖入长江。至 1855 年，淮河基本形成了目前这样平缓中游河道比降，但洪泽湖湖底的淤高，使浮山以下的河道成了倒比降。中游沿淮两岸也出现了一连串的湖泊洼地，成为洪水调蓄的场所。淮河洪水出路不畅，洪涝灾害频繁，成为世界闻名的害河。1950年6月中上旬，淮河流域干旱少雨，6月下旬突然降雨，人们喜形于色。各家报纸竞相报道淮逢甘霖的喜讯。然而出乎人们意料的是雨越下越大凶猛如注，下个不停，从6月25日至7月20日这一期间出现3次阶段性暴雨：第一次暴雨雨区在淮河中上游以及徐淮地区；第二次暴雨雨区在淮河中上游干流两岸，洪汝河及淮南山区；第三次暴雨雨区在皖北、苏北等地区。这三次暴雨引发了淮河中上游洪水。

6月29日淮河开始涨水，接着汝河、白露河、大洪河、小洪河等上游支流洪水汇入淮河干流，洪峰叠加，浩荡奔腾。干流正阳关7月18日出现最高水位24.91m，对应洪峰流量12770m³/s，60天洪量为222亿m³蚌埠最高水位21.15m（7月24日），对应洪峰流量8900m³/s淮河干流洪水直至10月上旬才退尽，历时超过3个月。

这次洪水在洪泽湖以上沿淮河干流决口10余处，蚌埠以上地区阜南、阜阳、临泉、颍上、太和、凤台、怀远等地一片汪洋，渺无边际。安河决口9处，灵璧、泗洪一带被大水淹没。正阳关至三河尖水面东西长100km，南北宽20～40km，一望无际，近河村庄仅见树梢。正阳关以下至怀远，除淮南八里山矿区7km的堤防外，无完整堤圈。7月20日蚌埠以下方邱湖堤上的玻璃涵闸溃决，洪水从背后涌入蚌埠市区；21日洪水倒灌花园湖；23日相浮段柳沟闸溃决，此后五河漠河口附近漫堤多处。这样，蚌埠至五河不分河与道，大水连成一片。淮河中游沿岸及淮北广大地区几乎沉陷沦为泽国。据统计，淮河流域成灾面积3.13万km²。受灾人口1300余万人，近千人死亡，倒塌房屋89万间。在淮阴城，有一位目击者曾这样形容当时大运河沿岸的城市："一片汪洋，远伸到地平线以外。"

面对洪水浩劫，华东军政委员会大力开展抗洪救灾工作，在紧急调运1150万kg粮食到灾区的同时，全力开展生产自救。国家领导对此次洪灾十分关注，多次下达指示要求全力救灾。从此，"一定要把淮河修好"的声音回荡在辽阔的淮河两岸。

1950年淮河大水后，新生的人民政府作出了治理淮河的决定，全面开展了新中国大规模治淮工程建设。为使淮河洪水得到妥善安排，提出了"蓄泄兼筹"的治淮方针，即在上游修建水库拦蓄洪水；下游开辟入海水道，整治入江水道，以利宣泄洪水；在中游一方面利用湖泊洼地拦蓄干支流洪水，另一方面整治河槽以承泄拦蓄以外的全部洪水。

4. 1982年福建、江西、湖南地区梅雨型暴雨大洪灾

1982年6月中旬，在湖南、江西中部，福建北部和浙江西南部发生长历时、大范围的梅雨型暴雨。江南丘陵地区的闽江、赣江、湘江等河流同时发生大洪水。福建、江西、湖南三省发生大面积洪涝灾害。此次暴雨主要特征是雨量大、持续时间长、雨带稳定。

6月11～19日，在湘、资、沅水中上游，赣江中下游，抚河、信江、闽江上中游，浙江省的新安江、瓯江普降大雨。降雨主要分成三个阶段：第一阶段在11～13日，大部分地区在50mm以下，局部地区日雨量超过50mm；第二阶段在14～18日，暴雨主要集中在这一阶段，5天总雨量占此次雨量的80%～90%，暴雨区稳定在湖南、江西中部和福建北部，其中14日雨量最大，日雨量100mm以上暴雨笼罩面积42290km²，日雨量超过50mm的暴雨区面积达15万km²，相应的降水量近140亿m³；第三阶段在19～20日，雨势减弱，降

雨接近尾声。

暴雨中心区位于抚河、信江、富屯溪上游武夷山区，雨区中心上观站测得最大降雨量718.5mm。降雨量在200mm以上面积达18万km²，相应降水总量628亿m³。18～20日，湘江、赣江、抚河、闽江等河流几乎同时出现20～30年一遇的大洪水。赣江上石上站集水面积72760km²，洪峰流量19900m³/s，湘江湘潭站集水面积81638km²，洪峰流量19300m³/s，闽江竹岐站集水面积54502km²，洪峰流量25800m³/s。赣江石上站、抚河李家渡站最高水位都超过历史最高纪录。暴雨使江西、湖南、福建三省遭受较为严重的水灾。据统计，三省合计有178个县（市）受灾（江西59个、湖南85个、福建34个），其中32座县城被淹，江西省吉水县城内水深竟达3m；共有116.7万km²耕地被淹，其中江西52.1万km²，福建10.9万km²，湖南53.7万km²；受灾总人口达1659.6万人，死亡562人，倒塌房屋31.3万间。

此外，三省的水利工程设施也遭到洪水严重破坏。江西25座小型水库、108座小水电站被冲垮，洪水还冲毁圩堤2037处；福建圩堤溃决4105余处，冲毁渠道174.25km，小水电站456座；在湖南冲毁小型水库10座，小水电及电灌站1121处。1982年6月闽赣湘地区洪水是由梅雨锋暴雨所造成，主要受西太平洋副高压强弱的影响，雨带位置可以在长江中下游南北摆动，在防洪过程中值得关注。

5. 1995年辽河、第二松花江洪灾

1995年夏季，东北地区连续降雨，其间有7次明显的较大降雨过程，雨区主要集中在第二松花江、辽河、图们江、鸭绿汀等流域。前3次降雨（6月21日至7月16日）缓解了旱象，饱和了土壤；后4次降雨（7月25日至8月7日）导致各河涨洪。

后4次降雨，强度之大、雨量之多在东北地区是罕见的。暴雨中心的佟庄子、傲牛、救兵、歪头山、海浪、银匠水库，最大日雨量都超过500年一遇的标准。而且这7场雨的主雨区几乎都在东北地区东南部的第二松花江上游辉发河、头道江、二道江、辽河干流东侧、浑河、太子河、图们江、鸭绿江等流域。

7月下旬到8月中旬的强降雨使第二松花江、辽河、浑河、太子河、图们江、鸭绿江六大江河发生洪水。其中，第二松花江丰满水库以上17个水文站有8个发生了有实测记录以来的首位洪水。如果没有白山水库的拦蓄，丰满水库将会出现300年一遇的特大洪水。浑河支流东洲河东洲站7月29日洪峰流量4210m³/s，为1961年有实测记录以来的最大洪水；浑河大伙房水库7月30日入库洪峰流量10700m³/s，为1888年有资料以来的第一位，洪水超过9000m³/s的入库流量持续时间长达13小时（1000年一遇设计洪水入库流量超过9000m³/s的时间为6小时），水库在7月31日出现最高水位136.46m，超汛限水位8.66m，成为该水库历史上从未见过的特大洪水。辽河流域的清河水库和柴河水库均出现重现期为100年一遇的特大洪水。辽河干流铁岭站7月30日洪峰流量4420m³/s，为1856年以来的第三位洪水；巨流河站洪峰流量4670m³/s，为1934年以来的首位洪水；鸭绿江丹东站8月8日洪峰流量33200m³/s。为1955年有实测资料以来的第一位大洪水。太子河虽也出现了较大洪水，但所幸有水库节节拦蓄，大大减少了下游防洪负担。

这年松花江、辽河的洪涝主要是辽宁、吉林两省受灾。辽宁省洪灾损失的重点是农村乡镇企业，吉林省的灾害重点是中小城市。吉林省的城镇受灾情况是新中国成立以来最为惨重的一次，共有 2 个地级市、15 个县（市）城镇被淹。灾害最重的桦甸市变成了一座大型水库，交通、供水、供电、通信全部中断。吉林、辽宁两省在这次洪灾中，直接经济损失 627 亿元，其中辽宁省 344.3 亿元，吉林省 282.7 亿元。两省有 118 个县（市、区）、1245 个乡、1078 万人受灾，死亡 201 人，倒塌房屋 64 万间，损坏房屋 166.8 万间；全部停产的工矿企业有 16921 家，部分停产的有 15615 家；铁路中断 30 条次，毁坏路基 83.44km，冲毁桥涵 126 座；公路中断 1618 条次，冲毁桥涵 6285 座，冲毁路基 7284km。

在这年的洪水期间，第二松花江沿江 3 市 8 县（市、区）共出动 372.55 万人次抢险，仅 8 月 13 日就出动 81.2 万人奔赴抗洪前线。在辽河的抗洪抢险战争中，出动了陆海空军指战员 3 万余名，调集了 56 万名民兵预备役部队，还有上万名武警和公安干警，日夜战斗在抗洪抢险的最前沿，与沿河民众共同浴血奋战，解救被洪水围困的群众。

6．1996 年长江、柳江、海河、黄河并发洪灾

进入 20 世纪 90 年代以来，江淮、珠江、洞庭、鄱阳水系和长江流域频频发生大水，尤其是 1996 年长江、柳江、海河、黄河流域相继出现大洪水或特大洪水，其来势之猛、影响范围之广、洪水量之大，都是空前的。

受中高纬度环流调整的影响，在长江中下游的皖南、浙西北、赣北形成一次暴雨至大暴雨降水过程，产生洪涝灾害。长江有 100km 江段江水超过了堤面，洪湖有十余千米湖段的水面高出 1m 以上。为保护下游城镇，洪湖市不得不扒开 25 个垸子分洪蓄水。湖北有 71 个县、3929 万人受灾。洞庭湖区的灾情更严重。洞庭湖出口站的洪水超过 1954 年最高水位 1.57m，2600km 一线大堤的洪水超过防洪极限水位，2000km 大堤出现险情；溃垸 124 个，333.9 万人受灾，15.7 万灾民无家可归，直接经济损失 149.5 亿元。安徽省黄山、宣城、池州、六安、蚌埠、宿州等地大部分县市被淹，受灾人口 565.8 万人，死亡 56 人，倒房 8.2 万间，农作物受灾面积 40 万 km^2，直接经济损失 80.2 亿元；浙江省杭州、湖州、嘉兴、衢州等地 21 个县市 519.5 万人受灾，死亡 51 人，倒房 1.7 万间，受灾农田 31.5 万 km^2，直接经济损失 54.8 亿元；江西省景德镇、上饶、九江等地 3 个县市，379 万人受灾，死亡 8 人，受灾农田 20.3 万 km^2，倒房 5 万间，直接经济损失 35.8 亿元。

在柳江干支流地区，1996 年 7 月中旬，受地面静止锋、高空低压槽及低压切变线的共同影响，上述时间区域内降了暴雨到大暴雨，柳江干支流产生 20 世纪最大洪水，造成洪涝灾害；洪峰水位 92.43m，比历史上的 1902 年洪高出了 0.96m。这也是 1939 年柳州水文站建站以来实测到的最高洪水位，整个柳州市所有街道均被淹没，80 万人被洪水团团围住。广西融安、融水、柳州市等市县 141 万人受灾，死亡 125 人，倒房 14.8 万间，受灾农田 10.89 万 km^2，直接经济损失 45.4 亿元。此次水灾柳州市城区大部分被淹，三江县县城被水围困，融安县县城和车站全被淹没，融水县整个县城所有街道和机关、学校等均被洪水淹没，淹没最深达 4m 多。

在海河、黄河地区，受 9608 号台风登陆深入内地后形成的台风倒槽和冷空气的共同影响，海河流域漳卫河、大清河、子牙河等南系支流地区普降大暴雨，局部特大暴雨，致使上述河流发生仅次于 1963 年的洪水灾害。

海河出现了四大水系同时发难、山洪暴发、河水猛涨的滹沱河水位与南堤堤顶持平。滏阳河普遍满溢，13 条支流的洪水直扑中游洼地。大清河、漳河也频频告急。政府不得不动用 30 年没有用过的 3 个泛区、4 个滞洪区来削减洪水的淫威。河北省石家庄、邢台、邯郸、保定、廊坊、承德、衡水等 11 个地区 91 个县市 1517 万人受灾，死亡 671 人，倒房 114.8 万间，受灾农田 122.6 万 km²，直接经济损失 286.6 亿元。受灾最重的县市有涉县、大名、永年、鸡泽、宁晋、任县、南和、邢台、井陉、赞皇、平山、饶阳、武强、献县、霸州、文安、兴隆、玉田、青龙等 20 个县市。此次水灾造成 8 条国道、29 条省道多处中断，毁坏公路 2492km、桥涵 7066 座、堤防 700 多 km，死亡大牲畜 16.8 万头。

同样受到 9608 号台风深入内地影响的，还有黄河流域汾河水域。山西汾河上游及东部太行山脉一带降了大暴雨，山西中东部河流普遍发生洪水，汾河干流出现大洪水，以致造成洪涝灾害。山西省晋中、运城、太原等地市所属 67 个县市 432.8 万人受灾，死亡人口 195 人，倒房 14.2 万间，受灾农田 47.1 万 km²，直接经济损失 70.1 亿元。太原官地煤矿有 772 人被困井下，死亡 33 人。

经过各路防汛大军的艰苦奋战，虽然战胜了严重的洪涝灾害，却付出了沉重的代价。据统计，全国有 21 个省区受灾，受灾人口 2 亿多人，440 万人无家可归，314 万 km² 农作物绝收，直接经济损失 2200 亿元，超过 1991 年至 1993 年两年洪灾的损失之和。

7. 1998 年长江、嫩江、松花江、珠江并发特大洪灾

1998 年的中国遭遇南北洪水的夹攻，长江发生自 1954 年以来又一次全流域性大洪水，嫩江、松花江洪水超过 1932 年的大洪水，珠江流域的两江发生仅次于 1915 年的特大洪水。

1998 年 6～8 月，长江汛期降水分 4 个阶段。第一阶段降雨：6 月 11 日至 7 月 3 日，主要降雨区集中在鄱阳湖水系和洞庭湖水系的湘江、资水、沅水等。此次降雨使得鄱阳湖、洞庭湖水位猛涨，受两湖水位上涨影响，长江中下游干流水位也随之上涨。宜昌和沙市都超过历史最高水位。第二阶段降雨：7 月 4～15 日，降雨区集中在长江流域的汉江上游区域。第三个阶段降雨：7 月 16～31 日，乌江、沅江、武汉市、鄂东北和鄱阳湖水系相继降大暴雨。武汉及宜昌都出现历史最高水位。第四个阶段降雨：8 月 1～29 日，降雨区先在长江上游和三峡区间，逐渐发展到长江中下游及江南地区，以后雨区又回到嘉陵江、岷江及汉江流域。

1998 年长江中下游洪水的突出特点是：洪水位很高。沙市达 45.22m，超过大堤设防水位 0.22m；涨势迅猛，中下游和洞庭湖、鄱阳湖水系堤坝共溃决 1975 处，被淹没耕地面积 23.9 万 km²，受灾人口 231.6 万人，死亡 241 人，五省共计死亡 1562 人，直接经济损失 194 亿元。

与此同时，嫩江、松花江也暴发大洪水，干流哈尔滨洪峰流量 16600m³/s，为 20 世纪最大洪水。东北地区汛期前后 5 次暴雨过程，始终徘徊在嫩江左岸支流上空，使嫩江干流先后发生 3 次洪水，而且一次比一次大。嫩江的洪水进入松花江后，哈尔滨站出现有 2 个峰值的复值，而且在 120.9m 洪峰水位持续了 32h，超过警戒水位的时间长达 50d，超过历史最高水位的时间长达 13d。黑龙江省遭受的洪水袭击，持续时间之长、流量之大、受灾范围之广，为历史所罕见。

据初步统计，受灾县（市）88 个，受灾人口 1733 万人，被洪水围困人口 144 万人，紧急转移人口 258 万人。进水城镇 70 个，积水城镇 73 个。淹没耕地 346.2 万 km²，死亡牲畜 137 万头，全停产工矿企业 3742 个，洪水淹没油井 4100 口，铁路中断 32 条次、中断时间 3658 小时，中断各级公路 1512 条次；冲毁铁路桥涵 101 座、公路桥涵 7457 座，毁坏铁路 61.5km、公路 8601km；毁坏水库 124 座，毁坏堤防 3390km，冲毁水文站 67 个，直接经济损失 480 亿元。

在长江、松花江暴发大洪水之前的 6 月中下旬，珠江流域的西江、北江被 100mm 雨量所笼罩，使得西江发生了 20 世纪仅次于 1915 年的特大洪水。西江干流沿线长时间持续水位上涨，加上北江也发生中小洪水，农历闰五月初一至初四大潮期，出现了比洪水位还高的潮水位，使西、北江中下游及珠江三角洲有 94 个县（市）受灾。受灾农田为 79.6 万 km²，其中绝收 26.6 万 km²，受灾人口达 1304 万人，直接经济损失 154.7 亿元。水利设施损失严重，有 10 座大中型水库、102 座小型水库和 219km 堤防受损。

据不完全统计，在南北暴发的罕见的洪水灾害中，全国共有 29 个省区遭受了不同程度的洪涝灾害，受灾面积 2120 亿 hm²，成灾面积 1306 亿 km²，受灾人口 2.23 亿人，死亡 3004 人；倒塌房屋 497 万间；直接经济损失约 1666 亿元。

1998 年，中国的抗洪救灾成为举国上下的头等大事。中央政治局紧急召开扩大会议；中央领导密切关注水情灾情，亲临抗洪前线视察、指挥；解放军和武警官兵 433 万人次、500 多万民兵投入抗洪抢险前沿，成为解放战争渡江战役以来我军在长江沿岸投入兵力最多的一次重大行动。

8. 1999 年太湖发生 20 世纪最大洪水

1998 年大洪水的一幕幕还在人们心头萦绕，一切灾难的记忆尚未平息，1999 年长江流域又发洪水。地处长江三角洲的太湖流域发生 20 世纪以来的最大洪水，其水位创历史最高纪录。

太湖流域以平原为主，周边高、中间低，整个地形呈碟形，高差约 2.5m，河道比降平缓，约十万分之一二；流速约 0.2～0.3m/s，故泄流能力小，每遇暴雨，河湖水位暴涨，加上河网尾闾泄水闸受潮位顶托，泄水不畅，高水位持续时间长，极易形成洪水蛮阻，酿成洪涝灾害。

1999 年的太湖梅雨期长达 43d，梅雨期是常年的 2 倍；梅雨量 669mm，为常年的 3 倍，重现期超过 100 年一遇。梅雨期的强降雨造成太湖流域产水量约 192 亿 m³，使太湖地区、杭嘉湖地区、上海地区等河湖水位普遍超过历史纪录。此外，嘉兴、陈墓、金泽、南浔等站分别超过历史最高水位；苏州、无锡、平望等站分别超出警戒水位。

这场太湖流域洪涝灾害波及浙江省、江苏省和上海市，尤其以浙江省的湖州市和嘉兴市，江苏省的苏州市所辖的吴江市、无锡市和常州市所管辖的溧阳市经济损失最为严重，洪水淹没面积 68.7 万 km²，直接经济损失 141 亿元，其中，江苏省 22.48 亿元、浙江省 110.07 亿元、上海市 8.71 亿元。

长江流域主汛期共发生 4 次降雨过程，其中乌江、水阳江有两支流水系超过历史最高水位，与 1998 年相比虽然洪量较少，但水位攀升速度快。洪水仍然造成了湖北、湖南、江西、安徽等省的巨大损失。

防洪工程建设在 1999 年抗御洪水中发挥着巨大作用。在 1998 年大洪水之后，长江流域被大水毁坏的工程全面得到了修复，处理险情 2600 处，处理基础防渗 140km；完成穿堤建筑物加固、改造 482 座；加高培厚堤防 1300 多 km，加上退田还湖，扩大江湖调洪蓄水能力，使长江干流及其他重要地区的防洪能力有了提高。这场大洪水虽然接近 1998 年的洪量水位，但险情大为减少。减少受灾人口 160 多万人，受淹耕地比 1998 年少 13.3 万 km²。太湖流域的防洪骨干工程，如太浦河工程、望虞河工程、环湖大堤工程、杭嘉湖南排工程、湖西引排工程、武澄锡引排工程、东西苕溪防洪工程、拦路港、红旗塘、杭嘉湖北排工程等，在 1999 年的这场大洪水中都通过了检验，并发挥了巨大的作用。

第二节　水　少

一、中国历史上大旱灾概述

旱灾指因自然气候长时期不正常的干旱少雨或无雨而形成的气象性灾害。一般是指因土壤水分不足，农作物水分平衡遭到破坏而减产或歉收从而带来的粮食问题，甚至引发饥荒。旱灾亦造成人类及动物因缺乏足够的饮用水而干渴致死。旱灾之后容易发生蝗灾，史称"旱蝗相因"，从而引发更大规划的严重饥荒和人口死亡，导致社会矛盾激化。

自古以来，旱灾同洪灾一样，是我国人民的心腹之患。据历史记载，公元前 206—1949 年的 2155 年间，我国发生的较大旱灾有 1056 次，平均每 2 年就发生一次。其中 16～19 世纪的 400 年间，全国出现受旱范围在 200 个县以上的大旱有 8 年，即 1640 年、1671 年、1679 年、1721 年、1785 年、1835 年、1856 年和 1877 年。明崇祯五至十五年（1632—1642 年），黄河流域业区发生了持续 10～11 年的特大旱灾，这次大旱于 1632 年先从宁夏及山西、陕西北部开始，1633—1634 年持续向南扩展到河南全境；1635—1636 年甘肃、宁夏旱情稍缓，1637 年旱情骤重，旱区扩大到黄河流域整个农业区；1638—1640 年旱区范围和干旱灾情都达到了顶峰。北京、河北、河南、山东、山西、陕西等地出现了"野绝青草"、"颗粒不收"、"飞蝗遍野"、"流民塞道"、"人相食"的情况。清乾隆五十年（1785 年）大旱，许多地方连草根树皮都吃光了，饿殍载道。1876—1879 年华北大旱灾，旱区覆盖了山西、河南、陕西、河北、山东等北方五省，并波及江苏、安徽、四川北部及甘肃东部。在总面积百余万平方千米的辽阔土地上，树林枯槁，青草绝迹，更没有任何庄稼，真所谓"赤地千里"。1920 年，几乎在同一区域，发生了同等程度的大旱荒，灾民 2000 万人，死亡 50 万人。1928 年大旱，遍及华北、西北、西南 13 个省区，灾民 1.2 亿人。1939 年黄河流域各省大旱，灾民达 3400 万人。新中国成立后，干旱比较严重的年份有 1959 年、1961 年、1972 年、1978 年、1986 年、1988 年等。20 世纪以来，全国农田受旱面积年均都达到了 5 亿～6 亿亩，约占当年全国耕地总面积的 1/3。

二、中国历史上发生旱灾情况的特征

从我国历史上的旱灾情况看，我国旱灾具有明显的季节性、地域性和持续性。

1. 季节性

我国旱灾季节分布不均匀，以冬春旱或春旱发生的机会最多。这一时期，干旱出现的频率达到 40% 以上。其中华南和西南地区可达 50%～60% 以上。最严重的是冬春连旱。历史上的大旱年一般都属冬春连旱的情况。而在我国长江中下游地区（包括上游以东地区），由于经常处在单一的副热带高压控制下，天气晴热少雨，蒸发量大，则伏旱出现的频率高。有的地方高达 50%。著名的长江三大"火炉"（重庆、武汉、南京）天气就出现在这个时期。夏季是农作物生长旺盛时期，伏旱虽不及春旱发生的频率高，但对农作物的危害要比春旱严重。它不仅关系到当年农作物的生长，决定当年水库的蓄水量和土壤墒情的发展，而且对冬小麦和春播作物的生长产量都有重要要影响。

2. 地域性

我国幅员辽阔，地形气候复杂，干旱在地区分布上很不均匀。东北地区由于降水稳定，干旱出现较少；黄淮海地区以及华南、西南地区，由于降水季节变化大，干旱出现的频率相对就比较多。黄河流域和我国西北地区，是我国干旱最严重的地区。黄河流域绝大部分属于干旱、半干旱地带，年降水量偏小，且降水变率大，水土流失严重，干旱频繁，旱情严重。据有关资料显示，公元前 1766—1945 年的 3711 年中，黄河流域有大旱成灾记载的达 1070 余年。其中清朝就发生 201 次。明崇祯年间和清光绪年间都出现过特大干旱。明崇祯元年至三年（1628—1630 年）、六至九年（1633—1636 年）、十一至十四年（1638—1641年），黄河流域各地接连发生大旱，灾情遍及山西、陕西、河南、山东四省，尤以陕北为甚。陕北榆林、靖边一带赤地千里，"民饥死者十之八九，人相食，父母子女夫妻相食者有之"，旱地饥民四处起义，加速了明王朝的灭亡。清光绪三至五年（1877—1879 年），黄河流域的山西、河北、山东、河南四省连续大旱 3 年，死亡人数达 1300 多万人。1942—1943 年的大旱灾，仅河南一省就饿死了上百万人。1965 年陕北、晋西大旱，仅山西省受灾面积就达 2600 万亩，陕西榆林地区 1000 万亩农田几乎没有收成。国家调集了几千辆卡车，从四面八方调运粮食救灾。

3. 持续性

在我国历史上，干旱连年出现是经常的。北京地区在 1470—1949 年间发生干旱 170次，其中有 115 次是连年发生的。长江中下游地区 1958—1961 年连续 4 年干旱，1966—1968年连续 3 年干旱。海滦河流域 1637—1643 年连续 7 年大旱。

干旱对工农业生产、经济发展和社会稳定造成巨大影响，主要有：

（1）给广大人民群众造成深重灾难，造成社会的大动荡，甚至能造成国家分裂。东汉建武二十二年（公元 46 年），蒙古高原发生了空前的大旱灾，游牧于这里的匈奴族，"人畜饥疫，死耗大半"，王公权贵趁此争权夺利，战争不断，匈奴汗国因此分裂为南匈奴和北匈奴。明朝末年，由于连年发生干旱，老百姓处在水深火热之中，李自成、张献忠等农民起义此起彼伏，明王朝处在农民起义的四面楚歌之中，很快走向灭亡。1876—1879 年华北大旱灾，由于干旱时间长，灾情和人民生命财产的损失非常严重，据不完全统计，这次大旱灾共饿死 1000 万人之多。

（2）制约农业的生产和发展。古代我国农业耕作条件和水利设施都比较落后。农业基本上是靠天吃饭，一旦发生旱灾，农业就会遭受毁灭性灾害。从新中国成立后到 1989 年，我国农田受旱面积平均每年达 3 亿亩以上，约占全国受灾总面积的 60%，减产粮食数百亿斤。进入 20 世纪 90 年代以来，每年受旱农田都在 3.6 亿亩左右，成灾面积 1.5 亿亩，全国农业每年因缺水而少收粮食 100 亿 kg。

（3）造成水资源不足。我国缺水现象日趋严重，人均占有水资源量只有 2400m³，约为世界人均水量的 1/4，居世界 110 位。缺水已成为社会经济和城市发展的严重制约因素。

（4）使生态环境恶化，土地沙化程度加快，风蚀加剧。据有关部门统计，我国"三北"地区（西北、华北、东北地区）沙化土地面积已经达到 17.6 万 km²。其中，历史上早已形成的有 12.5 万 km²，近百年形成的有 5.6 万 km²。

三、中国历史上发生旱灾的典型事例

1. 1876—1879 年中国罕见特大旱灾——"丁戊奇荒"

19 世纪 70 年代，穷途末路的清政府在经历了暴风骤雨般的农民起义和此起彼伏的边疆危机之后，又遭遇了一次沉重的打击，这就是 1876—1879 年的大旱灾。这次旱灾及饥荒以 1877 年和 1878 年两年最为严重，由于这两年的阴历干支纪年属丁丑、戊寅，所以时人称之为"丁戊奇荒"。

从 1868 年到 1875 年初，华北平原连续 7 年雨水过多，而从 1875 年阴历四月开始，久不下雨，旱情初显，至秋初，旱情已从直隶扩大到山东、河南、山西以及陕西等省。

1876 年，旱灾的范围进一步扩大，同时旱情也更加严重，以直隶、山东、河南为中心，形成了北至辽宁、西至陕甘、南达苏皖、东濒大海的广大旱区。更为严重的是，在大部分旱区，蝗灾接踵而至，把本已经奄奄一息的庄稼啃食殆尽。在这一年的旱灾刚刚开始时，受灾最严重的山西、直隶、河南等省就出现了大量饥民，这年夏季仅河南省开封一地依靠赈灾粥厂活命的就有 7 万多人。在旱灾边缘地区，情况也十分糟糕，苏北许多地方往往是十家只剩下两三家，其余人大多逃往苏南经济较为发达的地区，仅苏州、太湖等地就聚集了流民近 10 万人。一时间苏北、皖北到处都是逃荒的人群。

1877 年春天，整个山西省滴雨未下，至夏季，虽然个别地区下了一些小雨，但对于久旱的农田来说几乎没有任何作用。全省只有大同、宁武、平定、忻州、代州、保德等几处的部分田地偶有收获。河南省的旱情比山西省情况略好一些，部分地区小麦尚有一半收成，但入夏以后，干燥异常，一直到立秋以后，全省几乎滴雨未降，大部分农田枯黄得连禾苗都没有了，只剩下龟裂的土地。

随着旱情的加重，民间少量储备粮食逐渐耗尽，饥荒日益严重，受灾地区百物皆无，官民储备都已食尽，于是百姓只好吃草根、树皮、石粉，甚至人吃人。为了摆脱饥饿，人们用尽一切手段，但仍免不了饿死在家中、路边。

难挨的 1877 年终于过去了，无数饥民指望 1878 年能多下些雨，有个好收成，以结束

这种非人的生活，但是饥饿并没有随之而去，反而日趋加重，人吃人的悲剧不仅没有减少，反而愈演愈烈。更为悲惨的是在旱情逐渐缓解时，瘟疫又开始了新一轮的摧残。这场瘟疫来势极其迅猛，席卷了大部分灾区的城镇和乡村，许多躲过饥饿的难民被瘟疫无情地夺去了生命。在灾情最严重的河南省，活着的人几乎是十人九病，饥民在瘟疫的魔掌下，除了听天由命外别无选择了。

1879 年许多地方才开始缓慢地从旱灾中解脱出来，重建家园的工作终于可以开始了。正是这样一场亘古未闻的奇灾，严重破坏了受灾地区的人口结构，在受灾最重的山西省，原本 1600 多万居民中，死亡 500 万人，另外有几百万人口逃荒或被贩卖到外地。人口损失的同时，社会经济生产力也遭到沉重打击，许多灾民返回家园准备重新生产时已经一无所有，在饥荒降临时，所有的生产工具都被换成了粮食，牲畜也都变成了腹中之物。人们丧失了最基本的生产资料，要恢复生产又谈何容易！

这次饥荒持续了 4 年之久，几乎覆盖了山西、河南、陕西、河北和山东等北方五省，并且影响到苏北、皖北、陇东和川北等地区，造成了前所未有的大灾难，仅因饥饿而死的人数就高达 1000 多万人，高居世界历史上饥荒死亡人数榜首。

2. 1899—1900 年世纪之交的中国大旱

在 19 世纪和 20 世纪之交，八国联军攻破北京，然而，祸不单行，就在这一年国内不少地区都遭到了旱灾的打击，尤其是北方各省灾情最重。尽管这场旱灾比"丁戊奇荒"烈度稍逊，却构成了中国近代史上一次相当严重的灾荒。1899 年年初就发生了全国性干旱，京、津、冀北、陕北、陇南、豫东、胶东、皖北以及广东均发生了旱灾。在这次干旱袭击中，仅有 6 万人的山西绛县有 3 万人死于饥荒；咸阳背街小巷悄然出现不设招牌、不挂旗幡的"人肉肆"；"旱乡之民壮者多逃难于外，老弱妇女四处拾槐头、扫蒺藜以食，树皮都刮尽……"。在这场干旱灾害中，总计死亡至少 20 万人。除北方地区灾情严重外，南方地区也遭遇了灾害。

在这场旱灾中，陕西和山西两省的灾情更为严重，其中，陕西的灾情又相对更重，至少跨越了三个年份。1899 年秋间，陕西就爆发了大面积旱荒，遭灾至少达 45 个州县。然而，清政府仅允许从该省厘金银中拨六七万两以办理赈灾，而且这笔赈款并没有真正落实，这更加重了灾情和人民的痛苦。

第二年，陕西灾情进一步扩大，受灾州县就有 56 个，饥民约为 110 万人。进入 1901 年后，陕西大部地区仍持续干旱。当时曾有报纸报道说："西安饥荒，以两北为甚。正、二月来，无日不求雨，赤地千里。"到本年夏，陕西旱情虽说略有缓解，"然田亩之可耕种者，已不及五分之一，耕牛又皆不足于用，致三农等莫不愁眉双锁，有今冬难以卒岁之叹。"

同时，陕西灾情还因八国联军侵华战争而加重了：就在联军开始向京师进军后，慈禧携带光绪帝于 1900 年 8 月 15 日凌晨逃出京城，这就导致整个国家在一段时间内基本上处于混乱状态，也使国家的赈灾能力更加有限。况且，朝廷出逃的目的地恰好又是陕西，而其本身在某种程度上亦成为所经之地的额外灾难："自太原以西旱，流徙多，而州县供亿，皆取于民，民重困。诏乘舆所过，无出今年税租。然大率已尽征，取应故事而已。武卫军又大掠，至公略妇女人军。"陕西又加以"江西、安徽两省武卫军皆言奉旨驻扎潼关，均已列营城外，不但市面拥挤，且恐圣驾到时未能肃静。值此荒岁，米麦柴草不遑兼顾"，这无疑是雪上加霜。

发生在 20 世纪初的这次旱灾，人民之所以身处水生火热之中，除了在当时正处于外患情形下，腐败的清政府根本没有赈灾能力之外，就是政府长期忽视水利工程建设的恶果。我国古人早就提出这样的见解："蠲赈仅惠于一时，而水利之泽可及于万世。"主张面对干旱，更应致力于发展水利，达到治标又治本的目的。这种防灾备荒思想，是我国古人实践的科学总结，在今天仍具有重要的借鉴意义。

3. 1920 年中国北方大旱

1920 年的中国，正处于军阀割据、内乱不断的时代，广大民众生活于水深火热之中，全国广大地区又出现了严重干旱，黄淮海平原、长江中下游沿江地区、汉水流域和东北中部、内蒙古东部地区都出现严重旱情。

1920 年自开春以后，河北省大部、山西省东北部、陕西省大部、河南省北部以及山东省西部，久旱不雨，对春旱已经习以为常的北方农民，等待着雨季的到来。然而，到了夏季，雨水依然十分稀少，出现了严重旱情。据观察资料统计，受旱地区年降水量较正常年份偏少 20%～70%；农作物生长期（5～9 月），降水量较常年同期偏少 40%～70%。干旱的中心在北京、天津和河北一带。

在天津，不但出现旱灾，虫灾也显现，农田不能耕种，蓟县还出现了蝗灾。当年 11 月 20 日北京《益民报》报道北京四郊饿冻死者已有 4200 人，奄奄一息者，不计其数。河北省唐山地区和沧州地区大部分受旱，旱区一片赤地，寸草不长；衡水地区"交河、献县，河间大旱"，保定地区入春以来久不下雨，无法进行春播，保定一带仅有的麦苗也发生虫灾，以致大半枯死。受灾各县，颗粒无收，人们不得不以食草根树皮为生。河北省受灾达 85 县，灾民 800 多万人，仅直隶 5 县被卖灾童就有 5000 人以上。在山东，齐河遭遇数百年来未有的大旱，定陶全境大旱，遍地赤土，人食草根树皮。在山西，20 余县大旱，灾民 40 余万人外出逃荒。在陕西，"商南两季不收，十室九空"，即使是富人也难免被饿死。陕北地区灾情严重，从延长到洛川、宜君、铜川一路寂无人烟。在新乡、彰德车站，一有火车停站，饥民即蜂拥而上，求钱求食，哀号之声，令人心碎。

这次北方大旱，除遍及华东数省外，还波及湖北、江苏、辽宁、吉林等省。河南灾荒，以彰德最重。当时正处隆冬，又遇天降大雪，北风凛冽，寒冷彻骨，饥民冻死饿死者不计其数。然而，在此盘踞的军阀，非但对灾情视而不见，反而加紧向民众敲诈勒索，大放高利贷，规定借贷者必须以田产作抵押，每借 100 元，10 个月为限，期满还款两百元，如期满不能偿还，田宅即归债主所有。

在 1920 年大旱面前政府无能，民众自发掀起赈济热潮。在北方重灾区的一片呼救声中，最早发起赈济活动者是被五四运动激励起来的教育界人士。北京大学、清华大学师生组织起来，筹集捐款，奔赴灾区，救济灾民。演艺界著名人士也发起赈灾义演，为赈灾募捐。

1920 年发生在我国北方 5 省的旱灾，酿成极其严重的灾情。其主要原因就是，1920 年的旧中国没有一个真正代表广大人民利益的政府，既不能在旱情未现之前组织民众发展水利、储粮备荒，提高抗灾自救能力，也不能在旱情出现之后组织民众进行抗旱保收抢种，更不能有效组织起赈济活动。而新中国成立后的 1972 年、1980 年和 1989 年则在中国共产党的领导下，积极兴修水利，组织人民群众奋起抗旱，又多次开展对灾民的赈济和救助，使灾情得到有效的控制。

4. 1934 年华东大旱

1934 年华东、华北、华南三区及西南、西北部分地区都出现了比较严重的旱情，其中最为严重的是长江中下游的华东大旱。江苏南部大旱，南京河滨港汊大部浅涸。上海的高温酷热破了 60 年来的纪录。太湖水涸，西湖见底。江苏、浙江、安徽三省热魔一浪高过一浪，各地农田大旱成灾，颗粒无收；在高温中几千万人经历了烈焰般的炼狱煎熬。

当年，长江中下游地区入梅迟，出梅早，梅雨期不足常年的一半，雨量更是远远小于历年平均值。苏、浙两省特别是太湖地区的梅雨量仅及历年平均值的 1/6，南京站 1～7 月的降水量 317mm，其中 6、7 月降水量 66.8mm，分别是历年平均值的 5 成和 2 成。加上当年气温奇高，蒸发量特别大，上海气温更是酷热无比，徐家汇天文台最高气温纪录不仅成为 1873 年建台 60 年来之最，而且创下了 20 世纪上海气象史上惊人的"百年之最"：全年气温在 35℃ 以上的时间，自 6 月 25 日至 8 月 31 日期间，共有 55 天，7 月 12 日出现历史上极端最高气温 41.2℃。夏季 6～8 月降水量分别比多年同期（1873—1972 年）均值偏少 76%、76%、85%。酷热无雨的气候加剧了旱情。

旱荒使江苏、浙江、安徽、江西、山东、湖北等省旱区的农田干枯，米价暴涨，饥病交加，难民流离失所者无数。一时间，旱荒的报道成为《申报》《大公报》等各家媒体报道的主题。

在上海街头，"柏油马路热近华氏 140 度……有霍乱发现，人力车夫在马路上晕倒者不少。有苦力 2 人，不及救治而死。救护车终日不止"。在江苏，苏州暴热无雨，"城内饮料恐慌，水价日高"，在无锡，"太湖水涸，周围一二十里均成沙陆，昔日被湖水淹没陆沉之古城遗迹，近已发现"。在南京，"京市酷热，气温已打破京市 30 年来 6 月份最高纪录"。在浙江杭州，"河流多见底，水道航行已大半停止……"。在萧山，"因天气亢旱酷热，河水干涸，居民饮料不洁，时疫盛行，死亡相继"。

1934 年旱荒不仅严重祸及江苏、浙江、安徽、江南以及湖南、湖北，甚至长江上游的四川、云南、贵州接壤区以及河南、山东、山西、陕西等部分地区也为旱荒所波及。该年安徽全省灾民达 870 万人，为百年来未有之特大干旱年。江西省全省 83 个县除赣南 6 县外均受灾害，赣北灾情更是 70 年来所仅有，全省灾民 774.5 万人，受灾面积达 180 多万 km²。湖南省受灾 68 县，受灾田地 154.9 万 km²，其中受灾田地占耕地 90% 以上的有 6 县，占 80%～90% 的有 18 县。湖北省受灾 39 县，受灾面积 120 万 km²。

1934 年华东大旱，加上当时正值国共内战高潮时期，战火四起，尤其在长江流域各省均有工农红军的根据地，国民党政府全力同剿工农红军，对旱情不闻不问，除了当年的天气原因外，这也是导致灾情加重的原因之一。

5. 1935—1937 年四川旱灾

1935—1937 年，四川中、东、北部旱情突出，特别是东部地区发生了数十年所未见的旱灾，其持续时间之长，受灾范围之广，灾情之严重实为该省罕见。

1935年夏季，四川盆地中、东、北部已出现不同程度的干旱，特别是东部的万源、南江、梁山、邻水、大足、达县等，连续两月无雨，庄稼枯萎，秋粮所收无几，不足两成，旱情波及36个县。至1936年，由于夏季季风来得偏早，北方冷空气活动偏北，西风环流北移，加上青藏高原地形条件，使盆地上空空气增热，连续久晴不雨，盆地东部5～8月连旱90～100d。全省除成都以外，到处都有不同程度的旱情，受灾地区102个县，受灾人口占全省总人口的3/4以上。自1935年夏秋到1936年春，1936年夏至秋冬，1937年春夏又连续干旱，亢阳无雨，井泉干涸，田地龟裂，许多地方人畜连饮水都困难。

在这3年连旱中，四川省全省受灾达111个县（市），灾民3000多万人。灾区的草根树皮被吃光，灾民们不得不采挖白泥充饥，饿死的人被填沟壑，幸存者四处逃荒。据记载：南江县两日饿死2000人，万源全县人口灾后减少1/3，綦江县人口原50万人，灾后减至37万人。《资中县志》载："丙子（1936年）米贵如珠。迨丁丑（1937年），市场断五谷，原野无瓜果，哀鸿遍地，嗷嗷待哺者不可胜数也。"

6. 1941—1942年北方旱灾

1942年全国大旱，旱区主要在华北、西北及东北地区。吉林、辽宁、河北部分地区及天津、北京旱情较重，黄河流域各省特别是河南省旱灾极重。

早在1940年夏秋，河南的北部就发生了干旱，1941年冬季少雪，1942年春夏秋全年又持续干旱，旱象一直持续到1943年夏天才结束。

1942年河南的年雨量比多年平均值偏少40%～60%。当时社旗池塘河流干涸见底，人和牲畜无水可饮，庄稼枯死，秋粮无收造成断粮；南阳大旱，高粱每亩仅收12kg，晚粮大部分没有收成；新蔡麦子被风摧残，损失惨重，麦收之后天不下雨，高粱枯死，棉花、大豆无法播种；太康麦子只收获两成，秋收不足一成；唐河大旱，庄稼几乎全部旱死。人们只得吃草根树皮，卖儿卖女，惨不忍睹。黄河流域除河南重旱重灾外，山东大部分也受旱灾侵袭，德州春夏秋旱，聊城150天几乎无雨；甘肃省57个县受旱，东南部旱情更重；宁夏中南部固原等十多个县受旱；陕西全省十旱，以西部宝鸡、咸阳和汉中地区春季旱荒较重。1942年的大旱，给这些地区带来了巨大的灾难，在人们的心里留下了惨痛的记忆。

1942年的河南大旱，灾荒景象触目惊心，受灾范围之大，灾情之重，为历史所罕见。在黄泛区，野狗吃人吃得两眼通红，有许多还活着的人都会被野狗吃掉。在郑州，更有不少乞丐掘食死尸充饥。河南全省，因饥饿而死者约在150万人以上，逃亡者在300万人以上，濒于死亡边缘等待救济者1500万人。

1942年旱灾之严重，降雨量少的自然因素固然是主要原因，但同时社会因素也是造成灾上加灾的重要原因。当时国民党政府内政腐败，又恰逢抗日战争进入最困难时期，国库空虚，财政拮据，无力赈灾。深受"水、旱、蝗、汤（恩伯）"灾害的河南人民大量逃荒到陕西、甘肃……结果留下来的人承受了更沉重的赋税负担，河南真正成为人间地狱！

1941—1942年的中国大旱，对中国来说是惨痛的一年，对中国人民尤其是河南人民来说更是刻骨铭心的一年！

7. 1943年广东世纪大旱

1943年，广东大旱遍及全省，全省死亡几十万人，其中台山死亡15万人，潮阳、海门各善堂于莲花峰下收埋尸体 1.1 万具，被称为 20 世纪世界十大灾害之一。

1942 年一开春，广东部分地区即严重缺粮，闹饥荒。夏季又无雨，秋季继续干旱，一直持续到来年开春还滴雨不降。春分后虽下了场雨，但到 1943 年 4 月又亢旱。旱象一直延续到立夏，连续干旱使溪流干涸，田地龟裂，禾苗枯死。特别是潮汕地区普宁、潮阳旱灾尤重。

加上 1943 年的广东，大部分地区被日军占领，广东人民遭受着日伪与旱魔的双重蹂躏。从广东到香港、澳门，一片饥荒，逃难、卖儿卖女甚至出现人吃人的惨景。当时的广东米价大涨。沦陷区大米从每市斗一二十元一下子上涨到三四百元，有些地区甚至涨到六七百元。粗糠、树叶、野菜、树皮、草根。凡是能下肚充饥的东西都成为争抢之食。甚至在台城龙藏里天瞬祠内，有饥民"把饥死者的尸体劈开取心脏来烹食"。许多灾民纷纷外逃，仅潮州地区就有 10 万灾民外逃求生。外逃者沿途乞讨，实在无法求生时，就只得卖妻卖子。在江西和广东交界处，卖人论斤两，比卖猪卖狗还贱价，有些逃荒孩童，被坏人劈杀当狗肉卖给人吃。1943 年潮汕逃荒者有十七八万人，加上灾荒饥死病死共达几十万人，使这一时期广东人口急剧减少。

广东的大旱和饥荒，迫使日益增多的饥民落草为寇，在灾区各县几乎都发生过抢米抢粮的风潮。国民党当局对抢米犯格杀勿论，而对乘世之危进行粮食走私或囤积居奇牟取暴利者的处理却十分不力。在此期间，广东省政府也曾采取措施，救灾赈灾，但仍根本无法控制饥荒的蔓延，广东全省在这场大灾荒中饿死、病死及逃荒者达 300 万人，约占当时人口的 10%。

广东的大旱所造成的灾情之所以如此严重，给人民带来的苦难如此惨重，除了旱魔的肆虐外，其最主要的原因还是当时广东社会形势的恶劣。广东是中国的南大门，具有至关重要的战略位置，因此日本对之垂涎已久。

从 1937 年 8 月 31 日起，广东经历了日本侵略军长达 14 个月的狂轰滥炸。这 14 个月的轰炸让广州昔日繁华热闹的商业街区破落不堪，成千上万的人民流离失所，广东许多城市都成了废墟。据估计，仅广州地区的战争损失就大约为 3.53 亿美元。在广州沦陷后，居民过着亡国奴的生活，极为悲惨。而当 1943 年广东大旱之时，日军更是疯狂地搜劫粮食作军饷，使广东的旱灾雪上加霜，劳动人民生活在水深火热之中，苦不堪言。

8.　1988 年中国大旱

1988 年，中国主要农业粮棉产区发生严重干旱。旱情波及南北 27 个省区，该年全国受灾面积为 290.4 万 hm²，成灾面积 1530.3 万 hm²，受灾人口 1.323 亿人，减产粮食 3116.9 万 t，是新中国成立以来继 1959—1961 年连旱和 1978 年特大干旱后的又一次全国性重旱年。

旱灾造成了一些主要江河水量锐减，水库干枯，河道断流。淮河水量偏少 7～8 成。河南全省 15 座大型水库总蓄水量减少到近 10 年最低值。除河南省外，山东、江苏的湖泊蓄水量出现历史最低值。洞庭湖水量偏少 4 成，珠江支流西江水量偏少 5 成。

1988 年旱灾造成人畜饮水困难，据江苏、浙江、安徽、湖北、广西、四川、贵州、海南、山东、山西、陕西等 12 省区统计，因旱饮水困难人数达 3463 万人，其中南方达 2576 万人，占总数的 74%。河北、山东、河南、山西、陕西 5 省开动机电井实灌农田面积 1480

万 hm²。鲁、豫引黄水量 113 亿 m³，抗旱浇地 136 万 hm²。湖北省广聚水源，引提灌溉水量 134 亿 m³，灌溉农田 180 万 hm²。为有效地抗旱减灾，中央各部门为 24 个省区增拨特大抗旱经费 10790 万元、柴油 27.55 万 t、汽油 2.37 万 t、化肥 23.15 万 t，以及其他大量抗旱物资。在抗旱减灾中水利设施发挥了显著的作用。

我国是水资源贫乏的国家，人均和单位耕地面积平均占有水资源量都显著低于世界平均水平。进入 20 世纪 80 年代以后，水资源紧缺的程度更趋突出。农业是用水大户，然而我们却面临着农业灌溉水量的有效利用率低造成很大浪费的现象。以大旱的 1988 年为例，该年灌溉水量的有效利用率只有 35%。我国农业用水水平与世界先进水平相比还有相当差距，农业用水浪费严重。1988 年的大旱所显示的灌溉用水浪费所造成的损失是巨大的，而要解决这一严重问题的关键在于灌溉技术的改进和提高，更重要的是要进行制度变革，促进节约用水，减少浪费水的现象。

同时，要培养人们的环境道德观念，培养人们的节约意识、节水习惯，避免中国水资源环境进一步恶化。另外合理使用水也十分重要。要使人们合理使用水，就需要给人们以经济上的激励。适当的水价，是重要的激励机制。只有在水价适当的情况下，人们才会对水有成本约束概念，才会对节水措施进行适当的投资。

总之，培养节约用水的习惯，为自己的子孙后代留下必需的生命之源，是我们的职责和当务之急！

9. 1997—2001 年海河流域大旱

据史料记载，海河流域素有"十年九旱"一说，特大旱近 40 年一次，大旱 5 年一次，而常见十旱几乎年年有。

1997—2001 年，海河流域连续 5 年干旱，其中 1997 年、1999 年、2001 年为特枯水年（按 1956—1998 年降水系列计），其降水量之少，持续时间之长，影响范围之广，灾害损失之大都是历史罕见的。与正常年份相比，5 年平均降水量减少近 20%，地表径流量减少 40%，城乡供水普遍紧张。2001 年，北京市曾一度考虑引黄；石家庄、保定、邢台等城市地下水位以每年超过 1m 的速度下降，2000 年汛前供水一度告急；全流域地下水年超采量近 70 亿 m³。

1997—2001 年，天津连续 5 年干旱面积高达 23 万～27 万 km²，占全市耕地面积的 50% 以上。1997 年，天津地区春旱后，又发生新中国成立以来最严重的夏秋连旱，伏天气温 35 ℃以上持续的天数突破历史记录。1999 年 6～9 月又遭遇历史罕见特大干旱，降水量普遍比常年偏少 6～8 成。1999 年农田受旱面积 19 万 km²，占到耕地面积的 70%，绝收面积 4.3 万 km²，山区 12.9 万人饮水困难；2000 年全市受旱面积 25 万 km²，成灾面积 17.9 万 km²，绝收面积 7 万 km²，粮食损失 72 万 t，经济损失 12.5 亿元，有 40 万人、3 万头牲畜饮水困难。这主要受"厄尔尼诺"及"拉尼娜"现象的影响，由大气环流和海温的异常发展而引起的。2000 年 10 月至 2001 年 2 月，天津市不得不第六次引黄并动用潘家口水库死库容，以解燃眉之急。

河北省 1997—2000 年 4 年平均降水量为 398mm，比多年均值偏少 25%。由于降雨偏少，4 年平均地表水资源量只有 70.4 亿 m³，比多年均值减少 40.8%，若与 20 世纪 50 年代比较，则减少 62.89%。全省平均受旱面积达 379 万 km²，其中成灾面积 201.8 万 km²，绝收面积就达 38 万 km²，减少粮食 22.5 亿 kg。产水量的减少和经济的发展，使水资源供需矛盾十分尖锐。

北京在 1997 年和 1998 年严重干旱的基础上，1999 年再度发生更严重干旱，汛期降水量是新中国成立以来最少的一年，也是 130 年以来旱情最为严重的一年。该年夏季连续 9 天气温超过 35℃，最高达 42.2℃，是近 60 年来高温持续时间最长的一年。汛期官厅、密云水库可利用来水量仅 0.93 亿 m³，比多年同期减少 90% 以上，均是建库以来来水量最少的一年。到 2000 年，以上地区旱情进一步发展。北京地区仍然是少雨，酷热干旱，伏天 35℃ 左右的高温达一个月。1999 年全市受旱面积 13.2 万 km²，绝收面积 1.3 万 km²；2000 年受旱面积 16.5 万 km²，绝收面积 1.5 万 km²。山区 18 万人、2.2 万头牲畜饮水困难。

干旱，历来是我国面临的最大难题之一。抗旱防灾、减灾是与大自然作斗争，保证农业生产的伟大事业。人们在长期的抗旱斗争中深刻认识到，对于受东亚季风气候明显影响的我国，降水量年际和季节变化很大，水资源地区分配不均，旱灾的频繁发生是不可避免的。旱灾造成的危害可以减轻而不能消除，防旱减灾是我们国家与全民的一项长期战斗任务。我们要在系统分析干旱形成的条件、灾害的区域性、多发性特点和时空演变规律的基础上，及时研究新情况和总结新经验，不断提高我国防旱减灾能力，把干旱灾害的危害降到最低限度。

10. 1997 年黄河缺水断流

黄河是中华文明的发源地，在物质和精神两个层面都给予了中华民族宝贵的财富。黄河不仅以其丰饶的资源哺育了中华民族，而且也成为中华文明的具体承载者。流域内人多地广，自然条件较为优越，历来是我国重要的农业产区。1972 年黄河发生了其历史上的第一次断流。然而，令人惊心的是近年来黄河连续不断出现断流的现象。特别是进入 20 世纪 90 年代，断流不仅几乎年年发生，而且天数和长度逐渐延长．其中以 1997 年为一个顶峰。

1997 年，黄河断流出现了 7 个历史之最：一是断流时间最早——2 月 7 日利津水文站就出现断流；二是断流河段最长——断流从河口至开封柳园口，共长 728km；三是断流频次最高——利津站全年断流 13 次；四是断流天数最多——利津站断流共计 226 天，河口有 295 天无水入海；五是断流月份最多——全年有 11 个月断过流；六是断流首次在汛期出现——在 9 月份黄河秋汛期首次出现断流；七是首次跨年度断流——断流从 1997 年底至 1998 年初。如此频繁的断流，使水资源供需严重失衡，对流域的人民生活和工农业生产及生态环境造成严重影响，极大地影响了我国的经济建设。

黄河频繁断流除了来水少的天然因素以外，更主要的是人为因素造成的。主要表现在：

（1）黄河流域用水量急剧增加。黄河流域地处半干旱、干旱地区。年均降雨量只有 436mm，是全国平均值的 71%，而沿河地区用水量却逐年增加。目前，黄河流域引水总量接近 400 亿 m³，消耗水量为 307 亿 m³，比 20 世纪 50 年代增加 2.4 倍左右，已接近黄河的可供水量。

（2）中游水库调节能力不足。黄河干流有 8 座水库枢纽工程，调节库容约 300 亿 m³。这些枢纽工程中仅有龙羊峡、刘家峡、三门峡 3 座水库有调节能力，其他水库调节能力很小。有调节能力的 3 座水库主要集中在上游河段，中、下游仅有三门峡水库。泥沙淤积严重，该水库汛期只能低水头运用，调节能力较弱。

（3）管理运营措施不力，管理调度不统一。水资源利用率低，浪费严重。科学管理、合理使用黄河水资源的体制还没有完全建立，各地区为了局部利益，纷纷建造各类引水工程，仅黄河下游就多达 122 座，大大超出黄河的供水能力，且各自按照自定的运行方式进行调度。另外，水利工程老化、灌溉方式落后、水资源有效利用率低、节水意识淡薄、浪费严重也是造成断流的重要因素。

黄河作为孕育中华民族的母亲河，一旦发生断流，理所当然地会引起全国人民的严重关注。1998 年元月，针对黄河断流的严重危机，163 名中国科学院和中国工程院院士在一纸振聋发聩的呼吁书上郑重地签下了自己的名字，呼吁"行动起来，拯救黄河"，"从自己做起，从一点一滴做起"。

保护黄河，保护黄河水资源和生态环境，是全社会的共同责任。水安全将是 21 世纪人类面临的最大挑战之一，接受挑战，正视问题，研究对策，将是实现中国社会、经济、环境可持续发展的重要一环。

11. 2000 年中国北方严重旱灾

2000 年春天，中国北方发生了一场严重的旱灾。截至 5 月 16 日，全国作物受旱面积 1267 万 km²，干枯 46 万 km²，白地缺墒 530 万 km²，水田缺水 112 万 km²，因旱有 1560 万人、1310 万头大牲畜发生临时性饮水困难。这是自 20 世纪 90 年代以来最严重的一场旱灾。

2000 年，湖北出现历史罕见的冬春连旱和盛夏伏旱，受旱范围达到总面积的 80% 以上，全省因旱灾造成的直接经济损失为 115.58 亿元；河南有关部门的旱情报告也称全省大部分地区出现有气象记录以来从未有过的持续干旱天气。辽河、海河、黄河中下游水量比正常年份减少 3～8 成，淮河水位降至 50 年来最低点。黄河中下游长时间断流，海河流域自 1999 年发生 50 年来最严重干旱后，2000 年上半年流域降水量比去年同期平均减少 30%。松花江出现历史上最干枯时期，以至于已经不能通航，甚至有的江段可涉水过江。北京密云水库水位比 1999 年下降了 7.89m，蓄水量减少 7.7 亿 m³；天津潘家口水库水位也降到历史最低点，使地下长城景观露出水面……

当南方的人们依然在清澈的游泳池里怡然自得，当许多城市依然在水管爆裂以致水漫街衢的时候，在中原大地，有多少企盼甘霖的眼睛，有多少坐以待毙的庄稼和牛羊，有多少日渐干枯的城镇，有多少黯然停产的厂房……虽然旱灾最终得到了控制，但可以想象，北方旱灾的损失是巨大的。大旱之下，农业肯定歉收。专家们认为，中国北方旱灾所导致的不仅仅是农业歉收，北方沙尘暴和黄河断流，也是严重的问题。

那么 2000 年在中国北方地区发生的严重旱灾，原因到底是什么呢？专家们告诉我们：中国的旱灾不是因为中国降水量少。中国北方地区降水量不多，但不一定会导致旱灾。中国发生旱灾的关键原因在于浪费水。中国农业用水占全国总用水量的 80% 以上，中国农业灌溉用水有效利用系数为 0.4，发达国家一般为 0.7～0.8，如果中国的系数能提高到 0.6，每年则可增加节水能力 494 亿 m³。浪费水的严重程度，与旱灾灾情同样惊人。这次旱灾受旱范围广、持续时间长、危害程度重，对农业、林业、畜牧业造成很大损失，对城市生活和工业生产带来严重影响，引起了全社会的广泛关注，同时也给人们以深刻的启示。第一，水资源短缺已经严重制约国民经济的发展，未来缺水的矛盾将更加突出。第二，在新形势下依然要加强农田水利基本建设，增强农业抗灾能力。我国农业基础设施薄弱，靠天吃饭的局面仍然没有根本改变。第三，水资源短缺的矛盾突出表现在城市，解决城市缺水问题是当前十分紧迫的任务。第四，农村饮水设施严重不足，必须下大力气解决人畜饮水困难。第五，严重的干旱使节水和水污染防治工作的必要性更加突出。第六，林业和畜牧业的发展要适应水资源条件。第七，需要调整工业、农业的生产结构和布局，适应水资源条件。经济建设要量水而行，根据可利用的水资源总量及其分布，调整经济结构和产业布局，营造节水型经济结构。第八，必须加强城乡水资源的统一管理调度，实现水资源优化配置。

12. 2003年江西超历史记录的大旱

史料记载江西干旱灾害，始于南北朝，江西水利系统常有记载"江西大旱"、"全省大旱"、"诸郡大旱"。2003年，对于江西省是不同寻常的一年，这一年包括江西在内的江南、华南普遍遭遇超历史记录的大旱。7月至11月上旬，全省遭遇了百年不遇的大旱，此次旱情发生早、来势猛，持续时间长、范围广，造成社会经济损失十分严重。

7月1～20日，江西省平均降雨量仅25.71mm，不足多年同期均值的3成。受持续高温少雨天气影响，全省江河水位持续下降，各类水利工程蓄水锐减，赣江上中游的支流、抚河部分河段出现有记录以来最低水位。个别河流部分河段几乎断流。

截至8月10日，江西全省大中型水库总蓄量为91.466亿 m³（其中大型水库总蓄水量为74.44亿 m³，中型水库总蓄水量约为17.2亿 m³），大中型水库蓄水量比2002年同期减少33.32亿 m³。比多年均值减少16.15亿 m³。全省有16座大中型水库水位在死水位以下，2044座小型水库干涸。全省有11个设区市98个县（市、区）受旱，作物受旱面积123.9万 km²，其中重旱50.1万 km²、干枯22.5万 km²。此外，还有49.5万 km²水田缺水，30万 hm²旱地缺墒无法栽插。分别比2天前的8月8日增加作物受旱面积2.9万 km²，重旱1.1万 km²，干枯1.3万 km²，缺墒旱地3000km²。

本次旱情，江西全省2/3以上耕地受旱严重缺水缺墒，因旱农作物受灾面积105.72万km²、成灾面积85.3万 km²、绝收面积24.83万 km²，全省减产粮食244.3万 t，经济作物损失31亿元。全省因旱直接经济损失67亿元，有297万人、174万头牲畜因旱饮水困难。农业生产因旱损失最为严重。

针对当时抗旱工作面临的问题，江西省对当时的抗旱形势及工作措施进行了认真的分析研究，要求各地各有关部门进一步加强组织领导，进一步落实责任，增强做好抗大旱、抗久旱工作的责任感和紧迫感，突出抗旱工作重点，狠抓关键性措施，密切配合，通力合作。江西省提出当时抗旱工作重点要抓好的工作，主要有从大局出发，确保抗旱重点，把人畜饮水和生活用水放在首要地位；管好水源，算清水账，科学调度，充分发挥水利工程灌溉效益；千方百计广辟水源，充分利用地表水，积极发掘地下水，抓住有利时机实施人工增雨作业；想方设法节水增效，加强对农业、果业等农业经济作物抗旱工作的科学指导，大力推广抗旱新技术和新材料，充分利用"旱地龙"等新产品抗旱。努力提高抗旱救灾效益等等。

面对大旱，人们没有怨天尤人，而是全力以赴投入抗旱。江西省共投入抗旱劳力 863 万人、机电井 2.9 万眼、泵站 2.36 万处、机动抗旱设备 37 万台套、机动运水车 3195 辆，投入抗旱资金 3.3 亿元，抗旱浇地 91.2 万 km²。临时解决 199.9 万人、106.5 万头大牲畜的饮水困难。

这次大旱后，江西各地干部群众主动要求维护和修建小水库、灌溉渠道的呼声大增。为改变农田水利基本建设的落后现状，江西已经制定规划，2010 年之前每年投资 20 亿元进行农田水利基本建设。

第三节 水 脏

一、中国水污染现状

水污染事故是指由于人为或不可预知的原因造成水体水质异常变化。水污染事故对水环境和水资源会造成难以估量的危害和破坏，从而对人民生活、工业生产造成严重影响。我国是发展中国家，在制定国民经济发展规划时，已经确定了把经济社会发展切实转入全面协调可持续发展的轨道。我们不能只顾眼前利益或企业利益去污染河道和水源，使江河哭泣，人民遭殃。

在 2002 年全国水资源质量评价的约 12.2 万 km 河长中，水质劣于Ⅲ类标准的河流长度占评价总河长的 35.3%，其中污染极严重的劣于 V 类水的河长占评价总河长的 17.5%。

长江的垃圾污染惊人！这里不谈沿岸工业及城市污水对长江的污染，单看江面漂浮的垃圾就使人触目惊心。乘坐在行驶长江的船上，不时的可看到江面垃圾不断地顺流漂过，有柴草、塑料包装袋、一次性餐盒及杂物等。这些污染物在随江水漂流时，因为是流动的，还不觉得太可怕。但是，当船进入葛洲坝库区，看到拦污栅前面堆积的一大片垃圾时，使人望而生畏，碧水清风的长江，为什么让人糟蹋的成为这个样子，我们呼吁，为了保护长江，请手下留情，烦举手之劳，把垃圾扔到它该去的地方。

20 世纪 90 年代，淮河曾发生了全流域大规模的水污染事件，近百千米的河面上黑浪滚滚，自来水色度、氨氮、亚硝酸盐分别超标 10 倍、200 倍和 14 倍；在监测的 73 个河段中，水质良好的只有 1 个，轻度污染的 18 个，其余均为重污染。

2004 年 5 月 5 日，新华社一条消息："据淮河水利委员会日前透露，4 月淮河水质污染进一步加重，省界河段五类和超五类水比例达到 58.1%，与 3 月相比上升了 3.5 个百分点，水质达标率已不足四成……。"

有资料表明，安徽颍河污染相当严重，污染总量 3.8 亿 t。有人说："颍河十八闸，闸闸皆污水。"

有的大城市，日产生生活污水 240 万 t，经过处理的才 37 万 t，85%的污水没有处理就排入河道了。

一个有名的味精厂，其周围的一条河，流淌着未作任何处理的发酵废水。人们找其源头，发现一个直径约 1m 的水泥管子，往外排污水，这就是该厂的污水排放口。

淮河支流沙河是受污染严重的河流。据《暗访淮河》一书讲：沙河岸边有一个叫黄孟营的村庄，其周围的 5 条沟和 16 个坑塘与颖河相连。据村民反映，村里有一条干渠由于受污染严重，水一天要变三次颜色，早上是绿色、10 点后发红、12 点以后变成浑黄色。村里现在已经听不到青蛙的叫声了。人们的顺口溜说：淘米难，吃水难，两岸日夜饮毒泉!白天呕吐饭难咽，夜晚枕泪人怎眠!

据淮河流域水资源保护局的资料表明，对 12 个城镇 34 个入河排污口进行了监测，超标排放的有 24 个，超标率为 70.6%；化学需氧量（COD）超标的有 21 个；氨氮超标的有 20 个。

有名的苏州河，是一条又黑又臭的河，人们不敢在两岸停留散步，距离很远就闻到腥臭味。河上时常驶过不加遮盖的垃圾船，更加重了污染的程度。

浙江省永嘉县一个环保局的职工把个体炼油厂建在农村，使得村边的溪水受到污染，使以前干净清澈的泉水及泉水积成的小潭，水色变黑不能喝，梧桐树枯死，村里人赖以生存的杨梅受污染，也会减产。

2005 年，中石油吉林化工双苯厂发生爆炸，大量硝基苯泄入松花江，给两岸饮水水源造成了严重的污染，有的大城市被迫停水，许多城镇靠外援供水。由于松花江注入黑龙江，也给俄罗斯沿黑龙江下游的一些地区造成不同程度的污染。此次事故是非常严重的，而且造成了一定的国际影响，国家环保总局主要负责人也已引咎辞职。

2006 年 1 月 5 日，河南省人民政府发布黄河污染预警：巩义市第二电厂储油罐发生泄漏事故，有 6t 柴油流入黄河支流伊洛河。河南省和郑州市有关领导相继赶到现场，制定了一系列应急措施，把污染减到最小限度。山东省也采取紧急措施，关闭沿黄河的所有取水口，组织环保技术人员对黄河水进行应急监测。

2006 年 1 月 7 日，湖南株洲冶炼厂含镉废水排入湘江，使湘江株洲霞湾港至长沙江段出现不同程度的镉超标，湘潭、长沙两市取水水源水质受到不同程度污染，有的超标 1.3～4 倍。事故引起省政府和国家环保总局的高度重视，紧急采取相关的应急措施，把污染程度降到最低。

据《华西都市报》报道：2006 年 2 月 14 日，岷江支流越溪河下游突然遭不明化学污染源污染，清澈的河水陡然变成黄色，河水中氟化物、氨氮、挥发酚等三种对人畜有害的化学物严重超标，观音镇 2 万居民备战水荒。经过有关部门的追源排查，涉嫌排污企业已被锁定。

2006 年 2 月，牡丹江海浪河斗银河段至牡丹江市西水源段，约 20km 发生黄黏絮状物——水栉霉。经过有关部门的全面排查，已责令三家污染企业停产整顿。

2006 年 4 月 6 日，国家环保总局通报：在对长江、黄河等各大水域总投资 4500 亿元的化工石化项目环境风险排查中发现，存在较大的布局性环境风险，有的子公司所属项目被查出废水排入长江黄河的问题。在环保总局提出要求后，有关部门已经追加环境安全投资 16 亿元加以整改。

2006 年 4 月 10 日，浙江金华一辆装有 11t 盐酸的汽车侧翻，11t 盐酸泄入溪水，下游 3km 的水体被污染，使下游一些村庄的生活用水受到严重威胁。

白洋淀原本是河北省的一片美丽的水域，水面广阔，风光秀丽，素有"华北明珠"之称。抗日战争时的雁翎队，是一支出没于芦苇荡的水上游击队，给日本侵略者以严重的打击。白洋淀作为人们休闲的好地方，每年都吸引许多游客欣然前往。但是，2006年春，却发生了严重的污染事件，一些地方的领导，以牺牲环境为代价换取 GDP 增长；142 家企业向水域排放大量的未经处理的污水，使得白洋淀鱼类大面积死亡。虽然保定市及满城县的一批官员已被免职或被责令引咎辞职，但白洋淀何时能澄清令人担忧。

随着房地产行业的兴起，一些开发商经常以"山水景观"、"生态居住"为诱饵来吸引买房者。他们在风景名胜区、自然保护区的水域、城市的水域、饮用水水源保护区水域、蓄滞洪区内的水域等地区修建住宅区。这些住宅区的生活污水、垃圾势必会污染水域和环境。

2006年4月11日，内蒙古自治区乌拉特前旗一造纸厂的上千立方米的污水暂存池决口，造成6个自然村百余户农民及数千亩农田被淹没，人们乘坐小船进入被淹没区，污水深处有 2m，村民的房子、拖拉机、摩托车、彩电、化肥等都浸泡在污水里。

据环保总局负责人讲：自 2005 年松花江水污染事件后，2006 年 1～3 月，全国已经发生与水有关的环境污染事故 76 起，超过 2005 年的总合。因此，在 2006 年一季度，44 个建设项目因选址敏感被国家环保总局停止审批或暂缓审批，涉及投资金额 1494.71 亿元。

2006年8月3日，一艘装载 220t 硫酸的货船在京杭大运河余杭段发生沉船泄漏，顿时浓烟四起，大片死鱼浮出水面。距泄漏点 500m 水体水中含硫酸的浓度达到 98%，使杭嘉湖封航 8 小时。环保部门用了近 300t 氢氧化钠，才将 220t 硫酸基本稀释中和。

据统计，我国 2004 年的污水排放总量为 693 亿 t，其中工业污水约 457 亿 t，第三产业和城镇居民生活污水 236 亿 t。这些污水约有 70%未经处理直接排入水域，水污染遍及多数江河湖库。部分乡镇企业没有环保措施，污染向中小河流及水网沟渠扩散，水污染事故频繁，水事纠纷不断，严重影响工农业生产和人民群众的身体健康，影响当地社会稳定。

据统计全世界有 29 亿人喝不上干净水。经水传染的疾病每年使 1500 万人丧生，其中大部分是儿童。

二、中国污水排放情况

中国社会经济发展经过 30 多年取得了举世瞩目的成绩，但是盲目发展给自然环境造成了极大的污染与破坏，其中水资源污染最为严峻。造成水资源的污染，主要有两大原因：一是污水任意排放，二是污染物随意丢弃。

1. 污水排放量

1999 年，国家为了控制水污染，保护江河、湖泊、运河、渠道、水库和海洋等地面水以及地下水水质的良好状态，为了贯彻《中华人民共和国环境保护法》、《中华人民共和国水污染防治法》和《中华人民共和国海洋环境保护法》，保障人体健康，维护生态平衡，促进国民经济和城乡建设的发展，特制定《污水综合排放标准》（GB 8978—1996）。该标准按照污水排放去向，分年限规定了 69 种水污染物最高允许排放浓度及部分行业最高允许排水量。该标准适用于现有单位水污染物的排放管理，以及建设项目的环境影响评价、建设项目环境保护设施设计、竣工验收及其投产后的排放管理。

据 2004 年《中国水资源公报》载：我国的污水主要来源于工业、第三产业和城镇居民生活等用水户排放的污水。2004 年全国污水排放总量为 693 亿 t，其中工业污水占 2/3，第三产业和城镇居民生活污水占 1/3。在各省级行政区中，污水排放量 30 亿 t 的有江苏、浙江、安徽、福建、河南、湖北、湖南、广东和四川 9 个省，污水排放量小于 10 亿 t 的有天津、山西、内蒙古、吉林、海南、西藏、甘肃、青海、宁夏和新疆 10 个省（自治区、直辖市）。

据国家住房和城乡建设部统计，截至 2007 年的数据，我国 665 个（目前为 661 个）城市用水量现在达到 501.9 亿 m³/a，按照城市的户籍人口来算，人均的综合耗水量大概就是在 390L/d 左右，平均每人每天消费 400L 水，增长较快。对应着有 500 亿 t 的水被消费掉，肯定就有大量的排水产生。保守估计中国污水总量现在是在 400 亿 t/a，这仅仅是城市废水量。考虑到更广大的农村地区，有将近 34000 个乡镇，集中居住的区域废水的产生量、排放量还是蛮高的，统计数据大概乡镇人均用水量中，镇能达到人均 90L 左右，乡大概是 75L，这指的是乡镇集中用水区就是建城区，这部分人口大概也将近有 4 亿人，这样算下来，总的污水量肯定是相当可观。

2. 污染物

污染物分为四种：一是气态污染物，如二氧化硫、氮氧化物、一氧化碳、硫化氢、氯、氟以及颗粒物等；二是液态污染物，如废水（废液）中所含的油类、需氧有机物、有毒金属化合物、放射性物质和病原体等；三是固态污染物，如铅、汞、砷、碱、铁、铬、铜等重金属；四是物理性污染物，如噪声等。除了噪声不会明显污染水环境以外，气态、液态与固态污染物都会造成水环境污染。

水环境污染源主要有酸雨、大气中有害物质沉降、固体废物渗滤液和排放的各类废水（生产废水和生活废水）。污染物的种类可分为生物性、物理性和化学性三种污染物，其中生物性污染物主要是细菌、病毒和寄生虫等，物理性污染物主要是悬浮物、热污染和放射性污染，化学性污染物主要是有机物和无机物，其中有机污染物又可分为天然有机物污染物和合成有机物污染物，一般情况下，天然有机污染物容易降解，对环境影响相对较小；无机物主要包括酸碱、无机盐、重金属等，相比于有机污染物，无机污染物处理费用更高，主要存在于企业的生产废水中。

据专家研究，地面水中主要污染物有氨氮、石油类、高锰酸盐指数、生化需氧量、挥发酚、汞和氰化物。

（1）氨氮。它是指以氨或铵离子形式存在的化合氨，氨氮主要来源于人和动物的排泄物，生活污水中平均含氮量每人每年可达 2.5～4.5kg。雨水径流以及农用化肥的流失也是氮的重要来源。另外，氨氮还来自化工、冶金、石油化工、油漆颜料、煤气、炼焦、鞣革、化肥等工业废水中。当氨溶于水时，其中一部分氨与水反应生成铵离子，一部分形成水合氨，也称非离子氨。非离子氨是引起水生生物毒害的主要因子，而氨离子相对基本无毒。国家标准Ⅲ类地面水，非离子氨的浓度不大于 0.02mg/L。氨氮是水体中的营养素，可导致水富营养化现象产生，是水体中的主要耗氧污染物，对鱼类及某些水生生物有毒害。

（2）石油类。它主要来源于石油的开采、炼制、储运、使用和加工过程。石油类污染对水质和水生生物有相当大的危害。漂浮在水面上的油类可迅速扩散，形成油膜，阻碍水面与空气接触，使水中溶解氧减少。油类含有多环芳烃致癌物质，可经水生生物富集后危害人体健康。

（3）化学耗氧量（COD）。它是指化学氧化剂氧化水中有机污染物时所需氧量。化学耗氧量越高，表示水中有机污染物越多。水中有机污染物主要来源于生活污水或工业废水的排放、动植物腐烂分解后流入水体产生的。水体中有机物含量过高可降低水中溶解氧的含量，当水中溶解氧消耗殆尽时，水质则腐败变臭，导致水生生物缺氧，以至死亡。

（4）生化需氧量（BOD）。生化需氧量也是水质有机污染综合指标之一，是指在一定温度（20℃）时，微生物作用下氧化分解所需的氧量。其来源、危害同化学需氧量。

（5）挥发酚。水体中的酚类化合物主要来源于含酚废水，如焦化厂、煤气厂、煤气发生站、石油炼厂、木材干馏、合成树脂、合成纤维、染料、医药、香料、农药、玻璃纤维、油漆、消毒剂、化学试剂等工业废水。酚类属有毒污染物，但其毒性较低。酚类化合物对鱼类有毒害作用，鱼肉中带有煤油味就是受酚污染的结果。

（6）汞。汞（Hg）及其化合物属于剧毒物质，可在体内蓄积。水体中的汞主要来源于贵金属冶炼、仪器仪表制造、食盐电解、化工、农药、塑料、等工业废水，其次是空气、土壤中的汞经雨水淋溶冲刷而迁入水体。水体中汞对人体的危害主要表现为头痛、头晕、肢体麻木和疼痛 等。总汞中的甲基汞在人体内极易被肝和肾吸收，其中只有15%被脑 吸收，但首先受损是脑组织，并且难以治疗，往往促使死亡或遗患终生。

（7）氰化物。氰化物包括无机氰化物、有机氰化物和络合状氰化物。水体中氰 化物主要来源于冶金、化工、电镀、焦化、石油炼制、石油化工、染料、药品生产以及化纤等工业废水。氰化物具有剧毒。氰化氢对人的致死量平均为50μg；氰化钠约100μg；氰化钾约120μg。氰化物经口、呼吸道或皮肤进入人体， 极易被人体吸收。急性中毒症状表现为呼吸困难、痉挛、呼吸衰竭，导致死亡。

为此，国家为了控制污染源，保护生态环境，根据环境保护法、水污染防治法等相关内容与条例，特制定了《国家污水综合排放标准》（GB 8978—2002）。该标准是国家对人为污染源排入环境的污染物的浓度或总量所作的限量规定，其目的是通过控制污染源排污量的途径来实现环境质量标准或环境目标。

三、水污染典型事例

1. 2005 年松花江水污染

2005 年，松花江污染事件震惊了世界。11 月 13 日，受中国石油天然气股份有限公司吉林石化分公司事故影响，松花江发生重大水污染事件。有专家说，把它看成是新中国成立以来最大的环境污染事故一点不过分。

2005 年 11 月 13 日下午 1 时 45 分，中国石油天然气股份有限公司吉林石化分公司双苯厂硝基苯精馏塔发生爆炸，造成 8 人死亡，60 人受伤，并造成新苯胺装置、1 个硝基苯储罐、2 个苯储罐报废，导致苯酚、老苯胺装置、苯酐装置、2,6—二乙基苯胺等四套装置停产。直接经济损失 6908 万元。爆炸事故的直接原因是，硝基苯精制岗位外操人员违反操作规程，在停止粗硝基苯进料后，未关闭预热器蒸汽阀门，导致预热器内物料气化；恢复硝基苯精制单元生产时，再次违反操作规程，先打开了预热器蒸汽阀门加热，后启动粗硝基苯进料泵进料，引起进入预热器的物料突沸并发生剧烈振动，使预热器及管线的法兰松动、密封失效，空气吸入系统，由于摩擦、静电等原因，导致硝基苯精馏塔发生爆炸，并引发其他装置、设施连续爆炸。

由于发生爆炸的车间距离松花江只约数百米，导致松花江水体受到污染，造成约 100t 的有毒化学物质如苯、苯胺及硝基苯流入松花江，使得水质浓度超出中国水质标准。因松花江、辽河的干支流和部分湖泊水库污染严重，影响到城市居民集中饮用水源质量。

14 日 10 时，吉化公司东 10 号线入江口水样有强烈的苦杏仁气味，苯、苯胺、硝基苯、二甲苯等主要污染物指标均超过国家规定标准。松花江九站断面 5 项指标全部检出，以苯、硝基苯为主，右岸超标 100 倍，左岸超标 10 倍以上。11 月 20 日 16 时污染团到达黑龙江和吉林交界的肇源段，硝基苯开始超标，最大超标倍数为 29.1 倍，污染带长约 80km，持续时间约 40h。

受松花江污染的影响，11 月 17 日到 23 日下午，松原市自来水公司为避开松花江上游来的污染团，停止了对该市宁江区松花江以北地带的供水。11 月 21 日，哈尔滨市政府发布通告，称市区市政供水管网设施要进行全面检修，决定从 11 月 22 日中午 12 时起，停水 4 天。顿时，流言纷起，不少哈尔滨人开始出城，道路一度发生拥堵。有人抢购食品，甚至露宿户外。

由于松花江最终汇入黑龙江（俄罗斯称"阿穆尔河"），11 月 22 日，中国外交部正式就松花江苯污染事件知会俄罗斯，并向俄罗斯方面通报了松花江水体污染的有关情况。12 月 22 日，就在吉化爆炸发生一个多月之后，所造成的污染带前锋"跋涉"数千千米，流经松花江汇入阿穆尔河，抵达了俄罗斯远东城市哈巴罗夫斯克。由于吉化爆炸事故牵扯到跨国污染，中俄之间的索赔谈判也已经艰难启动。

污染事件发生后，吉林省有关部门迅速封堵了事故污染物排放口；加大丰满水电站的放流量，尽快稀释污染物；实施生活饮用水源地保护应急措施，组织环保、水利、化工专家参与污染防控；沿江设置多个监测点位，增加监测频次，有关部门随时沟通监测信息，协调做好流域防控工作。黑龙江省财政专门安排 1000 万元资金专项用于污染事件应急处理。

松花江发生了历年来最严重污染事件，对生态影响巨大，可能会有 3 个后遗症：①硝基苯在鱼类等水生物体内积聚，污染食物链，沿江动物及人类食用后将损害身体，居民至少半年内不能食江鱼；②硝基苯不易被微生物分解，有毒物质长期残留于江水中，今后的江水未必适合饮用，当局必须频密检测；③硝基苯水溶性低，容易在松花江底泥土沉淀积聚，并顺着水流污染其他江河及沿岸生物。

2. 2007 年太湖蓝藻事件

太湖，位于江苏和浙江两省的交界处，长江三角洲的南部，是我国东部近海区域最大的湖泊，也是我国第三大淡水湖。太湖以优美的湖光山色和灿烂的人文景观闻名中外，是我国著名的风景名胜区，每年都吸引大量的中外游客前来观光游览。自 1990 年夏天，太湖梅梁湖蓝藻泛滥后，蓝藻便频频光顾太湖。

2007年5月29日，灾难再次降临到了太湖。太湖突然暴发的大规模蓝藻污染了无锡市的自来水。在长达一周的时间里，人们被挥之不去的恶臭包围着。所有人都依赖纯净水度日——用之烧饭、刷牙、洗脸甚至洗澡。整个无锡被笼罩在饮水危机的巨大阴影之中。

5月份连续多日的高温暴晒导致大量蓝藻积累、死亡、腐烂，在水面形成一层有腥臭味的浮沫，大面积水域水质开始发臭。就在有关部门商讨对策之际，蓝藻不断在太湖梅梁湖、贡湖累积。5月28日，蓝藻大量死亡并发臭，无锡市除锡东水厂外，其余的自来水厂水源地水质均受到污染，而这些水厂供应的生活用水量占全市的70%，影响到200万人的生活饮用水。

然而自来水发臭后，无锡市并没有停止自来水供应，也没有及时就水已被污染的情况发出通报。5月29日，被污染的自来水通过四通八达的管网进入千家万户。群体性恐慌在无锡全城蔓延，几乎所有的市民都加入了抢购矿泉水行列，超市、商店里的纯净水被抢购一空。

此次水危机的规模和影响超过了1990年那次太湖蓝藻污染事件。从1991年开始，国家启动了太湖治理工程。然而，此次2007年的无锡蓝藻污染事件又凸显出太湖水质已被深度污染的现实。这也意味着，耗时16年、耗资几百亿元的太湖治污工程成效甚微，太湖的污染还在加重。

2007年6月5日是世界环境日，这是人类守护环境，守护自己家园的日子。太湖的蓝藻在这时候暴发了，并以"猖獗"的姿态给我们敲响了警钟。多年治理，太湖不清反污，教训深刻。这引起了党中央的高度重视，国家领导人多次来到太湖视察蓝藻的治理情况，国家也对蓝藻的治理投入了大量的资金。无锡市政府针对这种情况紧急出台了一系列措施，预计到2008年无锡市将关闭772家化工企业。从5月份开始，水利部门从长江流域引入10多亿 m³ 水，来缓解太湖的蓝藻问题。通过各方努力，太湖蓝藻问题一时缓解了，无锡水危机也暂时过去了。但人们都在期待通过这次太湖环境危机的教训，把太湖治污的责任明确起来，真正做到"谁污染，谁负责"，为跨界湖泊的环境治理探索出新机制，使太湖治污目标不再落空。

"太湖美啊太湖美，美就美在太湖水。"这首人尽皆知的江南民歌《太湖美》，唱出了江南水乡太湖的昔日的美景。而如今的我们在唱着或听到这首歌的时候心里会有什么感受呢?如果不停止我们的污染行为，美丽的太湖将永远成为我们的回忆。

3. 广西龙江河镉污染事件

2012年1月15日，广西龙江河拉浪水电站网箱养鱼出现少量死鱼现象被网络曝光，渔业队一共有47户渔民，以捕鱼为生。有7户是网箱养鱼户，一共养了3万多尾，如今已有60%至70%的鱼类死亡，龙江河河池境内有50万尾鱼苗死亡，成鱼死亡1万 kg 左右，许多渔民损失惨重。

龙江河宜州市怀远镇河段水质出现异常，河池市环保局在调查中发现龙江河拉浪电站坝首前200m处，经水质检验，镉含量超《地表水环境质量标准》（GB 3838—2002）Ⅲ类水质标准约80倍。时间正值农历龙年春节，龙江河段检测出重金属镉含量超标，使得沿岸及下游居民饮水安全遭到严重威胁。因担心饮用水源遭到污染，处于下游的柳州市市民出现恐慌性屯水购水，超市内瓶装水被市民抢购。

广西龙江河镉污染事故已经确定两个违法排污嫌疑对象，分别是广西金河矿业股份有限公司和金城江鸿泉立德粉厂。此次镉污染事件涉案企业金城江立德粉厂的污水直接排放到地下溶洞。

据专家估算，此次镉污染事件镉泄漏量约20t。专家称，由于泄露量之大在国内历次重金属环境污染事件中都是罕见的，此次污染事件波及河段将达到约300km。广西龙江河突发环境事件应急指挥部专家组组长、国家环境保护部华南环境科学研究所副所长许振成说："所谓波及，就是事发地往下游，一直到能监测到水体镉浓度明显上升但不超标的水域"，按照现行的处置方式和处置效果，此次污染会波及柳江柳州市区下游的红花水电站以下的水域，但红花水电站以下的水域镉浓度不会超标，也不会对柳江下游的黔江、浔江、西江造成影响。

从2012年1月18日起，广西河池市为切断新污染源，龙江上游7家涉重金属企业全部停产。当地先后派出重金属自动监测车4辆，采样车40辆，监测单位17个，监测人员200余人，在龙江及下游水域布点监测；23日，又增设7个监测点，密切监控龙江水质变化情况。上千名专家、消防官兵、保障人员奋战在龙江应急处置一线。糯米滩水电站位于龙江河下游，其下60km即为广西第二大城市柳州市水源地柳江，是"保卫柳州饮水安全最后一道防线"。

2月1日下午，在河池市龙江河突发环境事件应急处置工作新闻发布会上，河池市市长何辛幸正式鞠躬道歉，并在新闻发布会上说：保护地方环境不被污染，是我们地方政府的法定职责，政府是环境保护的第一责任人。事件的发生，暴露了我们发展经济的思路和方式落后，环保意识薄弱，政府监督缺失，我们为此感到十分愧疚和深深自责。龙江河镉污染事件发生后，河池市政府已责令流域内涉重金属企业立即停产，排查整顿。事件中涉嫌违法排污的河池市金城江鸿泉立德粉材料厂等相关企业，检察机关依法对相关人员提起公诉，有7名相关责任人涉嫌污染环境罪，2名环境监察官员涉嫌环境监管失职罪、受贿罪，7名相关主要责任人已被依法刑事拘留。

针对龙江河突发环境事件负有重要责任，河池市委、市政府向广西区党委、人民政府作出深刻检查，同时依据有关法律法规和相关条例，决定对河池市副市长李文纲等9名责任人作出严肃处理。

龙江河突发水环境污染事件，反映出广西在处理经济发展与环境保护的协调关系存在很大的问题。广西早就提出了"质量兴桂"口号，环境质量便已包含其中，即"质量兴桂"涵盖产品质量、服务质量、工程质量和环境质量。《国务院关于进一步促进广西经济社会发展的若干意见》中明确提出，到2020年，八桂大地山清水秀、海碧天蓝、生态优良、环境优美，可持续发展能力显著增强。其中，河池重点打造有色金属、水电和生态旅游基地。然而，近年来，河池层出不穷的类似重金属污染事件的发生，让这个曾被誉为"山清水秀生态美"的有色金属之乡，在环境质量的关卡上，接连遭遇尴尬局面。

第四节 水 浑

一、我国水土流失现状

水浑，是因水土流失而造成的河流水域长期浑浊的现象。正常的水土流失是地球大气与水流动引起的自然循环现象，对社会经济与人类生存影响不太大。通常所说的水土流失是指非正常的水土流失，破坏了经济生产，影响了人类生计问题。我国是世界上水土流失最严重的国家之一，水土流失遍布全国，并且其流失强度高，成因复杂，危害严重，尤以西北的黄土、南方的红壤和东北的黑土水土流失最为严重。据专家统计，水土流失面积已经达到 180 万 km²，占我国土地总面积的 19%，每年损失粮食 30 亿 kg 左右。水土流失的面积、强度、危害程度在局部地区呈现出加剧的趋势，势必当地社会经济发展和人民生活造成了很大危害，因此，加强水土保持的工作力度势在必行！

1. 历史上水土流失概况

春秋、战国之际，随着经济的发展、人口的增长，社会对土地的需求不断增加。由于耕垦范围扩大，水土流失现象日益增多。秦汉以后，人为的战争、开山种地、滥伐滥垦，导致水土流失严重，水旱灾害加剧。以后历代虽有不少有识之士指出水土保持的重要性，但当局者都从保证增加赋税收入出发，基本都是鼓励开垦而不提保护。地方乡绅大户，为了满足一己私利，更是肆意开垦土地、围湖造田。历代大兴土木，修建宫殿庭园，导致大片森林的破坏。

我国是个水土流失严重的国家，水土流失面积目前为 367 万 km²，占国土总面积的 38% 还多。水土流失各大江河流域都存在，以黄河、长江流域最为严重。黄河自古以来就以多泥沙而著称于世，在我国古籍中常以"黄水一石，含泥六斗"、"黄河斗水，泥居其七"等来描述黄河多泥沙的状况。黄河多年平均每年输沙量达 16 亿 t，其中 12 亿 t 入海，4 亿 t 淤积在下游河道上，由于淤积严重，黄河下游河床已高出两岸农田 3～10m，最高达 10 多 m，成为"地上悬河"，严重威胁下游 25 万 km²、1 亿多人口的安全。黄河泥沙主要来自黄河中游的黄土高原区。黄土高原是世界上水土流失最严重的地区，水土流失面积达 43 万 km²，占这一区域总面积的 70% 以上。长江流域水土流失严重的主要是上游地区，上游总面积 100 万 km²，其中水土流失面积 35 万 km²，占上游总面积的 35%。长江多年平均输沙量约 7.4 亿 t，占全国每年总输沙量的 21%。江南红壤丘陵区的水土流失也比较严重。

造成水土流失的原因很多，有自然因素，也有社会因素。自然因素诸如气候、土壤、植被、地质条件等，是造成水土流失的潜在条件。而人类的社会经济活动，诸如战争、盲目开垦、大兴土木等，对水土流失的产生和发展起着主导和决定性的作用。有时自然因素和社会因素是相互渗透、相互作用的。例如，地面植被起着拦截雨水，调节地面径流，固结土体，改良土壤性状，减低风速和防止土壤侵蚀的作用。但由于盲目开垦等人类社会经济活动，地面植被不断遭到破坏，反过来又加剧了水土流失。

盲目开垦是造成水土流失非常重要的社会原因。在人类活动以前，虽也存在着土壤侵蚀，但由于那时地面大部有林草覆盖，土壤侵蚀较轻微，不致造成危害，处于自然侵蚀状态。距今 6000—7000 年以前的新石器时期，由于原始农业的发展，开始出现人类破坏林草植被的活动，但当时人口稀少，破坏力不强，对水土流失未能产生明显的影响。自西周开始，由于人口不断增加和农业耕作方式的演变，出现了盲目开垦，土地资源得不到合理的利用和开发，地面林草植被被破坏，造成土壤从自然侵蚀发展为加速侵蚀。据史料统计，从西汉到晚清的 1900 年中，黄土高原人口增长了近 3 倍。一般情况下，每增加一人，需增加耕地 3～5 亩。为了解决日益增长的粮食需要，就大量毁林、毁草、垦荒种地，使原来的游牧区变成了农业区，农业区范围不断向南、向北扩展，农耕地由平原、缓坡地向丘陵、陡坡地扩展，森林覆盖率越来越少，生态环境日益恶化，水土流失加剧。

据文献记载，历史上黄土高原到处是森林、草原。如陕西省的关中平原，在古籍中就有"平林"、"中林"、"桃林"等有关森林的记载。西周以后，由于人口增长，为了获得必要的口粮，极力扩大耕地面积，大量毁林毁草陡坡开荒，使植被逐步遭到破坏，水土流失日趋严重。首先受到破坏的是关中平原地区的森林。山西省吕梁山，唐代曾辟为林区，到明清时已残缺不全。其北部的芦芽山，原来是"林木参差，干霄蔽日"，到明末已砍伐殆尽。山西北部的雁门关与偏关之间，"山势高险，林木茂密"，明代初期视为北方藩篱，但不到百年，山上的林木就"十去六七"。据甘肃省《秦安县志·风俗卷》记载：该县汉代时"山多林木，民以板为室；修习战备，以射猎为先"。说明当时森林茂密。宁夏南部六盘山林区，明代还保留有较多森林，清代人口增长，以开垦、烧炭为生，林木遭到严重破坏。清光绪三十二年（1906 年）固原知州学尹说："固郡自迭遭兵灾以来，元气未复，官树砍伐罄尽，山则童山，野则旷野——当承平之时，薪已如桂。"

2. 新中国成立以后水土流失的概况

新中国成立后，虽采取了很多水土保持措施，但陡坡开荒破坏植被的现象仍时有发生，造成大量新的加速侵蚀。据 1986 年黄河水利学校和绥德水保站对无定河流域开荒面积进行调查，1950—1985 年全流域开荒 244.7 万亩，增加土壤流失量 1.7 亿 t。其中有三次大开垦：第一次是 1960—1962 年，把开荒扩种作为增产粮的手段，出现了群众性大规模开荒；第二次是 1960—1969 年，有的地方片面强调"以粮为纲"，又一次出现毁林毁草、陡坡开荒的现象；第三次是 1980—1981 年，实行家庭联产承包生产责任制后，荒山荒地承包给农民，土地使用权由农民掌握，由于缺少相应的管理措施，一些地方自陡坡又被垦为农地。由于盲目开荒，引起天然林地大面积减少。据甘肃省庆阳地区林业处 20 世纪 60 年代和 80 年代两次资源调查，子午岭林区的林线以平均每年 0.5km 的速度后移。其中华池县的林线后移20 多千米，正宁县和宁县的林线已移至子午岭主脉，子午岭南北两端已沦为荒山秃岭；仅子午岭西侧的泾河流域范围以内，新中国成立以来，森林面积就减少了 137.6 万亩。黄土高原现有天然林面积仅有 1800 万亩，只占总土地面积的 3%。天然草地被覆度很差，基本上起不到保护土壤的作用。严重的水土流失，给国民经济的发展造成巨大危害。①造成沟壑面积日益扩大，宜耕地逐渐缩小，土壤肥力减退，生态环境破坏，阻碍了农、林、牧、副、渔业生产的发展。据资料统计，黄土高原每年冲走的土层厚度达 0.2～1cm，流失严重的地方可达 2～3cm 以上，使绝大部分宜耕地变成了"跑水、跑土、跑肥"的三跑田，粮食产量低而不稳，很多地方陷入贫困境地。个别地方甚至陷入了"越垦越穷、越穷越垦"的恶性循环。②使河流、湖泊遭到严重破坏，给治理和开发造成很大困难。如每年有4亿t泥沙淤积在黄河河道内，使河床不断抬高，排洪能力降低，造成下游洪水灾害长期不能解决。许多湖泊淤积萎缩。同时，由于泥沙影响，给充分开发和利用水利资源增加了很多困难。③影响工业和交通运输业的发展。由于广大水土流失区农业生产水平很低，不能大量地为工业建设提供所需的粮食和原料，影响工业生产。地形破碎，不仅修筑铁路公路工程量大，而且许多公路、铁路经常受到滑坡、风沙、洪水和泥石流的破坏，严重影响交通网的建设。

二、水土保持的认识与实践

水土保持是防止水土流失，合理利用水土资源，建立良好的生态环境的科学技术。古代强调对水土资源和各项自然资源的利用都要适度，否则就会走向反面。同时，总结出了一套水土保持的措施。

1. 古代有关水土保持的认识

古代把治水与治土是联系在一起考虑的。在先秦时期就已提出若干平治水土的原则。这些原则对后世的水利规划思想和治水实践都产生了重要影响。

据《国语·周语下》记载，周灵王二十一年（公元前550年），东周都城洛阳由于谷水、洛水同时泛滥，行将淹没王宫。面对洪水威胁，采取什么措施，产生了不同认识。太子晋根据先民的治水经验，反对堵塞水道，推崇以禹为代表的古人平治水土的措施，这就是："不堕山，不崇薮，不防川，不窦泽"。即是说，应当保持自然界形成的生态原貌。他批评共工治水违反上述原则，"欲壅防百川，堕高埋卑以害天下"；赞扬大禹治水的做法，认为大禹通过合理治水土，使山林更茂密，河川更通畅，湖泽能容蓄更多的水量，薮泽能使更多的动植物生殖繁衍，平地可以大力开发农业，险要地方则得以修建城池。这是一种较为理想的开发水土资源的主张。

由于人类活动导致水土流失和自然资源的破坏，引起了人们的反思。在先秦时期就提出了对自然资源的利用要适度的主张。这种主张在《孟子》一书中有生动的阐述。《孟子》中说："不违农时，谷不可胜食也；数罟不入污池，鱼鳖不可胜食也；斧斤以时入山林，材木不可胜用也。"这就明确告诫人们，在开发、利用和享受自然资源时，应当有所节制，不能竭泽而渔。宋代一些学者和政府官员对水土保持理论提出过某些见解。沈括对水流侵蚀现象曾作出过解释，魏岘提出过森林抑流固沙的思想。在明代，人们已经注意到山林的砍伐、水土流失与洪水间的关系。明代学者阎绳芳对此有细致的观察和分析，他在《镇河楼记》中，对祁县一些人伐木垦殖以至水土流失的现象作了详尽的描述，以一个地方的深刻变化指出了历史上水土流失的人为原因。这说明明代对水土保持与水土流失和洪冰灾害之间的关系已有深刻认识。

清代对水土保持的认识又有新的提高。曾任陕西监察御史的胡定于清乾隆八年（1743年）提出过"汰沙澄源"的方案，亦即现代常用的谷坊和淤地坝等工程措施。他在其《河防事宜十条》中建议在山区沟涧拦沙，防止山区水土流失。他认识到黄河泥沙是由于黄土高原水土流失造成的，主张在黄河中游黄土丘陵、沟壑地区筑坝拦泥沙、淤地种麦，以减少河流的泥沙，增加粮食产量。对森林在水土保持中的作用，清人也有真知灼见，《书棚民事》曾指出，森林可以含蓄水源、调节径流、改善水资源条件、减少洪峰流量，对水资源利用和防洪都有益。此外，马征麟、梅伯言等人在治水治沙先正本清源、保护森林植被诸方面留下了精辟的论述。

2. 古代有关水土保持措施

古代在开发水土资源的过程中，有识之士日益感到水土流失的严重威胁，发出了"土返其宅，水归其壑"的呼吁。人民群众在实践中逐步创造了各种水土保持的措施。古代水土保持的措施大体可以分为两类，一类是工程措施，另一类是生物措施。

（1）古代保持水土的工程措施。用工程措施保持水土，有水利工程和农田工程之分。水利工程蓄水保土的方法，主要有修山间陂塘蓄水、低坝拦沙滞沙、引洪漫地淤灌等。农田工程保持水土的方法，主要有修梯田、区田等。

1）陂塘蓄水保土。中国最迟在西汉时期已开始在丘陵山区修建陂塘蓄水工程。这种蓄水工程不仅满足了田地灌溉之需，而且对于汇集坡面径流、增强土壤渗入、减少土地表面的冲刷流头也很有好处。宋元以后，丘陵山区小陂塘更加普及，是保持水土的一项有益措施。

2）沟涧筑坝拦沙。这一主张出现在清代前期，就是前面提到的"汰沙澄源"方案。它从控制黄河中游的水源沙源出发，把水土保持与治河防洪结合起来，与当代采取的打淤地坝的水土保持措施相同，在小流域治理中十分有效，是极有见地的方案。

3）引洪淤灌。引洪淤灌是通过适当的水利工程，把汛期河道中丰富的水沙资源利用起来，既改造了盐碱地、提高了土地肥力，同时又控制了水土资源的流失，减缓了河道主槽的淤积。由于这一措施具有明显的综合效益，从战国时期的西门豹引漳溉邺开始，直到近代，历代沿用不衰。

4）护岸工程。这一水利工程措施历史悠久，起着防止河岸冲刷、泥沙坍塌的作用，减少了沿河两岸水土的流失，因此，也应是水土保持措施之一。

5）梯田。梯田是山区、丘陵地区有利于水土保持的一种农田工程。其雏形产生于西汉时期，《氾胜之书》已有记载。南宋初范成大所著《骖鸾录》（成书于1172年）中首次出现梯田一词。2000年来梯田一直是我国山区，特别是南方丘陵地带发展农业生产的一项重要措施。《农政全书》对其有较为全面的介绍。由于梯田是层层水平修筑的，这就有效地减少了坡面径流，降雨尽可能就地入渗，使地面土壤冲刷非常微弱。这一方法对保持水土、制止侵蚀、提高农作物产量都十分有效。但开始时，梯田的出现并不是为了保持水上，而是尽力扩大农田面积的结果。

6）区田。区田法是西汉时期创造的一种适应山岭阪坡地区和城邑附近土地狭窄地区的耕作方法。《氾胜之书》首先予以总结推广。这种方法是以窝种和沟种为主，集中施肥，灌溉方便，有利于保持土壤和存储雨水。现在干旱山区的坑田及山区造林所采用的鱼鳞坑整地法均由此演变而来。《农政全书》和《齐民要术》都谈到过区田法。区田法变荒山秃岭为可耕种之地．有利于改善植被状况，从而也有利于水土保持。

（2）古代保持水土的生物措施。古代保持水土的生物措施，就是植物种草。植物种草的作用，主要是改善大地植被，增大地表糙率，增加土壤入渗，减少地面径流量，滞缓地表水的流速，削弱其冲刷力；同时还可以起到小气候调节作用。

春秋以前，对植树育林和严禁乱伐的规定比较严格。当时明定："宅不毛者有里布，不树者无椁"，并对何种季节可以砍伐何种木材作了规定。其目的在于使木材的使用适度化、合理化，保证山林树木始终繁茂，而不至于枯竭。

战国时期，战争频繁，森林植被的破坏严重。直到汉初，也无暇顾及林政，禁令松弛，山林任人采伐。至汉景帝时，才设东园主章，掌管林木事宜，植树造林始有恢复。以后魏晋南北朝直至五代，兵战时多，林业又衰败，植被破坏更趋严重。这一时期仅有东晋曾提倡植桑，规定每户220株。到后周时，才又规定诸州夹道种树，1里种1树，10里种3树，100里种5树。

宋统一后，令民种树，定民籍五等：第一等种杂树百株，依等递减20株，种梨、枣的则减半数。宋开宝中，又命令沿黄河、汴河、清河、御河各州县，除按旧制种桑枣外，还需要种榆植柳，供河防所需；并依土地所宜，广种林木。仍按户籍高下，定为多等：第一等每年种植50株，依等递减10株，多种不限。北宋治平年间（1064—1067年）又下令种桑、柘，不得增赋。真宗时还曾下令禁止烧坏道路草木。这虽是因为宋代河患日紧，所以不得不奖励植树和保护林木而比较重视林政，其实际效果则有利于加强全国的水土保持。

元初放宽山泽之禁，允许采伐林木，但仍保留种树制度。规定每人限种20株。但植不胜伐，林木破坏又加快。

明初对植树比较重视，曾下令凡有田5～10亩者，须栽桑、麻、木棉各半亩；10亩以上者加倍。永乐年间以后，由于北京大兴土木，不少林木被砍伐。这一变化从唐宣宗时（1426—1435年）工部给事中郭永清的奏疏中就可反映出来："洪武中命天下栽桑、枣，今砍伐殆尽，有司不督民更栽，致民无所资。"嘉靖年间以后，森林更受摧残，再也没有保护森林和植树造林的规定。即便是明代前期提倡，也局限于能够获利的桑、麻、木棉，对于天然森林则大肆砍伐。

清代林政更衰，除盛京、吉林、黑龙江一带，蒙古一部分，四川的西部，江西的临江等数处还保留有较大片的森林外，其余林区多已衰废。

综上所述，古代中国在水土保持的生物措施方面，效果不著，而且森林植被情况日益恶化。这是历代统治者只知砍伐挥霍，不重培育保护的结果；同时也与历代只重农耕，不重视林牧的政策有关。

3. 近代以来有关水土保持的认识

民国初，北洋政府曾设农商部农林局，专管林务。国民党政府规定3月12日为植树节，自3月11日起以一周时间为造林宣传周，同时把造林运动列为七项运动之一。但是，实际成效甚少。每年各省、县只在城市周围栽种少数树苗，并不注意养护和补植，所以成活率非常低。表面上连年植树，而林地面积不仅没有扩大，相反却日益缩小。民国时期有人在《中国经济大纲》一书中曾评论说："中国境内（除满洲、湖南南部、福建及四川西部），森林之绝灭，已达全世界无可比拟之程度。……国内森林之绝灭，引起气候之变动，及雨水降落之不规则；一面促成经常之旱灾，一面复招致洪水泛滥。又全国森林之绝灭，加速土地之通气与洗涤，当多雨之时，易致水灾。"

20世纪50年代，长江上游地区森林覆盖率曾达30%～40%，但后来由于受"左"的影响，几度出现大规模的乱砍滥伐，森林资源遭到毁灭性的破坏，森林覆盖率一度下降到10%左右，沿江两岸只有5%～7%。我国的草绝大部分是超载放牧，如内蒙古自治区80年代中期全区草地理论载畜量为4215万个羊单位，而实际载畜量为5600万个羊单位，超载率为33%，使草原植被盖度降低，产生了大面积的水土流失，导致严重的土地沙化。

水是人类生存和发展的命脉。水又是一种战略资源，不仅牵动一个国家的发展和稳定，而且关系到世界的和平与发展。联合国预言，到2000年，水将成为全世界最紧迫的自然资源问题。科学家们警告，在缺水的背后存在着粮食、土地或能源之争，而且已经成为邻国之间和同一民族地区之间发生争执，甚至爆发战争的根源。美国《外交政策》2001年第5期发表了一篇题为《为水而战》的文章，文章认为："随着淡水供应如今已经达到了极限，五大洲50多个国家或许很快就将因争夺水资源而发生冲突。"

以黄河为例，从公元前602年的周定王五年，黄河第一次有历史记载的泛滥，到1938年花园口被炸开，2540年里，黄河共计溃决了1590次，大改道26次。从黄河之患开始，大大小小的水患从古到今使中国人苦不堪言。中国自古水患不断，治水从来就是一个王朝的首要之务，所谓"治国先治水"。

资料显示，从公元前206—1949年的2155年间，中国共发生较大水灾1092次，死亡万人以上的特大水灾自1900年以来就有13次。到20世纪90年代末，黄河已无可争议地被地理学家界定为季节河。有关专家还指出，如果不采取有效措施，在不远的将来，黄河可能成为内陆河。黄河的断流是有代表意义的。它突显了中国在20世纪后期越来越严重的水资源短缺。

水土保持是山区发展的生命线，是国土整治、江河治理的根本，是国民经济和社会发展的基础，是我们必须长期坚持的一项基本国策（国务院国发〔1993〕5号文件《关于加强水土保持工作的通知》。通过开展小流域综合治理，层层设防，节节拦蓄，增加地表植被，可以涵养水源，调节小气候，有效地改善生态环境和农业生产基础条件，减少水、旱、风沙等自然灾害，促进产业结构的调整，促进农业增产和农民增收。

合理利用山丘区和风沙区水土资源，维护和提高土地生产力以利于充分发挥水土资源的经济效益和社会效益，建立良好生态环境的事业。在科学发展观的指导下，水土保持应该是建立人与自然和谐共处，保证国民经济可持续发展的有力支撑。在水利方面，我国存在着水多、水少、水污、水浊的四大问题。其中水浊既独自为害水体，又增加其他"三水"对河流的不利影响，处于关键地位。水土流失破坏土壤结构，降低植被质量，影响流域对径流的调蓄能力，增加水多水少的矛盾。泥沙增多既降低河流质量，影响水生物活动，又作为污染物的载体，提高污染的浓度与防治的难度。从辩证的观点来看，似不应就问题论问题，而应当追根溯源，将水土保持作为水利的中心环节与战略措施，提高其在国民经济发展计划中的地位与作用。

三、国家对水土流失的治理

水土保持是一项综合性很强的系统工程，水土保持工作主要有四个特点：一是其科学性，涉及多学科，如土壤、地质、林业、农业、水利、法律等。二是其地域性，由于各地自然条件的差异和当地经济水平、土地利用、社会状况及水土流失现状的不同，需要采取不同的手段。三是其综合性，涉及财政、计划、环保、农业、林业、水利、国土资源、交通、建设、经贸、司法、公安等诸多部门，需要通过大量的协调工作，争取各部门的支持，才能搞好水土保持工作。四是其群众性，必须依靠广大群众，动员千家万户治理千沟万壑。水土保持的主要措施有工程措施、生物措施和蓄水保土耕作等措施。

（1）工程措施。为了防治水土流失危害，保护和合理利用水土资源而修筑的各项工程设施，包括治坡工程（各类梯田、台地、水平沟、鱼鳞坑等）、治沟工程（如淤地坝、拦沙坝、谷坊、沟头防护等）和小型水利工程（如水池、水窖、排水系统和灌溉系统等）。

（2）生物措施。为了防治水土流失，保护与合理利用水土资源，采取造林种草及管护的办法，增加植被覆盖率，维护和提高土地生产力的一种水土保持措施。主要包括造林、种草和封山育林、育草。

（3）蓄水保土耕作措施。为了改变坡面微小地形，增加植被覆盖或增强土壤有机质抗蚀力等方法，保土蓄水，改良土壤，以提高农业生产的技术措施。如等高耕作、等高带状间作、沟垄耕作少耕、免耕等。 开展水土保持，就是要以小流域为单元，根据自然规律，在全面规划的基础上，因地制宜、因害设防，合理安排工程、生物、蓄水保土三大水土保持措施，实施山、水、林、田、路综合治理，最大限度地控制水土流失，从而达到保护和合理利用水土资源，实现经济社会的可持续发展。因此，水土保持是一项适应自然、改造自然的战略性措施，也是合理利用水土资源的必要途径；水土保持工作不仅是人类对自然界水土流失原因和规律认识的概括和总结，也是人类改造自然和利用自然能力的体现。

第三章 水 之 治

水是生命之源。自古以来，人类傍水而居，依水而存，有水则兴，无水则亡。水利是国民经济和社会发展的重要基础设施、基础产业和命脉，治水历来是兴国安邦的大事，中华民族在长期的治水实践中，不仅创造了巨大的物质财富，也创造了宝贵的精神财富，形成了独特而丰富的水文化。中华民族几千年悠久灿烂的文明史，也可以说是一部除水害、兴水利的治水史。随着社会的发展进步，人们对人与自然的关系有了更深入的认识，构建"人水和谐"的水文化是我国当前水利建设的重点所在，加强治水过程中的和谐水文化建设，实践人水和谐的治水理念是时代的要求，更是人类文明的呼唤。

第一节 治 水 兴 邦

水是大自然的重要组成物质，是生命之源，民生之根，对一个民族、一个地方、一个个体都是这样。其实，在中国这样一个人口众多，水旱灾难频繁，水资源缺乏而且地域之间分布极不平衡的国家，对水的治理越来越重视。在传统意义上，治水指的是对水患的防与治，整治水利，疏通江河，避免泛滥成灾。今天的治水，是广义的社会管理概念，涵盖了对水的全方位管理、保护、开发，以及水处理等，远远超越水患防治的范畴。此外，在现代人视野中，治水还包含着对水的生态保护、水的处理、人与水及社会与水的和谐、关于水的各种科学知识等。也就是说，治水具有特殊的价值，它是人类根据自身价值选择对水进行科学的管理和利用。

中华民族在社会发展和与自然灾害搏斗的历程中建立了符合自身江河特点、水土资源条件的水利工程体系，形成和完善了水利科学和技术，我们称之为传统水利。传统水利在华夏民族的文明史中具有重要的地位，形成相对独立的学科和领域。我国的传统水利按照建设的规模和技术特点，大致可以分作三个期：大禹治水至秦汉，这是防洪治河、运河、各种类型的灌排水工程的建立和兴盛时期；三国至唐宋，是传统水利高度发展时期；元明清，水利建设普及和传统水利的总结时期。而我国现代治水历程，则是正处于现代水利的转变时期。

一、大禹治水至秦汉：防洪治河、运河、灌排水工程的建立和兴盛时期

这一时期历经青铜工具特别是铁器的广泛使用，也历经由奴隶制到封建社会的制度大变革，生产力出现了飞跃的进步。此外，秦汉政权的大统一和强盛的国力，对于需要大规模社会组织的水利建设来说，也具有重要的推动作用。因此，这一时期在防洪、灌溉、航运等方面，都有较大的发展，并有一批传统水利的大型精品问世，有的至今仍卓然于世。在水利建设的基础上，这个时期水利科学技术也取得较快的发展，春秋战国时期的思想解

放和活跃的学术争鸣，也有助于科学技术的繁荣。在西周及其以前的奴隶制国家时期，中国传统水利技术较之古埃及、古巴比伦，特别是奴隶制高度发达的古希腊略逊一筹，而在春秋战国以来，中国传统水利科学技术迅速发展，形成东西方交相辉映的局面。中国传统水利的这种发展势头一直持续达 2000 年之久，并逐步向世界水利科学技术高峰迈进。

1. 防洪治河工程的起源与发展

中国有文字记载的历史的第一页是大禹治水的传说。约公元前 22 世纪，历史已经进入了原始公社末期，农业进入了锄耕阶段，人们逐渐由近山丘陵地区，移向土地肥沃、交通便利的黄河等大江大河的下游平原生活和生产；这时首先遇到的是如何防止洪水的危害。相传当时黄河流域发生了一场空前的大洪水灾害，滔天的洪水淹没了广大平原，包围了丘陵和山冈，人畜死亡，房屋被吞没。这时禹继其父鲧治水，他一改鲧埋堵治水的方法，疏导分流洪水，将黄河下游入海通道"分播为九"，经过 10 多年的艰苦努力，终于获得治水的巨大成功。

大禹治水主要采用疏导的方法，那是适应当时人口不多、居民点稀少的社会实际的。到了春秋战国时代，社会经济发展了，不能再任黄河在广袤的平原上往返大幅度摆动了，筑堤防洪应运而生。自汉武帝开始，黄河下游频繁决溢，筑堤和堵口是当时经常性的治河工作。这期间，汉元封二年（公元前 109 年）由汉武帝主持的瓠子（在今河南濮阳市西南）堵口，采用的是平堵法；汉建始四年（公元前 29 年）由王延世主持的堵口采用的是立堵法，都是成功的堵口工程的范例。但由于河床高耸，防洪条件恶化，单纯依靠筑堤堵口已经无济于事，必须寻求新的解决办法。至西汉末年，由朝廷倡导开展了关于治河理论的辩论，治河方略林林总总，对后世影响较大的主要有疏导、筑堤、改道、水力刷沙、滞洪等方法。值得注意的是贾让提出的后代屡有争议的治河三策。他认为完全靠堤防约束洪水的做法是下策；将防洪与灌溉、航运结合起来的综合治理是中策；治河上策是留足洪水需要的空间，有计划地避开洪水泛滥区去安置生产和生活。

2. 多种类型的大型灌区兴建

农田灌溉在中原地区起源很早，在战国人所著地理书《周礼·职方氏》中，已对全国主要自然水体的分布有概括的叙述。春秋战国时期兴建的灌溉工程气魄宏大，无坝引水的工程如都江堰、郑国渠，有坝引水的工程如漳水十二渠，蓄水工程芍陂都是这一时期兴建的著名大型灌区。战国以前与当时的井田制农业相适应，布置在井田上的小型灌排渠道——沟洫，是这一时期农田水利的代表形式。至周代，农田沟洫逐渐形成系统并趋完善。

除了直接从河流中引水的形式外，当时还出现了人工蓄水陂池。即在天然湖沼洼地周围，用人工修筑的堤防构成的小型蓄水库，可以调蓄河水和天然降水，提高灌溉能力。东周以后随着铁制农具的开始使用和推广，水利工程的规模也逐渐扩大。如楚国在公元前 613—前 591 年间在今安徽省寿县建成了芍陂；并于公元前 548 年将发展农田水利定为国家的法典。战国至西汉时期，农田水利建设蓬勃兴起。大型渠系工程取代了农田沟洫，水利工程技术也得到迅速发展。

在今成都平原的都江堰、陕西的郑国渠（今泾惠渠的前身）都是秦统一六国前为了增加统一战争的战略物资储备而兴建的灌溉工程。都江堰是岷江上的引水工程，至今已成功地运行了 2270 年，灌溉面积也增加到 1086 万亩。晚于都江堰 10 年，公元前 246 年秦国又兴建了郑国渠。在此后 150 年左右，在郑国渠灌区里又兴建了与郑国渠齐名的白渠。汉元鼎六年（公元前 111 年）又兴建六辅渠，还同时制定了《水令》，我国第一个灌溉管理制度由此诞生。稍晚一些，在今陕西还兴建了引洛水灌溉的龙首渠。龙首渠的干渠以数千米长的隧洞和独特的施工方式而驰名。由此可见水利建设在当时社会发展中有着举足轻重的地位。这一时期的灌区建设主要是在黄河以及江、淮流域。随着汉疆域的扩展，灌区建设也波及到我国新疆、甘肃、宁夏和内蒙古等地。

3. 运河和水运的开创

春秋末年吴王夫差为与中原诸侯争霸，开通了著名的邗沟。邗沟自扬州北上，借助天然水道，直抵淮阴，首次沟通了长江和淮河。此外还有沟通黄河和淮河的鸿沟和沟通长江支流湘江与珠江水系漓江的灵渠。灵渠建成于秦始皇二十八年（公元前 219 年）。灵渠巧妙地利用了湘漓上源相接近的地形特点，修建铧嘴，将湘江一分为二，又劈开分水岭，将南流的一支导入漓江，再配合修建溢流天平和调节航深的斗门等设施，达到了跨流域引水通航的目的。灵渠在秦始皇统一岭南大业和促进岭南经济文化发展中，发挥了重要作用。

西汉建都长安（在今西安市西北），为保证首都物资供应和避开渭水多沙迁曲的困难，汉元光六年（公元前 129 年）开始在渭水之南修建一条西自长安东至潼关的长达 150 余 km 的漕渠。漕渠历时 3 年建成，最多时每年运粮 36 万 t，对于维护政权稳定发挥了重要作用。这些区域性的运河建设，为日后全国内河航运网的建成奠定了基础。这一时期近海海运也有相当成绩，可以东通日本，南达印度和斯里兰卡。

4. 水利基础知识理论的建立

春秋战国时期活跃的学术空气也表现在水利基础科学理论的蓬勃兴起。秦汉水利建设的高潮，为水利学科的形成创造了条件，与之同时有关水利的记载大批出现。

先秦时期的文献中，以《周礼》、《尚书·禹贡》、《管子》、《尔雅》涉及水利科学技术的内容较多。基础性的理论纷纷提出，主要反映在水土资源规划、水流动力学、河流泥沙理论、水循环理论等方面。

《管子·度地》把河流分为五种，首先建立起了明渠水流水力坡降量的概念，对有压管流、水跃等水流现象进行了正确的阐述，在当时世界上处于领先地位。《管子·地员》根据相应地下水的埋藏深度、水质及适宜农作物对土壤进行了分类。《尚书·禹贡》和《周礼·职方氏》对当时九州行政区的土地和河流湖泊有全面的描述，为自然资源分类统计之始。晋张华的《博物志》载："凡水源有硫黄，其泉则温。"记述了人们早期的水化学知识。

秦汉水利建设出现了历史上的第一次高潮。水利的科学技术基础理论进一步深化，对后世影响最大的是《史记·河渠书》，西汉司马迁在《史记·河渠书》中首先赋予"水利"一词专业含义，水利成为有关治河防洪、灌溉、航运等事业的科学技术学科，而将从事水利工程技术工作的专门人才称作"水工"，主管官员称作"水官"。水利学作为与国计民生密切相关的科学技术的应用学科由此诞生。它作为中国第一部水利通史问世，从而确立了传统水利作为一个学科和工程建设重要门类的地位。

二、三国至唐宋：传统水利高度发展时期

魏晋南北朝以黄河为主战场，长达 300 年的战乱，促使中原人口大量南迁。南方政权则相对稳定，水利取得进展。此后，唐宋时期的 500 多年中出现了全国范围基本稳定的政治局面，为水利发展提供了先决条件。灌溉、航运和防洪工程建设蓬勃发展并取得重大成就。安史之乱后，北方农业经济一度衰退，而南方继续稳定发展，全国经济重心南移遂成定局。同时，唐代社会开放和宋代学术思想的活跃，也为科学技术的进步创造了良好条件。在历来水利建设经验积累的基础上，水利科学技术取得了长足的进步，形成了中国古代传统水利技术的高峰，并位居中世纪世界水利技术的前列。

1. 农田水利的发展与经济中心的逐步南移

秦汉以前，我国主要经济重心在黄河流域，之后，基本经济区逐渐向南方扩展。三国至南北朝时期，淮河中下游成为继黄河流域之后的又一基本经济区；隋唐宋时期（约 7～13 世纪）长江流域和珠江流域的经济地位突显，其中长江中下游已成为全国的经济中心，所谓"苏湖熟，天下足"，"国家根本，仰给东南"。

唐宋时期，长期战乱之后，唐宋二代获得较长时期的社会安定，经过六朝的经营，江南水利迅速发展。同时，北方的农田放淤和水利管理也有重大进步。南方水利工程类型很多，除引水渠系的维修和兴建外，新的建设主要有蓄水塘堰、拒咸蓄淡工程和滨湖圩田等。

（1）蓄水塘堰。唐宋时期江南塘堰迅速发展，浙江、福建等地尤为显著。如浙江鄞县东钱湖、广德湖、小江湖等工程均创自唐代，其中东钱湖灌田 20 余万亩，至今兴利。唐元和年间，在今江西韦丹一带兴修大小陂塘达 598 座之多，共灌田 1.2 万顷（1 顷=6.6667 公顷=100 市亩）。这一时期灌溉提水机械和水力加工机械有很大的发展。其中用水力驱动的灌溉筒车和主要用于粮食加工的水碓、水磨等，在黄河、长江、珠江等流域得到了普遍应用。

（2）拒咸蓄淡工程。东南沿海地区用闸坝建筑物抵御海潮入侵，蓄引内河淡水灌溉的一种特殊工程形式。唐太和七年在今浙江宁波兴建的它山堰，就属这种类型。它用溢流坝横断鄞江，抬高上游水位和隔断下游咸潮，上游开渠引水，灌溉农田，灌溉余水和灌区沥水由下游泄回鄞江，泄水入江处的闸门同样有拒咸蓄淡的作用。灌区内还有日月二湖与渠系相连，增加了灌溉水量的调蓄能力，整体规划相当完备。位于今福建莆田的木兰陂是拒咸蓄淡工程的典型。

（3）圩田。是太湖以至长江中下游地区农田的主要灌溉排水形式，至唐末已有相当大的规模。圩田是在滨湖和滨江低地的一种水利工程形式，四周围以堤防，与外水隔开。其中建有纵横交错的灌排渠道，圩内与圩外水系相通，其间有闸门控制引水和排水，做到"以沟为天"，对天然降水的不均匀起到重要的调节补充作用。

2. 内河航运网的建设

内河航运是古代实现政治统一、经济发展和文化交流的主要交通运输方式。这一时期在运河建设和管理等方面都有重大发展，科学技术水平达到我国古代运河工程技术的高峰。

秦代的海上交通相当发达，汉代的海上交通进一步发展。东汉末的动乱没有废止海上交通，东吴政权通过海路与辽东半岛以及南海诸国保持联系。三国时内河交通也很发达，

割据政权出于自身发展需要，十分勉力于沟渠的开凿。太湖水系、北方白沟、利漕渠、平房渠、泉州渠等的开凿沟通了南北交通，不仅促进了物流运输能力，也促进了地方繁荣，为之后全国运河体系的形成打下了坚实基础。

内河航运建设最值得称道的是隋代大运河的开凿。建成的最著名运河有沟通黄河和海河，北抵涿郡（在今北京城区西南隅）的永济渠，沟通黄河和淮河的通济渠（唐宋一般称作汴渠）。内河航运网形成后，自是"天下利于转输，运漕商旅，往来不绝"。北宋张择端所绘"清明上河图"就形象地反映出当时汴京（今开封）在汴河两岸的市井风情，商旅贸易、建筑桥梁等之繁盛。此外北宋时期运河上的工程建筑已相当完善，特别是沟通长江和淮河的邗沟渠化水平最高。运河上建有许多堰埭、船闸和斗门等建筑物，以保持航道水位和调节航深。又利用通江闸引潮水济运。到北宋重和元年（1118年）在真（今仪征）、扬（今扬州）、楚（今淮安）、泗（今泗洪东南盱眙对岸）和高邮等地运河上共建有79座斗门、水闸，可见当年运河设施之完善。其中双门船闸的布局和运用，已与近代船闸一般无二，比欧洲船闸约早400年。稍后发明了被称作澳闸的具有节水功用的船闸。

在现代机械运输工具引进以前，将上百万座人类居住的中心链接起来的主要方式是水路系统。隋代于610年建成大运河，标志着连接临近运河的几个巨区的水上交通网络的扩大。因此而出现的水路系统的关键性轮廓是一个巨大的水平T形：长江下游是T形的十字交叉部分，一支伸向长江之西；一支向北，是大运河，其南则是东南沿海主要港口的海上航线。

3. 传统防洪工程技术

五代以前黄河相对安定，很少有决溢记载。五代至北宋，由于黄河河床淤积抬高，黄河决溢日渐严重。和朝廷政治斗争相关联，防洪方略也存在严重分歧，突出表现在北宋关于黄河东流与北流的争论，使防洪斗争更加复杂。此外，从这一时期开始，长江防洪也逐渐突出。不过，至北宋，传统防洪技术已趋于成熟，集中表现在宋金元时期纂集的河工技术规范性著作《河防通议》和《宋史·河渠志》中。当时对黄河水文及防汛有形象而准确的命名，并有经验性的洪水预报方法。对黄河水流形势和与河工修防的关系，也有清晰的说明；对于当年河工测量技术的施测方法有详细记载，对主要工程形式，例如，砌石、卷埽、筑堤等方法都有具体规定，对于各种工程所用物料的计算方法都有明确说明。

4. 科学理论的技术成熟

这一时期基础理论的进步主要反映在水利测量、河流泥沙运动理论以及洪水特征和规律的认识等方面。北宋年间水位测量已在各地采用，并据以推算流量。在多沙河流的泥沙运动方面，已总结出改变河床断面将对输沙率产生影响，以及引入清水将提高多沙河流的输沙能力等规律性认识并已在实践中应用。在地形测量中，在唐代已实际应用水准测量仪。此外，宋金时期对汛期水流特征和涨落规律，也有形象的规律性描述。

这一时期防洪、航运和农田水利等工程技术普遍有所创新，并达到传统水利技术高峰。传统治河工程中以埽工技术最重要，宋代已经成熟。当时的险工由埽捆构筑，埽捆是用树枝、薪草等软性材料分层平铺并夹以土石，再卷裹捆扎而成。为抵抗水流冲力，一般体积较大，需要几十人乃至上百人在统一指挥下施工，推放到指定地点，并加以固定。埽工按其形状和功用不同而有鱼鳞埽、磨盘埽、凤尾埽以及约、马头、锯牙等名称。埽工技术是我国特有的，尤其适用于多沙河流上的传统河工技术。在运河工程中，已普遍使用堰埭升船机和船闸。唐宋两代出现多种类型船闸，主要有引潮闸、节水闸和多级船闸。其中二级船闸的布置和运用与现代二级船闸相同。我国船闸技术已有 1000 多年历史，它比 12 世纪在荷兰出现的船闸早 400 多年。农田水利方面，不仅引水、蓄水、提水工程技术有重要发展，而且利用多沙河流的水资源和泥沙资源进行放淤灌溉和改良土壤也卓有成效。北宋熙宁年间（1068—1077 年）政府大力推行放淤，短短几年间放淤面积达到 5 万顷以上，并有总结性专著出现。此后放淤和淤灌在北方各省民间流传下来。

这一时期水利的管理也有长足进步。现存最早的全国水利法规，当数唐代制定的《水部式》。内容主要包括农田水利管理，碾磨设置及其用水管理，航运船闸和桥梁的管理维修，渔业及城市水道管理等，这是由中央政府颁布的全国性法规。此外某些行业还有自己的单行规定，例如，江南圩田有定型的管理体制，"田有官，官有徒，野有夫，夫有伍，上下相维如郡县"。而各个灌区自己又有适合本灌区气候、种植、水源、习惯的单行灌溉制度，甚至远至新疆，都不例外。北宋在王安石变法时期对于兴修水利特别重视，北宋熙宁二年（1069 年）曾颁布《农田水利约束》，这是中央政府为促进兴修农田水利工程而颁布的政策性法令，对各地兴修农田水利的组织审批方式，经费筹集，责任和权利分担，建议执行官吏的奖赏等，都有具体规定。对于推动农田水利高潮的兴起，发挥了重要作用。在防洪方面，现存最早的河防法令是金泰和二年（1202 年）颁布的《河防令》，它是在宋代治河法规基础上制定的。此外在秦九韶所著《九章算术》的例题中，有测量降雨降雪量的测量器具和计算方法，可惜到明清时代，这种工程数学未能继续得到重视和发展，致使水利建设和管理在许多方面仍停留在定性或经验性定量阶段。

三、元明清：水利建设普及和传统水利的总结时期

本时期社会相对安定，少有长时间战乱，成为水利稳定发展的客观条件。水利工程以沟通南北的京杭大运河的兴建而显赫史册。确保漕运使这一时期的黄河防洪工程建设和管理面临更为严峻的困难。滨海（江）沿岸地区防御潮灾的工程——海塘在明清时期有大的发展，最著名的是浙东钱塘江的重力结构的鱼鳞大石塘，建成迄今 300 多年一直捍卫着浙江东部濒海平原。灌溉与排水工程向边疆和山区继续发展。两湖、闽、广等地灌溉更得到前所未有的开发，促成新的基本经济区的形成。但封建社会后期政治衰败，管理混乱，阻碍了水利的进步。总的看来，元明清三代传统水利及其科学技术发展缓慢，一些方面甚至出现了停滞或倒退，但总结性水利科学著作相当丰富。明清之际和清代末年曾一度引进西方水利技术，但尚未得到普遍应用。

1. 京杭大运河的修建与衰落

元、明、清三代建都北京。政治中心在北方，而经济重心在南方，其间的交通联系是维护政治安定和经济发展的关键问题。重复唐宋汴河的老路则嫌过于迂回曲折，元初曾一度奉行海运，但安全是个困难问题，于是，开凿北京直达杭州的运河航线成为当务之急。元初即由大科学家郭守敬主持，论证海河水系的卫河、黄河下游和淮河泗水沟通的可能性。

为此曾进行大范围的以海平面为基准的地形测量，证实跨越山东地垒的京杭运河的方案可行。于是从元至元十三年（1276 年）开始开凿京杭大运河的关键河段——今山东济宁至东平的一段，以后又向北延伸并与海河水系的卫河贯通。元至元二十八年（1291 年）到三十年（1293 年）又由郭守敬主持开通今北京至通县的一段，明清相继开泇河、中河使运河进一步脱离黄河。至此，大运河南接江淮运河，航船可以跨越海河、黄河、淮河、长江和钱塘江五大水系由杭州直抵北京，并在此后 500 年的时间里成为我国南北交通的大动脉。这条长达 1800km 的运河成为世界上最长的一条人工运河，是世界水利史上的一项杰作。不过，两大难题始终困扰着运河的畅通。一是水源问题，特别是山东段运河水源尤其缺乏。当年主要依靠引汶水和泗水济运，并为此修建了一批闸坝工程，以节制水量。此外，又在南旺分水岭南北的运河上修建了 30 多座船闸，以调节航深，集中体现了运河建设的工程技术水平；二是运河穿越黄河的技术困难。由于黄河河床的不断淤高，自 18 世纪末叶以来黄河涨水时期对运河的倒灌和淤积成为京杭运河的痼疾。历代为此作了不少改进，修建了一批闸坝进行控制，收到了一些效果。但是随着黄河河床的进一步抬高，局面又继续恶化，最后成为运河中断的主要原因之一。

2. 黄河系统堤防的建设与确保漕运前提下黄河防洪的困境

黄河以其高含沙量位居世界诸大河之冠，含沙量过高造成下游河床的淤积，给防洪带来许多困难。自汉代起，就有人提出，能否利用黄河自身的水流冲刷下游河床淤积以改善防洪。但后代并未能就此探讨出可以实行的工程技术方案。到了明代万历年间，才由当时主管防洪的总理河道潘季驯总结前人的认识，系统提出"束水攻沙"、"蓄清刷黄"的理论以及实现这一理论的实施方案。这是一个系统堤防工程，由缕堤、遥堤和格堤、月堤所组成。其中缕堤靠近主流，意在约束水流提高流速，便于冲刷河床积淤。遥堤在缕堤之外二三里的地方，为的是洪水盛涨，越过缕堤时，防止洪水四处泛滥。此外为了防止特大洪水冲坏遥堤，还在某些地段的遥堤上建有溢洪坝段。"束水攻沙"和"蓄清刷黄"在理论上的贡献是杰出的，但潘季驯的理论还只限于定性的分析。在复杂的黄河防洪中，他所设计的一系列工程措施虽然发挥了有益的作用，但并未达到刷深河床，解决防洪难题的目的。至于近代泥沙运动理论则在 20 世纪由欧洲科学家陆续提出，而"束水攻沙"的实现还有待来日。

然而，黄河河床的抬高不仅增加黄河本身防洪的困难。当年黄河在淮阴一带夺淮入海，黄河河床和水位的抬高形成对淮河的顶托，不仅使淮河洪水宣泄困难，并逐渐在淮阴以西造成了一个洪泽湖，最后，还将淮河入海流路淤塞，而压迫淮河由三河闸改道入江，简直使淮河成为长江的一个支流，防洪还受到南北大运河的牵制。那时由于向东入海的黄河与南北向的运河交叉，运河一度依赖黄河的水量补助，又惧怕黄河的泛滥和淤积。至清代道光年间，在今江苏淮阴黄河和运河交汇处，几乎成了航运的一个死结。

这一时期，由于南方经济的发展和人口的增长，本来相对平静的长江与珠江的洪水与防洪问题也逐渐加剧。明清两代也是江浙海塘防潮工程发展的重要阶段，特别是康熙至乾隆的百十年里。其间兴建的鱼鳞大石塘，表现出古代坝工的最高水平，有的至今仍巍然屹立。

3. 农田水利的普及与发展

元明清三代政权相对稳定，农田水利形成平稳发展局面。元代统治阶级的游牧生活逐渐被内地发达的物质文明所同化。当年曾专设"都水监"、"河渠司"等水利机构，推动水利建设，并一再颁行《农桑辑要》等农业技术书籍，指导农业生产。明太祖朱元璋大力提倡农田水利。明洪武二十八年（1395年）在全国范围共兴建"塘堰凡四万九百八十七处，河四千一百六十二处，陂渠堤岸五千四十八处"。这一时期农田水利工程主要由地方或民众自办，以小型为主，大型工程少见。由政府或军队主持的农田水利项目则以畿辅营田（今河北省）声势最大，为的是促进京畿地区农业发展，以减少每年大量的南粮北运的负担。但在北方兴修水田，因受水资源量的限制，难有大的作为。随着巩固边防的努力，边疆水利有较大发展，其中清前期的宁夏河套灌区建设，清代中后期的内蒙古河套灌区和新疆地区灌溉等成绩显著。沿海的台湾、福建，尤其是珠江三角洲基围水利这一时期取得重大发展。

唐政府很重视农田水利灌溉，在中央工部置水部郎中和员外郎各一人，"掌天下川渎陂池之政令"。据史载，在唐前期130多年中，劳动人民修建的水利工程达160多项，分布于全国广大地区。如唐贞观年间，在莆田（福建莆田）筑诸泉塘、沥塘、永丰塘、横塘、颉洋塘、国清塘，总溉田1200顷。唐开元二年（741年），在文水（山西文水）引文谷水开甘泉、荡沙、灵长、千亩四渠，能溉田数千顷。开元年间，在新息（河南息县）疏浚玉梁渠，溉田三千余顷；在彭山（四川彭山）修筑通济大堰一、小堰十，自新津邛江口引渠南下，长120里，溉田1600顷。这些灌溉工程对农业生产起了重要作用。

元、明、清三代这一时期，地方自办的农田水利建设兴修普遍，而著称的大型工程较少。成就突出的是江南地区水利。继太湖圩田之后，两湖垸田和珠江三角洲堤围迅速兴起。边远地区农田水利和东南地区海塘建设进一步发展。农田水利专著也在这一时期大量涌现。

海河流域农田水利起源虽早，但始终未占重要地位。元、明、清三代均建都北京，而经济中心则在南方。为改变单纯依赖运河沟通南北经济的状况，自元代起就不断有人呼吁发展海河流域的农田水利。明代万历年间，徐贞明在实地调查基础上撰述《潞水客谈》，经过详细论证，提出综合治理河流、淀泊、发展水田灌溉的建议，并经试行有效，但因触犯权贵利益而被罢官，水利计划也随之搁浅。清代怡贤亲王允祥在陈仪的帮助下，也曾在畿辅一带开垦水田，后也因财力和水源不足等原因无明显效果。

两湖垸田和珠江三角洲堤围建设。垸田的形制和江南圩田类似，始修于南宋和元代，而其大发展则在明、清时期。两湖垸田以湖北荆江和湖南洞庭湖一带最为集中。明正统中期位于江南岸的华容县有垸田48处，至明末已发展到100多处，其中大垸纵横十多里，小垸百亩上下。位于江北的沔阳县也有垸田百余区。珠江三角洲堤围又称圩垸基围，也始于宋代，当时主要在西江及其支流两岸建围。在明代，这一带基围迅速发展，不仅沿西、北、东三江及其支流两岸修筑，而且进一步向滨海发展。清代基围又较前代成倍增长，当时沿海一带还出现人工打坝种苇，促进海滩淤张，以扩大基围的范围。南海县（今广州市）相传建于北宋末年的桑园围，就是面积达15万亩的大围。湖广垸田的发展，促进了这些地区农业经济的繁荣，但由于围垦缺乏计划，这些地区的洪涝灾害也因而加剧。

边远地区的农田水利建设。清乾隆年间及其以后，为加强边疆防务，在新疆大兴屯田，农田水利建设也有发展。清嘉庆七年（1802年）在惠远城（今伊宁市西）伊犁河北岸开渠引水灌田数万亩。后农田灌溉渠系在今哈密、吐鲁番等地都有兴修。清道光二十四年（1844

年）所开伊拉里克渠较为著称。西汉时期已经出现的坎儿井至清代后期又有了很大发展。清道光二十五年（1845 年）林则徐被谪戍新疆时，曾主持修建伊拉里克一带坎儿井近百处。清光绪初年左宗棠在吐鲁番地区又增开坎儿井 185 座。此后，坎儿井曾推广到哈密、库车、鄯善等地。一般每一口井可灌溉几十亩至几百亩农田。

宁夏引黄灌溉继汉唐之后又有发展。元初郭守敬倡导将前代灌区包括唐来渠（长 200km）、汉延渠（长 125km）以及其他 10 个灌区均加恢复，共灌田 900 多万亩。清康熙、雍正年间又新建大清渠和惠农渠，与唐来、汉延合称四大渠。宁夏因得引黄灌溉之利，农业渐趋兴盛，遂有"天下黄河富宁夏"之说。

西南方面，滇池水利原来规模较小。元初赛典赤为云南地方长官时，于元至元十三年（1276 年）大兴滇池水利，疏浚螳螂川浅滩，增大了滇池的调洪能力，涸出耕地万余顷；又修建松华坝，控制盘龙江的洪水；开挖金汁河，灌溉昆明坝子农田，还在注入滇池的其余诸河上建闸开渠，发展灌溉，水利效益延续至今。此外，贵州的陂塘和台湾的塘堰建设在明清时期也有相当规模。位于今台湾省彰化市南的八堡圳建成于清康熙五十八年（1719 年），据 1948 年统计，灌溉面积达 33 万多亩。

四、现代治水历程：现代水利的转变时期

新中国成立以来，在中国共产党领导下，几代水利工作者与全国人民一道奋力拼搏，水利事业取得了前无古人的辉煌成就，为国家发展、民族富强、人民幸福提供了强有力的支撑和保障，也为我们在新的历史时期加快推进水利事业的改革与发展。

1. 从水利是农业的命脉，到科学治水、依法治水

新中国成立之前，国贫民弱，山河破碎，水系紊乱，河道长期失治，堤防残破不堪，水利设施寥寥无几，残缺不全。偌大的国土上只有 22 座大中型水库和一些塘坝、小型水库，江河堤防仅 4.2 万 km，几乎所有的江河都缺乏控制性工程。频繁的水旱灾害使百姓处于水深火热之中。

早在 1934 年，国家领导就提出，水利是农业的命脉。新中国成立后，国家相继开展了对淮河、海河、黄河、长江等大江大河大湖的治理。治淮工程、长江荆江分洪工程、官厅水库、三门峡水利枢纽等一批重要水利设施相继兴建，掀开了新中国水利建设事业的新篇章。

新中国成立以来，国家先后投入上万亿元资金用于水利建设，水利工程规模和数量跃居世界前列，水利工程体系初步形成，江河治理成效卓著。改革开放以来，党中央、国务院把水利摆到了国民经济基础设施建设的首位，大幅度增加投入，水利工程建设步伐明显加快，三峡工程、南水北调工程、小浪底、治淮、治太湖等一大批重点水利工程陆续开工兴建。据统计，截至目前，全国已建成各类水库 8.7 万多座，堤防长度 29.41 万 km，长江中下游干堤工程全面达标，黄河干流重点堤防建设基本达标，治淮 19 项、治太 11 项骨干工程全面建成，其他主要江河干流堤防建设明显加快，水利工程设施体系不断完善，我国大江大河主要河段已基本具备了防御新中国成立以来发生的最大洪水的能力。防汛抗洪减灾工作取得了巨大成效，据统计，截至 2009 年，全国防洪减灾直接经济效益累计达 3.93

万亿元。

2011年1月29日，中央一号文件《中共中央国务院关于加快水利改革发展的决定》正式公布，科学定位、统筹谋划、全面部署……文件向全党全社会发出了大兴水利的明确信号，成为水利改革发展新的历史里程碑，预示我国水利改革发展迎来了又一个春天。

对于我们这样一个水旱灾害十分频繁、治水任务异常艰巨的国家，坚持中国共产党的领导是水利事业发展砥砺前行的强大动力，社会主义制度的优越性是守八方平安，筑江河安澜的根本保证。

2. 从"控制洪水向洪水管理转变"到"给水以出路，人才有出路"

翻开中国治水史册，凡兴水为利者，大都遵循自然规律，走人水和谐之路。我国是世界上治水难度最大的国家。在几十年的实践中，随着国家经济社会的发展，我国探索出了一条中国特色的治水兴水之路。

新中国成立之初，在"蓄泄兼筹"、"统筹兼顾"、"除害与兴利相结合"、"治标与治本相结合"的治水方略指引下，一批重要水利设施相继兴建。改革开放以来，随着经济社会的快速发展，诸多地区缺水、缺安全之水日益成为经济社会发展的瓶颈。到了20世纪末，不少江河断流，湖库淤积；一些地区地下水超采，湿地退化；一些水乡围湖造地，侵占河道；一些地方水污染频发等。这些引起了党中央、国务院的高度重视。

1998年，《中共中央 国务院关于灾后重建、整治江湖、兴修水利的若干意见》出台。封山植树，退耕还林；平垸行洪，退田还湖；以工代赈，移民建镇；清淤除障，疏浚河湖……中央对水利工作的一系列新政策、新部署、新举措，指引着水利工作不断向前推进。1999年以来，水资源的可持续利用日益受到人们的重视。越来越多的人认识到：单纯依靠修建水利工程根本无法满足经济社会发展对水资源提出的增量供给需求，而且还可能走进"死胡同"。必须树立"大"的水资源观，从工程水利向资源水利转变，谋求水资源的可持续利用。2000年起，水利部门9次对长期断流的塔里木河、黑河实施全流域统一调水，使塔里木河和黑河下游濒临毁灭的绿洲生态重现勃勃生机；2001年起，连续从嫩江向自然生态保护区——扎龙湿地补水，使生态恶化的湿地逐渐恢复原有功能；2002年起，开始实施引江济太，探索通过水资源统一调度和优化配置进行水环境治理，激活太湖；2004年、2006年和2008年三次从黄河引水补给白洋淀，挽救了几近干涸的"华北明珠"。

更加注重水资源节约保护管理和生态文明建设，增强发展的可持续性；更加注重保障和改善民生，增强发展的普惠性；更加注重推动水利改革创新，增强发展的开拓性；更加注重抓基层打基础，增强发展的稳定性——这是新时期可持续发展水利引领治水实践的四个鲜明特点。水利部部长陈雷指出"实践表明，可持续发展水利是符合国情水情、富于创新的治水之路，是解决我国复杂水问题的必然选择。"

日月运转不止，江河奔流不息，大自然有其自身运行的规律。从人定胜天到人水和谐，从工程水利、资源水利到可持续发展水利……治水思路的不断丰富完善使得人水相争变成了人水和谐，人类在处理与水的关系上迈出了理智的一步，不仅利用水、约束水，也善待水、珍惜水、节约水、保护水。

第二节 治 水 方 略

一、疏导洪水的治水方略

据考证，当时大禹治水的地区，大约在现在的河北东部、河南东部、山东西部、南部，以及淮河北部。一次，大禹一行来到了河南洛阳南郊，这里有座高山，属秦岭山脉的余脉，一直延续到中岳嵩山，峰峦奇特，巍峨雄姿，犹如一座东西走向的天然屏障。高山中段有一个天然的缺口，涓涓的细流就由隙缝轻轻流过。但是，特大洪水暴发时，河水就被大山挡住了去路，在缺口处形成了漩涡，奔腾的河水危害着周围百姓的安全。大禹决定集中治水的人力，在群山中开道。艰苦的劳动，损坏了一件件石器、木器、骨器工具。人的损失就更大，有的被山石砍伤了，有的上山时摔死了，有的被洪水卷走了。可是，他们仍然毫不动摇，坚持劈山不止。在这艰辛的日日夜夜里，大禹的脸晒黑了，人累瘦了，甚至连小腿肚子上的汗毛都被磨光了，脚指甲也因长期泡在水里而脱落，但他还在操作着、指挥着。在他的带动下，治水进展神速，大山终于豁然屏开，形成两壁对峙之势，洪水由此一泻千里，向下游流去，江河从此畅通。

为了保障保护对象的安全，将超过保证水位或流量中超过安全泄量时的超额洪水有计划地分泄。可兴建分洪工程，把超额洪水分泄于湖泊、洼地，或分注于其他河流，或直泄入海，或绕过保护区在下游仍返回原河道。分洪是牺牲局部，保存全局的措施。分洪工程一般由进洪设施、分洪道、蓄洪区、避洪设施和泄洪排水设施等部分组成。进洪设施可分为控制（闸）、半控制（溢流堰）和无控制（扒口）3 类，视河流水文、地形特性及技术经济分析而定。蓄洪区平时多具垦殖之利，有的分洪道则兼有航运和排涝之用。

二、堤防治水方略

堤防的最初形态是人们滨水而居时修筑的堤塍。之后，堤塍朝环形和线形两个方面发展，前者为圩垸，后者为江河堤防。

沿河、渠、湖、海岸或行洪区、分洪区、围垦区的边缘修筑的挡水建筑物称为堤防。堤防是世界上最早广为采用的一种重要防洪工程。筑堤是防御洪水泛滥，保护居民和工农业生产的主要措施。河堤约束洪水后，将洪水限制在行洪道内，使同等流量的水深增加，行洪流速增大，有利于泄洪排沙。堤防还可以抵挡风浪及抗御海潮。堤防按其修筑的位置不同，可分为河堤、江堤、湖堤、海堤以及水库、蓄滞洪区低洼地区的围堤等；按其功能可分为干堤、支堤、子堤、遥堤、隔堤、行洪堤、防洪堤、围堤（圩垸）、防浪堤等；按建筑材料可分为：土堤、石堤、土石混合堤和混凝土防洪墙等。

堤防是人与水争地为利的碑记。沿堤居民"莫不以堤为命"。江汉堤防从两汉时就得到逐步地建立，两宋时曾一度广筑江汉堤防；南宋以后，随着长江、汉江支河的淤浅与穴口的消失或堵筑，堤防得到不断连接与延长。清代，比较系统的江汉堤防已经形成。

如著名的荆江大堤，它位于长江中游北岸，是江汉平原的重要防洪屏障。旧名万城堤，

1918 年后称为荆江大堤。该堤上起江陵，下迄监利，全长 182.4km。荆江大堤肇基于东晋永和年间（345—356 年），南北朝时，江堤已十分壮观。此后，江陵以下各江堤先后创筑，大多在两宋就已形成。荆江大堤在明嘉靖初（1522—1532 年）连成一线。1788 年以后，朝廷拨银对荆江大堤进行了一次大规模的修筑。此后，荆江大堤成为沿江最重要的堤段，称为"皇堤"。

三、"束水攻沙"的治理方略

束水攻沙是指在宽浅河道上修堤或其他河工建筑物，束窄过水断面，增大流速，借以冲刷泥沙的河工措施。明前期，黄河下游多河道分流的主张占上风。明景泰三年（1452 年），金都御史徐有贞为了为了证明这一主张的正确，曾作了一个泄水试验：分别向拥有一孔和五孔的水壶中灌水，结果五孔水壶中的水先行流干。这从理论上说明，多支泄水可显著提高河流的泄洪能力。实际上，他的分流主张考虑的主要是水量，而忽略了泥沙在河流运动中的作用。自从明前期实行分流治黄后，至弘治初年，下游分成 3 支，80 年后则分为 13 支，基本无正式的河道。"束水攻沙"和"蓄清刷黄"方略正是在这种背景下产生的。

潘季驯（1521—1595 年）吸收了万恭"以河治河"的思想，并加以完善，提出了"束水攻沙"和"蓄清刷黄"的治河理论，与此同时还设计了堤防工程体系，并在总理河道期间将之付诸实践，期望由此一举根治黄河。分析潘季驯"束水攻沙"和"蓄清刷黄"的规划思想及其实践，可以看出其中既蕴涵着科学的思想，也有难以逾越的局限。

以束水攻沙为核心的潘氏治河，总的来说，成绩还是不少的，他治理了明前期以来的黄河下游水患，使黄河泥沙淤积的速度放慢，黄河决口和泛滥的频率减少。以潘季驯治黄方略为代表的中国 16 世纪的河流泥沙运动力学理论的建树及技术，位居当时世界前列。

四、适应洪水规律的治水方略

洪水灾害损失的增加与社会经济发展和人口增长的趋势相一致。新中国成立 40 多年来全国工农业总产值有了显著的提高。1949 年全国工农业产值仅 466 亿元，到 1988 年已达 24089 亿元，增加了 51 倍。尤其是近 10 年来，乡镇企业迅猛发展，1989 年总数达 1800 万家，产值达 8400 亿元。这些乡镇企业 98%分布在全国的东部和中部地区。其中江苏省和上海市乡镇企业的经济密度高达 90 万元/km² 和 340 万元/km²。由于单位面积上包容的经济产值的增长，在相同频率洪水作用下所造成的损失将显著增长，世界其他多洪水国家的洪灾损失也呈现相同的趋势。

洪灾随经济增长的事实启发我们考虑如何安排国土开发和调整经济布局以适应洪水规律和减轻洪灾损失的问题。如何在社会安定和经济合理性原则下，把防治洪水纳入国土整治的总体规划之中，预先安排好洪水的出路，把洪水灾害控制在最低限度，是防洪建设的最终目标。

事实说明，发生自然灾害不能单纯诿过于大自然，也要检讨人类活动自身的合理性，以绍兴鉴湖人为废毁为例，鉴湖兴利达 1000 年之久，北宋末年被围垦成田，引起该地区洪涝灾害大幅度增加。南宋著名诗人陆游曾在鉴湖边居住 70 年之久，对鉴湖有深入的观察。

他在南宋庆历六年（1200年）所作《甲申雨》中指出："甲申畏雨古亦然，湖之未废常丰年。小人那知古来事，不怨豪家惟怨天。"也就是说，类似这样的暴雨以往也常发生，赖有鉴湖调蓄，可以不成灾。老百姓哪里知道，如今暴雨成灾并不是气象变化的过失，而真正应该遭受怨恨的是废湖为田的豪门贵族。今天虽然不再存在豪门贵族破坏水利的问题，但类似的不计后果的盲目发展，而带来削弱防洪能力的行为，却依然存在。

人类发展需要注意与自然相适应的思想，在中国古代已有论述。西汉末年的贾让，在他提出的著名的"治河三策"中，一开始就说道："古者立国居民，疆理土地，必遗川泽之分，度水势所不及。" 换成现代的语言就是说，在作国土规划时，必须考虑防洪问题，可预留容蓄洪水的适当场所，人们只能在洪水严重威胁区以外居住和生产。贾让强调人类在征服自然的过程中同时要注意研究自然规律，主动地去适应自然，是其思想中的积极方面。

实践证明，对于一个国家来说，完全免除一切洪水灾害，既非力所能及，又不经济合理。因此，从社会发展需要和经济合理角度出发，在修建防洪工程，尽可能防止洪水出槽的前提下，着重调整社会以适应自然，减轻超标准洪水出槽后的灾害损失，是进一步防洪减灾的重要方面。

五、现代治水方略

2011年7月中央水利工作会议指出，要认真总结国内外治水的经验教训，立足我国基本国情，顺应自然规律和社会发展规律，适应经济社会发展要求，制定实施新形势下的治水方略。一是科学规划。立足当前、着眼长远，作好顶层设计、搞好规划布局，促进水资源合理开发、优化配置、全面节约、有效保护、科学管理、持续利用。二是统筹安排。注重兴利除害并举、防灾减灾并重、治标治本结合，统筹处理好重大关系，最大程度发挥水利的综合效益。三是综合治理。多措并举、综合治理，把工程措施与非工程措施结合起来，充分运用现代科技、信息、管理等手段，健全综合防灾减灾体系，不断提高治水的科学化水平。四是节水优先。大力倡导、全面强化节约用水，不断提高水资源利用效率和效益。五是强化保护。坚持在开发中保护、在保护中开发，以水资源的可持续利用保障经济社会的可持续发展。六是量水而行。在确定产业发展、生产力布局、城镇建设规划时，充分考虑水资源、水环境承载能力，因水制宜、以供定需。

以理论创新提升水利的发展观。实践基础上的观念更新是现代水利发展的变革和先导。从工程水利向资源水利的转变；从粗放型水利向集约型水利、可持续发展水利的升华；从控制洪水、人定胜天的思维定势到洪水也是资源、实现科学管理洪水的思路突破；从水利不仅是农业的命脉，更是国民经济的基础产业和基础设施，是实现"两个率先"的支撑和保障的理念拓展，无不为现代水利的发展内涵提供了新的观念理论。以科技创新提高现代水利的发展定位。科学技术是第一生产力，用先进的科学技术来改造和提升传统水利，实现现代水利的跨越式发展，已成为发展的内在动力。淮河入海水道工程中大规模的机械化施工、"真空联合堆载预压法"、"振动沉模防渗板墙技术"、"液压开槽机建筑地连墙技术"的应用；南水北调工程"先节水后调水，先治污后通水，先环保后用水"的科学决策；通信网络系统、水情自动测报及传输系统、防汛指挥系统、防汛会商系统、防汛通信车等在科学防洪中发挥的威力，无不一次次用事实说明，科学技术是第一生产力，是现代水利发展的新天地。以文化创新积聚现代水利的发展后劲，文化的力量已深深融入民族的生命力、创造力和凝聚力之中。以水文化为特色的文化创新，造就了数以万计的高素质劳动者，呈现出"鹰年试翼，乳虎啸谷"的良好局面，使现代水利的发展有更深厚的文化底蕴，更雄厚的文化根基。特别是"水利进城"后，以"水上树形象，水下抓质量"为特色水利工程，融入美学的新理念，形成一批具有高文化品位的水利建筑群，不仅具有对水资源的调配、利用、控制功能，同时更具有水文化的观赏性、内涵性、生态性，成为现代化文明城市的一道独特的亮丽风景线。现代文明城市中的清水绿带、优美环境、风景怡人的工程设施，凸显了"城市水利"的文化内涵。以改革开放创建现代水利的发展环境。改革是发展的动力，开放是发展的关键。我们面对着世界经济和科技前所未有的大发展，也面对着全球范围内前所未有的大竞争。

第三节 治 水 措 施

一、工程措施

工程措施是指兴建水利工程（如建水库，大堤，涵闸等措施）以达到调节洪量，削减洪峰或分洪、滞洪等，改变洪水其自然运动状况，最终控制洪水，减少损失。

水利工程是用于控制和调配自然界的地表水和地下水，达到除害兴利目的而修建的工程，也称为水工程。水是人类生产和生活必不可少的宝贵资源，但其自然存在的状态并不完全符合人类的需要。只有修建水利工程，才能控制水流，防止洪涝灾害，并进行水量的调节和分配，以满足人民生活和生产对水资源的需要。水利工程需要修建坝、堤、溢洪道、水闸、进水口、渠道、渡槽、筏道、鱼道等不同类型的水工建筑物，以实现其目标。

水利工程按目的或服务对象可分为：防止洪水灾害的防洪工程；防止旱、涝、渍灾为农业生产服务的农田水利工程，或称灌溉和排水工程；将水能转化为电能的水力发电工程；改善和创建航运条件的航道和港口工程；为工业和生活用水服务，并处理和排除污水和雨水的城镇供水和排水工程；防止水土流失和水质污染，维护生态平衡的水土保持工程和环境水利工程；保护和增进渔业生产的渔业水利工程；围海造田，满足工农业生产或交通运输需要的海涂围垦工程等。一项水利工程同时为防洪、灌溉、发电、航运等多种目标服务的，称为综合利用水利工程。

（一）水利工程类型

1. 防洪工程

防洪工程指为控制、防御洪水以减免洪灾损失所修建的工程。主要有堤、河道整治工程、分洪工程和水库等。按功能和兴建目的可分为挡、泄（排）和蓄（滞）几类。

（1）挡。主要是运用工程措施"挡"住洪水对保护对象的侵袭。如用河堤、湖堤防御河、湖的洪水泛滥；用海堤和挡潮闸防御海潮；用围堤保护低洼地区不受洪水侵袭等。利用具有挡水功能的防洪工程，是最古老和最常用的措施。用挡的办法防御洪水，将改变洪水自然宣泄和调蓄的条件，一般将抬高天然洪水位。有些河、湖洪水位变幅较大，且由于泥沙淤积等自然演变和人类开发利用洪泛区等活动的影响，洪水位还有不断增高的趋势；一般堤线都较长、筑堤材料和地基选择余地较小、结构不能太复杂，堤身不宜太高。因此，用挡的办法防御洪水在技术经济上受到一定限制。

（2）泄。主要是增加泄洪能力。常用的措施有修筑河堤、整治河道（如扩大河槽、裁弯取直）、开辟分洪道等，是平原地区河道较为广泛采用的措施。①扩大河槽、河道裁弯取直都能降低洪水位，增大本河段的泄洪能力；河道裁弯取直还可以缩短航程，有的还能缓解弯顶淘刷和崩岸对堤防的威胁。但这些措施将增加其下游河段的洪水流量、加大防洪负担。②修筑河堤也有增大河道泄量的功能，将原来漫溢出去的洪水控制在堤防限制的河槽内。这一方面减少了河段的调蓄容量，另一方面抬高了洪水位，增大了水深，从而加大河道的流速和下泄流量。加高原有堤也能增大泄洪能力，但不适当的加高堤防，将增加堤防本身的风险度，增加下游防洪负担。③开辟分洪道，分洪入其他河流、湖泊、洼地、海洋都能降低其下游河段的水位、洪水流量，减轻防洪负担。如分洪道绕过狭窄河段后又回归原河道，可降低狭窄河段的水位、洪水流量，减轻防洪负担，但这些措施都可能改变沿途或承泄区的环境，规划时要综合考虑，以免带来新的问题。

（3）蓄（滞）。主要作用是拦蓄（滞）调节洪水，削减洪峰，减轻下游防洪负担。如利用水库、分洪区（含改造利用湖、洼、淀等）工程等。水库除可起防洪作用外，还能蓄水调节径流，利用水资源，发挥综合效益，成为近代河流开发中普遍采取的措施。但修水库投资大，还要淹没大量土地，迁移人口，有些地方还淹没矿藏，带来损失。开辟分洪区，分蓄（滞）河道超额洪水，一般都是利用人口较少的地区，也是很多河流防洪系统中的重要组成部分。在山区实施水土保持措施，可起蓄水保土作用，遇一般暴雨，对拦减当地的洪水有一定效果。一条河流或一个地区的防洪任务，通常由多种措施相结合构成的工程系统来承担。工程的布局是根据自然地理条件，洪水、泥沙特性，社会经济，洪灾情况，本着除害与兴利相结合，局部与整体统筹兼顾，蓄泄兼筹，综合治理等原则，统一规划。一般是在上中游干支流山谷区修建水库拦蓄洪水，调节径流；山丘地区广泛开展水土保持，蓄水保土，发展农林牧业，改善生态环境；在中下游平原地区，修筑堤防，整治河道，治理河口，并因地制宜修建分蓄（滞）洪工程，以达到减免洪灾的目的。

2. 发电工程

发电是指利用发电动力装置将水能、石化燃料（煤、油、天然气）的热能、核能以及太阳能、风能、地热能、海洋能等转换为电能的生产过程。用以供应国民经济各部门与人民生活之需。

目前主要的发电形式是水力发电、火力发电和核能发电。其他能源发电形式虽然有多种，但规模都不大。三种主要形式所占的地位因各国能源资源的构成不同而异。美、苏、英、意、中等国以火力发电为主，其发电量在总发电中所占比重为70%以上。日、德的火电所占比重在60%以上。挪威、瑞典、瑞士、加拿大等国则以水力发电为主，其中挪威、瑞士的水力发电量均占总发电量的90%左右，加拿大超过70%，瑞典也超过60%。芬兰和前南斯拉夫则水电与火电各占一半。法国以核电为主，其发电量占总发电量的70%以上。

中国的水力资源虽然丰富，但受经济、技术等因素所限，水电只占总发电的20%左右。就全世界范围而言，在1980—1986年间，火电所占比重由70.2%逐年下降至63.7%，水电所占比重由21.3%降至20.3%，而核电所占比重则逐年上升，由8.2%升至15.6%。这一趋势反映出，随着石化燃料的短缺，核能发电越来越受到重视。

水力发电的基本原理是利用水位落差，配合水轮发电机产生电力，也就是利用水的位能转为水轮的机械能，再以机械能推动发电机，而得到电力。科学家们以此水位落差的天然条件，有效的利用流力工程及机械物理等，精心搭配以达到最高的发电量，供人们使用廉价又无污染的电力。水力发电于1882年，首先记载应用水力发电的地方是美国威斯康星州。到如今，水力发电的规模从第三世界乡间所用几十瓦的微小型，到大城市供电用几百万瓦的都有。水力发电利用的水能主要是蕴藏于水体中的位能。它是由建筑物来集中天然水流的落差，形成水头，并以水库汇集、调节天然水流的流量；基本设备是水轮发电机组。当水流通过水轮机时，水轮机受水流推动而转动，水轮机带动发电机发电，机械能转换为电能，再经过变电和输配电设备将电力送到用户。水能为自然界的再生性能源，随着水文循环，重复再生。水力发电在运行中不消耗燃料，运行管理费和发电成本远比燃煤电站低。水力发电在水能转化为电能的过程中不发生化学变化，不排泄有害物质，对环境影响小，因此水力发电所获得的是一种清洁的能源。

3. 灌排工程

灌溉渠道系统。从水源取水，通过渠道及其附属建筑物输、配水，经由田间工程进行农田灌水的工程系统。

水源和渠首工程。输水配水系统：干渠、支渠、斗渠、农渠；（固定）田间渠道系统：毛渠、输水垄沟、灌水沟、灌水畦；（临时）排水泄水系统：干沟、支沟、斗沟、农沟、毛沟。

灌溉渠系的组成灌溉渠系由各级灌溉渠道和退（泄）水渠道组成。灌溉渠道按其使用寿命分为固定渠道和临时渠道两种，固定渠道：多年使用的永久性渠道。临时渠道：使用寿命小于一年的季节性渠道。

退水、泄水渠道包括渠首排沙渠、中途泄水渠和渠尾退水渠。主要作用：定期冲刷和排放渠首段的淤沙、排泄入渠洪水、退泄渠道剩余水量及下游出现工程事故时断流排水等，达到调节渠道流量、保证渠道及建筑物安全运行的目的。中途退水设施一般布置在重要建筑物和险工渠段的上游。干、支渠的末端应设退水渠道。

4. 供水工程

供水工程主要是城镇供水，是以要求的水量、水质和水压，供给城镇生活用水和工业用水。又称城镇给水。城镇生活用水分为：居民日常生活用水，如饮用、洗涤、宅院绿化等用水；市政公共用水，如商业、服务业、学校、医院、消防、城镇绿化、街道喷洒、清除垃圾、市区河湖补水和城郊商品菜田用水等。工业用水主要为冷却、洗涤、调温和调节湿度等用水。城镇供水水源分为地表水和地下水。地表水包括江河、水库、湖泊和海洋中的水。地下水包括井水、泉水和地下河水等。

（1）供水系统。分为取水、输水、水处理和配水四个部分。取用地下水多用管井、大口井、辐射井和渗渠。取用地表水可修建固定式取水建筑物，如岸边式或河床式取水建筑物；也可采用活动的浮船式和缆车式取水建筑物。水由取水建筑物经输水道送入实施水处理的水厂。水处理包括澄清、消毒、除臭和除味、除铁、软化；对于工业循环用水常需进行冷却，对于海水和咸水还需淡化或除盐。处理后合乎水质标准的水经配水管网送往用户。

（2）供水要求。城镇供水要求保证率高，且在水量、水质和水压三方面均有要求。

（3）水量。生活用水，居民日常生活用水的多寡，受气候条件、室内给水排水设备和卫生设备的完善程度，及居民生活习惯等条件决定。市政公共用水按其设施（如医院、旅馆、学校等）的用途不同而有很大差异。消防用水量则取决于扑灭一次火灾所需消防水量和同时出现的火灾数。城镇生活用水定额一般随生活水平的提高和居住条件的改善而增大。工业用水随行业、工艺过程、设备类型和机械化自动化的程度而异。其单位相同产品的用水定额一般随工业技术水平的提高而减小。

（4）水质。生活饮用水对水质有严格要求，对下列水质参数，即浑浊度、色度、嗅、味、细菌总数、大肠菌群参数、pH 值、硬度，铁、锰、锌等重金属，以及酚、有毒非金属（如氰、砷）、阴离子合成洗涤剂、剩余氯等的含量均有规定。工业冷却用水的水质标准一般比饮用水低。有特殊要求的工业用水（如电子工业用水）应制定相应的专用水质标准。

（5）水压。城镇生活用水要求一定的自由水压（即从地面算起的最小水压），其值按建筑物的层数而定。消防用水时，管网自由水压一般不应小于 10m。工业用水的水压须按工艺要求而定。

5. 航运工程

航运是利用江河、湖泊、海洋、水库、渠道等水域，用船舶、排、筏等浮载工具运送旅客、货物或流放木材。可分为内河航运、沿海航运和远洋航运。

航道的历史至少可追溯到大运河，该运河主要是对东至西方向河流水运交通的补充。至 2007 年，中国的内河通航里程内河通航里程约为 13.3 万 km，成为世界内河第一位。水上运输量仍在不断增长，尤其是在长江流域，目前轮船可向上游安全航行到重庆。三峡工程完工后，能够到达重庆的船舶吨位将大大提高，预计货运量将进一步增加。水上运输在三角洲地区以及太湖、洞庭湖、鄱阳湖、洪泽湖等都十分繁忙。松花江水系也是重要航道，它连接了黑龙江省北部的工业区。

我国最著名的运河——京杭大运河是世界上最长的运河，已有千年历史的京杭大运河已为稳固政权、繁荣经济的命脉。川江航道是川江与金沙江及长江支流岷江、沱江、嘉陵江、赤水河、乌江等构成中国西南地区的水运网，成为西南地区通往华中、华东和沿海地区的交通运输大动脉，在中国的经济建设中具有重要地位。长江三峡作为中国运量最大的内河，实施船型标准化后，长江货运船舶日益呈现大型化、专业化发展趋势，据长江三峡通航管理局 2014 年初消息，2014 年 1～2 月，三峡船闸安全运行 1665 个有载闸次，船闸通过量为 1540.8 万 t；过闸船舶继续呈现出大型化趋势，5000t 以上的船舶艘次在过闸船舶中占 34.38%。黄河被尊为"四渎之宗"、"百泉之首"是中华民族的母亲河。我们的祖先利用黄河进行航运以利通济的历史，可以追溯到先秦时代。与其他大江大河相比，黄河中游的通航条件有其特殊的困难和局限。随着国民经济的发展和技术经济条件的改善，恢复与发展黄河中游航运有了新的需要与可能，蒙晋陕豫交界地带经济综合开发需要统筹研究和安排黄河中游航运的发展问题。

6. 水土保持工程

水土保持是指对自然因素和人为活动造成水土流失所采取的预防和治理措施。20 世纪80 年代以来，进入了一个以小流域为单元开展水土流失综合治理的新阶段。 小流域是指以分水岭和出口断面为界形成的面积比较小的闭合集水区。流域面积最大一般不超过50km²。每个小流域既是一个独立的自然集水单元，又是一个发展农、林、牧生产的经济单元，分布在大江大河的上游。一个小流域就是一个水土流失单元，水土流失的发生、发展全过程都在小流域内产生具有一定的规律性。工程措施、生物措施和蓄水保土耕作措施是水土保持的主要措施。

（1）工程措施。为了防治水土流失危害，保护和合理利用水土资源而修筑的各项工程设施，包括治坡工程（各类梯田、台地、水平沟、鱼鳞坑等）、治沟工程（如淤地坝、拦沙坝、谷坊、沟头防护等）和小型水利工程（如水池、水窖、排水系统和灌溉系统等）。

（2）生物措施。为了防治水土流失，保护与合理利用水土资源，采取造林种草及管护的办法，增加植被覆盖率，维护和提高土地生产力的一种水土保持措施。主要包括造林、种草和封山育林、育草。

（3）蓄水保土耕作措施。为了改变坡面微小地形，增加植被覆盖或增强土壤有机质抗蚀力等方法，保土蓄水，改良土壤，以提高农业生产的技术措施。如等高耕作、等高带状间作、沟垄耕作少耕、免耕等。 开展水土保持，就是要以小流域为单元，根据自然规律，在全面规划的基础上，因地制宜、因害设防，合理安排工程、生物、蓄水保土三大水土保持措施，实施山、水、林、田、路综合治理，最大限度地控制水土流失，从而达到保护和合理利用水土资源，实现经济社会的可持续发展。因此，水土保持是一项适应自然、改造自然的战略性措施，也是合理利用水土资源的必要途径；水土保持工作不仅是人类对自然界水土流失原因和规律认识的概括和总结，也是人类改造自然和利用自然能力的体现。

7. 水污染治理工程

水污染防治工程是环境工程学的一个技术领域，同当地自然条件（地形、气象、河流、土壤性质等）、社会条件（城市、地区发展、工农业生产、人口密度、交通情况、经济生活、技术水平等）都有密切关系。因此，必须综合考虑各种污水的产生、水量和水质的控制、污水输送集中方式、污水处理方法及排放和回用要求、水体、土壤等自然净化能力进行全面规划，综合防治。从 20 世纪 60 年代开始发展起来的水系污染综合防治工程根据水系分布情况，分段分区研究其环境容量、自净规律，确定各区段的污染负荷，修建相应处理措施，控制污染源，包括修建区域性联合污水处理厂、调节水体水量和污染负荷。也可调引附近水系的水或修建曝气设施，以增加水体自净能力，改善水质。同时还应进行水系污染底质防治公车功能和农田、矿山等地面径流的污染防治工程，改进各种污水处理技术，提高处理效率，降低费用能耗，充分利用水资源，进行污水的循环回用等，沿着水污染综合防治继续不断发展。目前，综合环境保护管理部门要求，对水环境污染物进行浓度控制和总量控制的综合规划是水污染防治工程的重要内容。

（二）水工建筑物

无论是治理水害或开发水利，都需要通过一定数量的水工建筑物来实现。水工建筑物就是在水的静力或动力的作用下工作，并与水发生相互影响的各种建筑物。它是控制和调节水流，防治水害，开发利用水资源的建筑物。实现各项水利工程目标的重要组成部分。水工建筑物可按使用期限和功能进行分类。

按使用期限可分为永久性水工建筑物和临时性水工建筑物，后者是指在施工期短时间内发挥作用的建筑物，如围堰、导流隧洞、导流明渠等。按功能可分为通用性水工建筑物和专门性水工建筑物两大类。

通用性水工建筑物主要有：挡水建筑物，如各种坝、水闸、堤和海塘；泄水建筑物，如各种溢流坝、岸边溢洪道、泄水隧洞、分洪闸；进水建筑物，也称取水建筑物，如进水闸、深式进水口、泵站；输水建筑物，如引（供）水隧洞、渡槽、输水管道、渠道；河道整治建筑物，如丁坝、顺坝、潜坝、护岸、导流堤。

专门性水工建筑物主要有：水电站建筑物，如前池、调压室、压力水管、水电站厂房；渠系建筑物，如节制闸、分水闸、渡槽、沉沙池、冲沙闸；港口水工建筑物，如防波堤、码头、船坞、船台和滑道；过坝设施，如船闸、升船机、放木道、筏道及鱼道等。

有些水工建筑物的功能并非单一，难以严格区分其类型，如各种溢流坝，既是挡水建筑物，又是泄水建筑物；闸门既能挡水和泄水，又是水力发电、灌溉、供水和航运等工程的重要组成部分。有时施工导流隧洞可以与泄水或引水隧洞等结合。

1. 水利枢纽工程

指水利枢纽建筑物（含引水工程中的水源工程）和其他大型独立建筑物。包括挡水工程、泄洪工程、引水工程、发电厂工程、升压变电站工程、航运工程、鱼道工程、交通工程、房屋建筑工程和其他建筑工程。其中挡水工程等前七项为主体建筑工程。

（1）挡水工程。包括挡水的各类坝（闸）工程。

（2）泄洪工程。包括溢洪道、泄洪洞、冲沙孔（洞）、放空洞等工程。

（3）引水工程。包括发电引水明渠、进水口、隧洞、调压井、高压管道等工程。

（4）发电厂工程。包括地面、地下各类发电厂工程。

（5）升压变电站工程。包括升压变电站、开关站等工程。

（6）航运工程。包括上下游引航道、船闸、升船机等工程。

（7）鱼道工程。根据枢纽建筑物布置情况，可独立列项。与拦河坝相结合的，也可作为拦河坝工程的组成部分。

（8）交通工程。包括上坝、进厂、对外等场内外永久公路、桥涵、铁路、码头等交通工程。

（9）房屋建筑工程。包括为生产运行服务的永久性辅助生产建筑、仓库、办公、生活及文化福利等房屋建筑和室外工程。

（10）其他建筑工程。包括内外部观测工程，动力线路（厂坝区），照明线路，通信线路，厂坝区及生活区供水、供热、排水等公用设施工程，厂坝区环境建设工程，水情自动测报工程及其他。

2. 大坝

挡水建筑物的代表形式就叫坝。其作用是抬高河流水位，形成上游调节水库。坝的高度取决于枢纽地形、地质条件，淹没范围，人口迁移，上、下游梯级水电站的关系以及动能指标等。截至 2010 年，中国大陆水电站最高的大坝的高度为 294.5m，世界上最高的大坝的高度为 325m。大坝可分为混凝土坝和土石坝两大类。大坝的类型根据坝址的自然条件、建筑材料、施工场地、导流、工期、造价等综合比较选定。

（1）混凝土坝。混凝土坝分为重力坝、拱坝和支墩坝 3 种类型。

1）重力坝。重力坝是由混凝土或浆砌石修筑的大体积挡水建筑物，依靠坝体自重与基础间产生的摩擦力来承受水的推力而维持稳定。其基本剖面是直角三角形，整体是由若干坝段组成。重力坝的优点是结构简单，施工较容易，耐久性好，适宜于在岩基上进行高坝建筑，便于设置泄水建筑物。但重力坝体积大，水泥用量多，材料强度未能充分利用。据统计，在各国修建的大坝中，重力坝在各种坝型中往往占有较大的比重。在中国的坝工建设中，混凝土重力坝也占有较大的比重，在 53 座高 100m 以上的高坝中，混凝土重力坝就有 17 座。

重力坝是最早出现的一种坝型。公元前 2900 年埃及美尼斯王朝在首都孟斐斯城附近的尼罗河上，建造了一座高 15m、长 240m 的挡水坝。中国于公元前 3 世纪，在连通长江与珠江流域的灵渠工程上，修建了一座高 5m 的砌石溢流坝，迄今已运行 2000 多年，是世界上现存的，使用历史最久的一座重力坝。1950 年以后，重力坝得到快速发展，在中国，20 世纪 60 年代初建成高 106m 的三门峡重力坝和高 105m 的新安江宽缝重力坝；70 年代建成了高 147m 的刘家峡重力坝和高 90.5m 的牛路岭空腹重力坝。80 年代又建成了高 165m 的乌江渡拱形重力坝。1970 年以后，世界上创造出碾压混凝土坝筑坝技术。它的特点是采用干硬性混凝土，用自卸汽车运料入仓，推土机平仓，振动碾碾压，通仓薄层浇筑，不设纵缝，不进行水管冷却，横缝用切缝机切割。它具有节省水泥，简化温度控制和施工工艺，缩短工期，降低造价的优点。中国福建坑口坝和南盘江天生桥二级水电站首部枢纽都采用了这种施工技术。

2）拱坝。拱坝为一空间壳体结构，平面上呈拱形，凸向上游，利用拱的作用将所承受的水平载荷变为轴向压力传至两岸基岩，两岸拱座支撑坝体，保持坝体稳定。该坝型拱圈截面上主要承受轴向反力，可充分利用筑坝材料的强度。因此，是一种经济性和安全性都很好的坝型。拱坝具有较高的超载能力。

在两岸岩基坚硬完整的狭窄河谷坝址，特别适于建造拱坝。一般把坝底厚度 T 与最大坝高 H 的比值（T/H）小于 0.1 的称为薄拱坝；在 0.1～0.3 间的称为拱坝；在 0.4～0.6 间的称为重力拱坝。若 T/H 值更大时，拱的作用已很小，即近于重力坝。拱坝的水平剖面由曲线形拱构成，两端支承在两岸基岩上。竖直剖面呈悬臂梁形式，底部坐落在河床或两岸基岩上。拱坝一般依靠拱的作用，即利用两端拱座的反力，同时还依靠自重维持坝体的稳定。拱坝的结构作用可视为两个系统，即水平拱和竖直梁系统。当河谷宽高比较小时，荷载大部分由水平拱系统承担；当河谷宽高比较大时，荷载大部分由梁承担。拱坝比之重力坝可较充分地利用坝体的强度。其体积一般较重力坝为小。其超载能力常比其他坝型为高。

拱坝主要的缺点是对坝址河谷形状及地基要求较高。拱坝坝址地质条件，一般是上部岩石比下部差，左右岸岸坡均有软弱夹层。为了使拱坝传给基岩的推力分散，易于保持稳定，中小型拱坝工程，扩大其拱端尺寸，即将坝布置为变截面圆拱成大头拱坝是有效的。但相对于重力坝，拱坝对坝址岩石基础的要求相对重力坝要少一些。

人类修建拱坝具有悠久的历史。早在一二千年以前，人们就已意识到拱结构有较强的拦蓄水流的能力，开始修建高 10 余 m 的圆筒形圬工拱坝。13 世纪末，伊朗修建了一座高 60m 的砌石拱坝。到 20 世纪初，美国开始修建较高的拱坝，其中有高达 221m 的胡佛坝（Hoover Dam）。此时，拱坝设计理论和施工技术也有较大的进展，如应力分析的拱梁试何载法、坝体温度计算和温度控制措施、坝体分缝和接缝灌浆、地基处理技术等。20 世纪 50 年代以后，西欧各国和日本修建了许多双曲拱坝，在拱坝体形、复杂坝基处理、坝顶溢流和坝内开孔泄洪等重大技术上又有新的突破。进入 70 年代，随着计算机技术的发展，有限单元法和优化设计技术的逐步采用，使拱坝设计和计算周期大为缩短，设计方案更加经济合理。近 40 多年来，中国修建了许多拱坝。在拱坝设计理论、计算方法、结构形式、泄洪消能、施工导流、地基处理及枢纽布置等方面都有很大进展，积累了丰富的经验。2010 年 8 月中国云南小湾水电站建成以后，已经成为世界上最高的拱坝，坝高 292m，坝顶高程 1245m，坝顶长 922.74m，拱冠梁顶宽 13m，底宽 69.49m，标志着中国在高拱坝的勘测、设计、施工和科研方面已达到一个新的水平。

3）支墩坝。由倾斜的盖面和支墩组成。支墩支撑着盖面，水压力由盖面传给支墩，再由支墩传给地基。支墩坝是最经济可靠的坝型之一，与重力坝相比具有体积小、造价低、适应地基的能力较强等优点。按盖面形式，支墩坝主要可分为 3 种：盖面为平板状的称为平板坝；盖面为拱形的称为连拱坝；盖面由支墩上游端加厚形成的称为大头坝。

支墩坝一般为混凝土或钢筋混凝土结构。和重力坝比较，支墩坝具有如下特点：上游盖面常做成倾斜状，盖面上水重可帮助稳定坝体；支墩坝构件单薄，内部应力均匀，能充分发挥材料的强度；支墩的侧向刚度较小，设计时应对侧向地震时支墩的工作条件进行验算；支墩坝对地基条件的要求较重力坝高。

16 世纪西班牙修建的埃尔切砌石连拱坝，坝高 23m，是世界上第一座支墩坝。进入 20 世纪以后，连拱坝有较大发展，1968 年加拿大修建的马尼克五级连拱坝，坝高 214m，是当前世界上最高的支墩坝。大头坝是 F.A.内茨利在 1926 年首先提出的。1975 年巴西和巴拉圭修建的伊泰普水电站大头坝，坝高 196m，是当前世界上最高的大头坝。1903 年安布生设计并建造了第一座有倾斜盖面的平板坝。1948 年阿根廷建造了艾斯卡巴坝，坝高 83m，是当前世界上最高的平板坝。中国自 1949 年以来也建造了很多高支墩坝。1956 年建成的梅山连拱坝，坝高 88.24m。1958 年建成的金江平板坝，坝高 54m。1960 年建成的新丰江大头坝，坝高 105m。1980 年建成的湖南镇梯形坝，坝高 129m，是中国最高的支墩坝。

（2）土石坝。土石坝泛指由当地土料、石料或混合料，经过抛填、辗压等方法堆筑成的挡水坝。当坝体材料以土和砂砾为主时，称土坝、以石渣、卵石、爆破石料为主时，称堆石坝；当两类当地材料均占相当比例时，称土石混合坝。土石坝是历史最为悠久的一种坝型。近代的土石坝筑坝技术自 20 世纪 50 年代以后得到发展，并促成了一批高坝的建设。

目前，土石坝是世界坝工建设中应用最为广泛和发展最快的一种坝型。

土石坝按其施工方法可分为：碾压式土石坝、冲填式土石坝、水中填土坝和定向爆破堆石坝等。应用最为广泛的是碾压式土石坝。

1）碾压式土石坝。利用碾压机具分层压实筑坝材料。碾压式土石坝比较密实，完工后沉陷量较小，一般不超过坝高的 1%，抗剪强度较高，坝坡较陡，节省工程量。这种坝历史悠久，使用最广。世界上绝大部分土坝都是碾压式土石坝。以干容重作为控制碾压的标准，上坝土料的含水量应控制在最优含水量附近碾压式土石坝所用的碾压机具多种多样，从人工硪夯到各种不同功率的机械夯碾，可根据筑坝材料和气象条件选用，并通过现场碾压试验确定最优碾压参数，如碾压层厚度和碾压遍数等。按照土料在坝身内的配置和防渗体所用的材料种类，碾压式土石坝可分为以下几种主要类型：均质坝、土质防渗体分区坝、非土料防渗体坝，按其位置也可分为心墙坝和面板坝。

2）水力冲填坝。利用水枪、挖泥船等水力机械挖掘土料，和水混合一起，用泥浆泵通过输泥管送到坝面由土埝围成的地块中，水经由排水管排到坝外，土粒沉淀下来，在自重及排水产生的渗透压力作用下得到压实。如地形适宜，泥浆可经由渠道自流进入坝面，这在中国被称为水坠坝。水力冲填坝适用于透水性较强的砂性土，可连续作业，工效高，不用运输及碾压机具。这种坝施工期间填土完全被水饱和，干容重和强度均低，压缩性高，并在坝体上部形成"流态区"，对上下游坝坡施加泥水推力，易招致滑坡和裂缝，需放缓坝坡，设坝内排水，并限制大坝上升速度。第二次世界大战后苏联曾在齐姆良、古比雪夫等一些大型水利枢纽上修建规模巨大的水力冲填坝。中国建造了很多水力冲填坝，其中以广东省 68m 的高坪坝为最高。

3）水中填土坝。分层将土填入静水中，土的团粒结构被水崩解，在运土及填土自重作用下得到压实。所用土料要求遇水容易崩解湿化。水中填土坝塑性大适应变形能力强，基本不用碾压机具，填筑受气候影响小，对料场含水量要求不严格；但施工工序较复杂，填土干容重低、含水量高，其强度低、压缩性高，坝坡比碾压坝缓，完工后沉陷量较大。施工期坝坡稳定为控制大坝安全的关键，应严格控制填土含水量和坝体上升速度并需设坝内排水。水中填土坝先在苏联得到发展，中国已建成 700 多座。坝高达 61.4m 的山西汾河水库水中填土坝建于 1960 年，为当时世界上最高的水中填土坝。

3. 水电站厂房

水电站厂房是水电站中安装水轮机、水轮发电机和各种辅助设备的建筑物。一般由水电站主厂房和水电站副厂房两部分组成。它是水工建筑物、机械和电气设备的综合体，又是运行人员进行生产活动的场所。根据厂房与挡水建筑物的相对位置及其结构特征，可分为以下三种基本类型。

（1）引水式厂房。特征为发电用水来自较长的引水道，厂房远离挡水建筑物，一般位于河岸。如若将厂房建在地下山体内，则称为地下厂房。

（2）坝后式厂房。特征为厂房位于拦河坝的下游，紧接坝后，在结构上与大坝用永久缝分开，发电用水由坝内高压管道引入厂房。有时为了解决泄水建筑物布置与厂房建筑物布置之间的矛盾，可将厂房布置成以下形式：①溢流式厂房。将厂房顶作为溢洪道，成为坝后溢流式厂房；②坝内式厂房。厂房移入溢流坝体空腹内。

（3）河床厂房。厂房位于河床中，成为挡水建筑物的一部分。水电站厂房是将水能转为电能的综合工程设施，包括厂房建筑、水轮机、发电机、变压器、开关站等，也是运行人员进行生产和活动的场所。水电站厂房的主要任务：①将水电站的主要机电设备集中布置在一起，使其具有良好的运行、管理、安装、检修等条件；②布置各种辅助设备，保证机组安全经济运行，保证发电质量；③布置必要的值班场所，为运行人员提供良好的工作环境。

4. 引水建筑物

为从水库、河流、湖泊、地下水等水源取水引至下游河渠或发电厂房而设置的水工建筑物。如进水闸、引水隧洞、渠道、压力管、压力前池、调压井、闸门井、坝下取水涵管、坝身引水管、取水泵站等。输水建筑物包括:引（供）水隧洞、输水管道、渠道、渡槽及涵洞等，是灌溉、水力发电、城镇供水、排水及环保等工程中的重要组成部分。输水建筑物除洞（管、槽）身外，一般还需包括进口和出口两个部分（发电引水隧洞在洞身后接压力水管）。有时受地形条件限制，在进口前或出口后还需增设引水渠或尾水渠。渠道线路上的输水隧洞或通航隧道，只有洞身段，但前后洞脸部分需增加护砌。

水电站输水引水系统包括取水坝、渠道（隧洞）、沉沙池、压力前池、管道或有压隧洞等部分。引水是采用现代工程技术，从水源地通过取水建筑物、输水建筑物引水至需水地的一种水利工程。

引水工程由取水、输水两大部分建筑物组成；取水建筑物又分为无坝自流取水建筑物、无坝扬水取水建筑物、有坝表层自流取水建筑物、有坝深水自流取水建筑物、有坝深水扬水取水建筑物；输水建筑物又分为明流输水建筑物和压力输水建筑物两大类；明流输水建筑物又分为渠道、水槽、隧洞、水管、渡槽、倒虹吸管几种；压力输水建筑物又分为压力隧洞、压力管道两种，压力管道又分为钢管、预应力钢筋混凝土管、玻璃钢管等。

由于我国幅员辽阔，雨量分布极不均匀，缺水地区为当地的工农业发展和居民生活需要从水源地引水，近年来，国内大型的引水项目就有引滦入津、南水北调等大型引水工程。

5. 水闸

水闸，按其所承担的主要任务，可分为：节制闸、进水闸、冲沙闸、分洪闸、挡潮闸、排水闸等。按闸室的结构形式，可分为：开敞式、胸墙式和涵洞式。开敞式水闸当闸门全开时过闸水流通畅，适用于有泄洪、排冰、过木或排漂浮物等任务要求的水闸，节制闸、分洪闸常用这种形式。胸墙式水闸和涵洞式水闸，适用于闸上水位变幅较大或挡水位高于闸孔设计水位，即闸的孔径按低水位通过设计流量进行设计的情况。胸墙式的闸室结构与开敞式基本相同，为了减少闸门和工作桥的高度或为控制下泄单宽流量而设胸墙代替部分闸门挡水，挡潮闸、进水闸、泄水闸常用这种形式。如中国葛洲坝泄水闸采用 12m×12m 活动平板门胸墙，其下为 12m×12m 弧形工作门，以适应必要时宣泄大流量的需要。涵洞式水闸多用于穿堤引（排）水，闸室结构为封闭的涵洞，在进口或出口设闸门，洞顶填土与闸两侧堤顶平接即可作为路基而不需另设交通桥，排水闸多用这种形式。

水闸由闸室、上游连接段和下游连接段组成。闸室是水闸的主体，设有底板、闸门、启闭机、闸墩、胸墙、工作桥、交通桥等。闸门用来挡水和控制过闸流量，闸墩用以分隔闸孔和支承闸门、胸墙、工作桥、交通桥等。底板是闸室的基础，将闸室上部结构的重量及荷载向地基传递，兼有防渗和防冲的作用。闸室分别与上下游连接段和两岸或其他建筑物连接。上游连接段包括：在两岸设置的翼墙和护坡，在河床设置的防冲槽、护底及铺盖，用以引导水流平顺地进入闸室，保护两岸及河床免遭水流冲刷，并与闸室共同组成足够长度的渗径，确保渗透水流沿两岸和闸基的抗渗稳定性。下游连接段，由消力池、护坦、海漫、防冲槽、两岸翼墙、护坡等组成，用以引导出闸水流向下游均匀扩散，减缓流速，消除过闸水流剩余动能，防止水流对河床及两岸的冲刷。

6. 渠系建筑物

渠系建筑物为渠道正常工作和发挥其各种功能而在渠道上兴建的水工建筑物。

（1）渠道。人工开挖或填筑的水道，用来输送水流以满足灌溉、排水、通航或发电等需要。一个灌区内灌溉或排水渠道，一般分干渠、支渠、斗渠、农渠四级构成渠道系统，简称渠系。

（2）调节及配水建筑物。渠道中用以调节水位和分配流量的建筑物，如节制闸、分水闸、斗门等。

（3）交叉建筑物。输送渠道水流穿过山梁和跨越或穿越溪谷、河流、渠道、道路时修建的建筑物，分平交建筑物与立交建筑物两大类。前者为渠道与另一水道相交处具有共同流床的交叉建筑物，适用于两水道底部高程相近的情况。常用的平交建筑有水闸、倒虹吸管等。后者为渠道与天然或人工障碍在不同高程上相交时，在渠道上修建的建筑物，适用于两者高程相差较大情况。常用的立交建筑物有渡槽、倒虹吸管、涵洞、隧洞等。

（4）落差建筑物。渠道在地面落差集中或坡度陡峻地段所修建的连接上下游段，或在泄水与退水建筑物中连接渠道与河、沟、库、塘的连接建筑物，如跌水、陡坡、跌井等。

（5）渠道泄水及退水建筑物。为了防止渠道水流由于超越允许最高水位而酿成决堤事故，保护危险渠段及重要建筑物安全，放空渠水以进行渠道和建筑物维修等目的所修建的建筑物，如溢流堰、泄水闸、排洪槽、虹吸泄水道、退水闸等。

（6）冲沙和沉沙建筑物。为了防止和减少渠道淤积而在渠首或渠系中设置的冲沙和沉沙设施，如沉沙池、冲沙闸等。

（7）量水建筑物。为了按用水计划准确而合理地向各级渠道和田间输配水量，并为合理征收水费提供依据，在渠系上设置的各种量水设施。

（8）专门建筑物及安全设施。为服务于某一专门目的而在渠道上修建的建筑物称专门建筑物，如通航渠道上的船闸、码头、船坞，利用渠道落差修建的水电站和水力加工站等。安全设施是指为防止、阻拦人畜等进入渠道或使落入渠道的人畜脱离危险的设施，如安全防护栏等。

渠系建筑物的形式选择，主要根据灌区规划要求、工程任务，并全面考虑地形、地质、建筑材料、施工条件、运用管理、安全经济等各种因素后，进行比较确定。

（三）治水工具

古代利用人力、畜力、风力、水力由低处提水向上的机械。有桔槔、辘轳、翻车、筒车、戽斗、刮车等。桔槔是利用杠杆原理的人力提水机械。横杆的一端系提水桶，用手操纵横杆另一端的升降以取水（图3-1）。辘轳则是利用轮轴原理的起重机具，多用于汲取井水。其构造是在井上安置带有水平转轴的支撑架，转轴一端装有曲柄，转轴上缠有绳，绳索下端系有水桶。用人力或畜力转动曲柄，即可自井中提水（图3-2）。翻车即今之龙骨水车。其结构是：用木板做成长槽，槽中放置数十块与木槽宽度相称的刮水板（或木斗），刮水板之间由铰关依次连接，首尾衔接成环状。木槽上下两端各有一带齿木轴。转动上轴，则带动刮水板循环运转，同时将板间的水体自下而上带出（图3-3），和翻车结构类似的还有汲取井水的井车。翻车可以用人力、畜力、风力和水力驱动。筒车是一种轮式水车，多为水力驱动。其构造是：在水流急端处建一水轮，水轮底部没入水中，顶部超出河岸，轮上倾斜绑置若干竹筒。水流冲动水轮，竹筒临流取水并随水轮转至轮顶时，将水自动倒入木槽，再流入田间（图3-4）。戽斗是两边各系有两根绳的小桶，两人同时操作，可以提水至高田，其提水高度一般较低（图3-5）。刮车则是一个转轮，轮直径约5尺，轮上辐条宽约6寸，用人力摇动转轮，可将水刮上（图3-6）。

图3-1　中国古代提水工具——桔槔

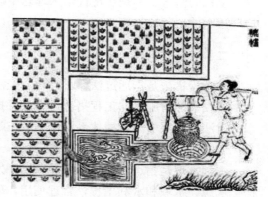

图3-2　中国古代提水工具——辘轳

图3-3　中国古代提水工具——翻车

图3-4　中国古代提水工具——筒车

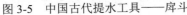

图 3-5　中国古代提水工具——戽斗　　　　图 3-6　中国古代提水工具——刮车

现代的治水工具是在现代治水理念中创造出的治水器材,如用于节水的喷灌滴灌工具,治理污水的仿真植物等。

二、非工程措施

非工程措施是指通过法律,行政,经济手段以及直接运用防洪工程以外的其他手段减少洪灾损失的措施。非工程措施是个软件措施。如水利管理、蓄滞洪区及防洪预警系统、水法律法规、水资源监控体系和水利队伍等。

（一）水利管理

水利管理是指运用、保护和经营已开发的水源、水域和水利工程设施的工作。目标是保护水源、水域和水利工程,合理使用,确保安全,消除水害,增加水利效益,验证水利设施的正确性。为了实现这一目标,需要在工作中采取各种技术、经济、行政、法律措施。随着水利事业的发展和科学技术的进步,水利管理已逐步采用先进的科学技术和现代化管理手段。

水利管理特点:在控制、调节、分配天然水以适应社会生产和人民生活需要时,受自然条件、气候变化的影响很大,工作的季节性很强,需要有专门的水文测报系统(见水文测验、水文预报)、水利调度系统和相应的水利通信系统及时掌握水情、工程情况变化,进行调度指挥;水利工程,特别是坝、堤、水闸等壅水、挡水、泄水建筑物,一旦失事溃决,会造成严重的甚至是毁灭性灾害。因此,保证安全十分重要;水资源可以多目标开发、综合利用和在一定条件下重复使用,管理运行中有很大潜力可挖;社会生产和人民生活的各个方面,对水的需求不同,常有很多矛盾,需要在运行管理中协调,采取必要的行政手段、法律手段和有权威的统一调度指挥;水利管理需要多方面的科学技术知识,是一门交叉学科,它需要技术科学与管理科学的知识,也需要水利科学与其他自然科学和社会科学(如经济、法律、环境保护等)的知识;水利工程分布面广,易遭破坏,需要依靠群众和社会力量进行保护管理。

（二）蓄滞洪区及防洪预警系统

1. 蓄滞洪区

蓄滞洪区主要是指河堤外洪水临时贮存的低洼地区及湖泊等，其中多数历史上就是江河洪水淹没和蓄洪的场所。蓄滞洪区包括行洪区、分洪区、蓄洪区和滞洪区。行洪区是指天然河道及其两侧或河岸大堤之间，在大洪水时用以宣泄洪水的区域；分洪区是利用平原区湖泊、洼地、淀泊修筑围堤，或利用原有低洼圩垸分泄河段超额洪水的区域；蓄洪区是分洪区发挥调洪性能的一种，它是指用于暂时蓄存河段分泄的超额洪水，待防洪情况许可时，再向区外排泄的区域；滞洪区也是分洪区起调洪性能的一种，这种区域具有"上吞下吐"的能力，其容量只能对河段分泄的洪水起到削减洪峰，或短期阻滞洪水作用。蓄滞洪区是江河防洪体系中的重要组成部分，是保障重点防洪安全、减轻灾害的有效措施。目前，我国主要蓄滞洪区有98处，主要分布在长江、黄河、淮河、海河四大河流两岸的中下游平原地区。

蓄滞洪区管理是运用法律、经济、技术和行政手段，对蓄滞洪区的防洪安全与建设进行管理的工作。通过管理，合理有效地运用蓄滞洪区安排超额洪水，使区内居民生活和经济活动适应防洪要求，达到防洪安全保障的目的。分洪区、蓄洪区或滞洪区统称为蓄滞洪区。

管理内容主要有：建立健全管理机构；制定蓄滞洪区总体规划和安全建设规划，并监督实施；编制防洪调度运用准备和群众撤离安置措施；分洪后救助、补偿和善后工作；进行日常管理，加强安全设施建设与管理，控制人口增长和限制经济发展；制定法律、法规，依法管理蓄滞洪区。

2. 防洪预警系统

我国地域广阔，河流众多，历史上"三年一大灾，两年一小灾"是我国洪水灾害的特点之一。早期的洪灾预警是以比较淳朴的经验预警为主，根据各种自然现象判断洪灾发生的可能性。有一句谚语叫做"东虹风，西虹雨"，这里提到的"虹"是指彩虹现象，主要意思是东边出现彩虹预示将有大风出现，西边出现彩虹将会降大暴雨。还有当太阳、月亮周围出现"风晕"时预示大风将至。这些预警方式只是人们多年来的对自然现象的经验判断分析，具有一定的局限性。另外一种预警方式是洪灾发生时采取一定的警示方式通知危险区人员和财产紧急撤离，如摇旗、击鼓、敲锣等等，有些洪灾预警方式沿用至今。

（1）预警与防洪减灾。预警通常是指对可能出现或即将发生的危险或灾害进行预测并发布警示信息，如地震预警、火灾预警、台风预警、沙尘暴预警、洪灾预警、军事预警、经济预警、流行病预警、健康预警等等。洪灾预警从大的方面来讲包括暴雨预警、水情预警、泥石流预警、风暴潮预警、灾情预警等等。洪灾预警是防洪减灾非工程措施的核心内容之一。加强防洪减灾预警系统建设的主要目标是对利用先进专业技术和现代高新信息化技术对洪水及可能造成的灾害进行及时、准确预测，并发布必要警示信息，尽可能减少洪水造成的人员伤亡和财产损失，保障防洪安全。

随着科学技术的飞速发展和人们对自然界认识水平的进步，洪灾预警技术得到了迅速提高。目前，我国大江大河初步建立了基于暴雨预测技术、洪水监测技术、洪水预报技术、警示信息发布技术等先进技术的洪灾预警系统，并不断进行完善。同时，充分发挥地理信息系统（GIS）、遥感系统（RS）、卫星定位系统（GPS）、网络系统（WEB）、数据库（DB）等信息技术优势，逐步提高防洪减灾预警术系统的水平。近年来，如何真正地发挥洪水预测预报技术、洪水仿真技术和地理信息系统等现代高新技术的作用，建设切实可行的灾害预警和管理信息系统是我国防洪减灾的重要课题。

（2）几种预警技术。

1）洪水预报技术。水情测报及洪水预报调度自动化系统是洪水预报技术中比较先进的一种，该系统采用超短波及卫星通信技术，配以高可靠度传感器形成水情自动测报系统，其中卫星通信技术可使遥测站点安装在全球任一地点，实现水情信息采集"全球通"。

该技术系统可完成实时数据的处理、转换、存储，实时雨水工情信息的图表显示，包括暴雨等值线图绘制等，实时洪水预报及预报结果的实时校正，并结合流域防洪特性完成实时洪水调度方案的计算，为防洪调度提供决策支持。该技术的应用将提高水电站、水库和城市的防洪安全运行水平，减轻洪灾损失，提高蓄水、发电和灌溉等效益。

2）灾害预警。气象、地震、水利、国土、海洋等灾害预报部门及时发出预警，预测灾害将对特定区域内的群众生命财产造成较大威胁或损失。

3）泥石流滑坡预警系统。泥石流滑坡是一些地区的一种与气象密切相关的地质灾害，对经济发展和人民生命财产安全构成了严重的威胁。泥石流滑坡灾害危险等级预警预报系统通过监测某些地区详细的前期降水情况并结合短期天气预报，再根据该地区泥石流滑坡危险等级区划进行订正，自动生成该地区泥石流滑坡危险等级的预报，有效地为各级政府提供防灾减灾决策服务。

（三）水法律法规

水法律法规是调整防治水害、开发利用和保护水资源有关的各社会经济关系的法律、法令、条例和行政法规的总称。沿革现代水法规渊源于习惯法和传统法。世界多国家都有自己的事务习惯法。中国、印度、埃及等文明古国，也都有丰富的水事务习惯法。历史惯例、乡规约，都属于习惯法范畴。

1. 水法规体系的相关概念

水法是调整关于水的开发、利用、管理、保护过程中所发生的各种社会关系的法律规范的总称。所谓水法规体系，就是由调整水事活动中产生的社会关系的各项法律、法规和规章构成的有机整体。它既是水利法制体系建设的主要内容之一，也是国家整个法律体系的一个重要组成部分。从理论上说，水法规体系也称水立法体系。

2. 水法规体系的分类

根据立法机关权限的不同进行划分，我国水法规体系可分为：全国人大或全国人大常委会制定的水法律；国务院制定的水行政法规；水利部制定的规章；省、自治区、直辖市制定的地方性水法规和规章以及地方各级立法机关制定的法规和规章。

根据包含内容的不同进行划分，我国水法规体系可分为：水资源的开发利用；水资源、水域和水工程保护；水资源配置和节约使用；防汛与防洪；水工程管理；水土保持；执法监督检查等方面。

3. 制定和完善水法规体系的目的

制定水法的目的是为了合理开发、利用、节约和保护水资源，防治水害，实现水资源的可持续利用，适应国民经济和社会发展的需要。水资源和水工程的可持续利用是保障国民经济和社会可持续发展的关键，而确保水资源可持续利用的关键是统一管理、合理规划、优化配置、节水防污。制定和完善我国的水法规体系建设为了更好地实现上述的目的。

我国目前施行的《水法》是在2002年修订的，新《水法》针对原来的法律存在的不足进行了必要的修改和完善，特别是加强了水资源的宏观管理，制定了全国水资源战略规划和水量调度预案制度等一系列水资源配置的法律制度，明确了水资源规划的法律地位，加强了规划实施的监督管理。特别强调了水资源保护、配置和节约使用，新增了水资源规划和水事纠纷处理与执法监督检查等内容，修订了水资源管理体制，强化了水资源规划，明确了各项节水制度，注重了生态环境保护，强化了法律责任。

4. 水法规体系的不完善

在看到立法工作成果的同时，我们也要清醒地看到，当前水法规体系建设工作中还面临着一些突出问题。例如，水法规配套实施细则不完善、立法质量不高、水行政执法不完善等问题还不同程度地存在，在一些领域还缺乏起支架作用的重要法律制度等。

水法规体系不完善主要表现在：一是相配套的条例、实施细则不完备；二是相关法律法规之间缺乏有机联系，重叠、交叉、矛盾乃至冲突现象存在。

公众水法规意识淡薄。目前，社会上仍然存在"水是取之不尽、用之不竭"的错误观念。对水是宝贵的自然资源的观念没有形成，有计划地取用、有偿使用的理念没有真正树立起来，违反水法规事件屡见不鲜。例如，私自兴建水工程、抗拒执法等。单位和群众水法规意识淡薄，影响了水资源的合理开发利用和保护。

5. 加强水法律法规宣传的措施

在水法律法规的宣传贯彻中采取单一的宣传形式，已经难以收到理想的宣传效果。近十年来，各种法律、法规相继出台，都在不断健全和完善，各行业都在宣传和普及法律知识。因此，要想提高水法律法规的宣传效果，必须端正态度、提高认识，不能图形式、走过场，应采用广大群众通俗易懂、喜闻乐见、生动活泼的宣传方式。如通过招投标的形式，让专业公司提供宣传服务。在执法中宣传，在宣传中执法。紧紧抓住政府关心、群众瞩目、舆论关注的典型水事案件，边执法边宣传。提高执法人员的素质，做到理论与实践相结合。纳入普法范畴，有效推进水法律法规的宣传。总之，要多种手段，多种渠道，多种途径，全方位开展水法规的宣传教育，才能收到良好的效果。

（四）水资源监控体系

1. 水资源监控系统目标

该系统适用于水务部门对地下水、地表水的水量、水位和水质进行监测，有助于水务局掌握本区域水资源现状、水资源使用情况、加强水资源费回收力度、实现对水资源正确评价、合理调度及有效控制的目的。

2. 水资源监控系统组成

监控中心：包括硬件（服务器、数据专线、路由器等）和软件（操作系统软件、数据库软件、水资源实时监控与管理系统软件、防火墙软件）。

通信网络：中国移动公司 GPRS 无线网络。

终端设备：水资源测控终端、无线抄表器。

测量设备：水表、流量计、水位计、雨量计、水质计等。

水资源监测：地表水、地下水的数量和质量是随时间与空间变化的，这种动态变化是各种自然因素和人为因素综合作用的结果。通过水资源的监测，可以及时了解水量和水质的动态变化，掌握其变化规律，从而为制定水资源的开发利用和保护方案提供科学依据。水资源的数量和质量监测是通过水资源的动态监测网点来实施的。为了使监测的结果更为准确，往往将已有的水文站、雨量站和气象站（台）列入水资源动态监测网。水量的监测方法简便易行。对地表水资源，可以通过水位观测和测验流量来确定水量；对地下水资源可以通过观测孔或泉水流量的变化来进行监测。水量水位监测的频率可以根据水体的具体特性和监测的要求来确定，在进行水量监测时，要尽可能利用当地气象、水文站的资料。

第四节　我国著名水利工程

一、古代著名水利工程

我国水利建设历史悠久，经过劳动人民三四千年百折不挠的努力，修建了许多伟大的水利工程，并且积累了丰富而宝贵的治水经验。

（一）芍陂

芍陂是淮河流域著名古陂塘灌溉工程，位于安徽省寿县南。春秋时期楚庄王十六年至二十三年（公元前 598—前 591 年）由孙叔敖创建（一说为战国时楚子思所建），迄今 2500 多年一直发挥着不同程度的灌溉效益。

芍陂是淮河流域著名古陂塘灌溉工程，又名安丰塘。它位于安徽省寿县南。春秋时期楚庄王十六年至二十三年（公元前 598—前 591 年）由孙叔敖创建（一说为战国时楚子思所建），芍陂引淠入白芍亭东成湖，东汉至唐可灌田万顷。隋唐时属安丰县境，后萎废。1949年后经过整治，现蓄水约 7300 万 m^3，灌溉面积 4.2 万 hm^2。迄今 2500 多年一直发挥不同程度的灌溉效益。

芍陂始见《汉书·地理志》，西汉设陂官专管灌溉维修。东汉建初八年（公元 83 年），王景修芍陂稻田。芍陂主要水源是淠河。芍陂灌区面积，在 4～13 世纪常见记载，有灌田万顷、灌田五千余顷等说法。《水经·肥水注》详述芍陂源流，工程规模，并指出陂有五门，吐纳川流。发展到隋代，经整修增辟为 36 门。延续到宋代，这 36 门仍可起到按照水量出入增减、调节灌溉用水先后次序的作用。明嘉靖《寿州志》详记当时 36 门的具体名称及其经流地点，灌渠总长达 391.5km。清代芍陂水门迭有兴废增减，乾隆至光绪间均为 28门。关于芍陂工程的人为破坏，三国、南北朝时曾多次受到战争波及，唐宋以来，则多为地主土豪占垦和盗决。以芍陂陂区为例，到明代，被占塘面约长 25km，变塘为田达 56967亩多。芍陂设置减水闸，明成化十九年（1483 年）始见记载。清乾隆二年（1737 年）始在众兴集以南，建筑滚水石坝。到民国年间，芍陂灌溉效益越来越低，1949 年实灌面积仅 8 万多亩。现为淠史杭灌区的一个反调节水库。

（二）邗沟

邗沟是联系长江和淮河的古运河，是中国最早见于明确记载的运河。又名渠水、韩江、中渎水、山阳渎、淮扬运河、里运河。邗沟南起扬州以南的长江，北至淮安以北的淮河。

古代淮河有四通八达的水上交通网，为地域经济的发展和各个民族间的文化交流，提供了得天独厚的条件。但是春秋晚期以前淮河流域与长江流域的水上交通，却是隔绝的。吴王开凿邗沟之前，我国东南地区和中原诸州无自然的水道直接相通，南船北上，系由长江入黄海，由云梯关溯淮河而上，至淮阴故城，向北可由泗水而达齐鲁。这既绕了路，又要冒入海航行的风险。春秋末期，吴王夫差为了北上伐齐，从今扬州市西长江边向东北开凿航道，沿途拓沟穿湖至射阳湖，至淮安旧城北五里与淮河连接。这条航道，大半利用天然湖泊沟通，史称邗沟东道。当时因邗沟底高，淮河底低，为防邗沟水尽泄入淮，影响航运，故于沟、河相接处设埝，因地处北辰坊，故名北辰堰，后称之为"末口"。清《宝应图经》一书详细地记录了历史上邗沟在宝应段的 13 次变迁，其中《历代县境图》有一幅名为"邗沟全图"，图上清晰地标明了当年邗沟流经的线路：从长江边广陵之邗口向北，经高邮县境的陆阳湖与武广湖之间，再向北穿越樊梁湖、博支湖、射阳湖、白马湖，经末口入淮河。古代邗沟的景象在北宋诗人秦少游的《邗沟》诗中有生动的描述："霜落邗沟积水清，寒星无数傍船明。菰蒲深处疑无地，忽有人家笑语声。"

邗沟开挖之初是用于军事，末口扼邗沟入淮之口，为江、淮、河、济四大水系的枢纽，不但是交通运输的要冲，且江淮地区发生战争，必争淮安。长期以来，淮安一直是"南必得而后进取有资，北必得而后饷运无阻"的军事重镇。但随着历史的变迁，邗沟逐渐成为我国东部平原地区的水上运输大动脉。

新中国成立后，京杭运河苏北段经过多次整治，古邗沟范围内建成了江都和淮安两个梯级水利工程枢纽，成为南北运输的重要环节，而且集流域防洪、排涝、灌溉、调水、航运、城乡供水等综合效益于一体，成为促进苏北区域经济发展的水上黄金航道。为使人们更好地认知这段历史，淮安市水利部门近期在末口处修建了碑亭，以彰显这一永载史册的治水创举。

（三）黄河大堤

黄河大堤包括两岸的临黄大堤、北金堤等，是黄河下游防洪工程体系的重要组成部分。黄河流域在干流上有甘肃兰州市区堤防、宁夏和内蒙古河套一带堤防、下游河南和两岸堤防。习惯上把下游堤防称为"黄河大堤"。黄河下游河道是一条地上河，历史上两岸堤防多次决口改道，在海河与淮河之间形成一个游荡区，威胁着 25 万 km² 地区内的人民生命财产安全。

黄河在历史上多次改道。现在河南兰考东坝头和封丘鹅湾以上大堤是在明清时代的老堤基础上加修起来的，有 500 年的历史；在河南兰考东坝头和封丘鹅湾以下大堤是 1855 年铜瓦厢决口改道后在民埝的基础上陆续修筑的，已经有 130 多年的历史。

从明代隆庆到清代乾隆前期的 200 年间，是黄河下游堤防建设的一个高潮。这一时期，传统的河工理论日益完备，传统河工技术高度成熟和普及。潘季驯和靳辅，就是这一时期黄河治理的典型代表。其中潘季驯治理黄河的总方略是："以河治河，以水攻沙。"他试图利用水沙关系的自然规律，利用水流本身的力量来刷深河槽，减少淤积，增大河床的容蓄能力，从而达到防洪保运的目的。基本办法是"束水攻沙"，同时还有"蓄清刷浑"和"淤滩固堤"。而实现这一切的主要实践措施就是坚筑堤防，固定河槽。1949 年以来，堤防工程在修、防、管方面都有了很大的发展，在修堤方面，逐渐由人力施工发展为机械化施工；在管理方面，则采取了专管与群管相结合的制度。

（四）引漳十二渠

引漳十二渠（又称西门渠）在魏邺地，即今河北磁县和临漳一带。引漳十二渠是中国战国（公元前 403—前 221 年）初期以漳水为源的大型引水灌溉渠系。灌区在漳河以南（今中国中部河南省安阳市北）。《史记》等古籍记为战国魏文侯时邺（治今临漳西南 20km 的邺镇）令西门豹创建（公元前 422 年）。第一渠首在邺西 9km，相延 6km 内有拦河低溢流堰 12 道，各堰都在上游右岸开引水口，设引水闸，共成 12 条渠道。灌区不到 10 万亩。漳水浑浊有很多泥沙，可以灌溉肥田，提高产量，邺地因而富庶起来。东汉（公元 25—220 年）末年曹操以邺为根据地，按原形式整修，十二堰从此改名天井堰。《吕氏春秋·乐成》中记载渠为魏襄王时邺令史起创建，在西门豹后约 100 多年，并批评西门豹不知引漳灌田。《汉书·沟洫志》采用这一说法，和《史记》有矛盾。后人调和两说，说是西门豹先开渠，史起又开。东魏天平二年（535 年）天井堰改建为天平渠，并成单一渠首，灌区扩大，后也称万金渠。渠首在现在安阳市北 20 余 km，漳河南岸。隋代（581—618 年）、唐代（618—907 年）以后这一带形成以漳水、洹水（今安阳河）为源的灌区。唐代重修天平渠，并开分支，灌田十万亩以上。清代（1644—1911 年）、民国还有时修复利用。1959 年动工在漳河上修建岳城水库，两岸分引库水，灌田数百万亩，代替了古灌渠。

（五）鸿沟

鸿沟是中国古代最早沟通黄河和淮河的人工运河。战国魏惠王十年（公元前 360 年）开始兴建。修成后，经过秦代（公元前 221—前 206 年）、汉代（公元前 206 年—公元 23 年）、魏晋南北朝（220—581 年），一直是黄淮间主要水运交通线路之一。西汉（公元前 206 年—公元 23 年）时期又称狼汤渠。

它在今河南省荥阳北引黄河水，东经过中牟北，开封北而后折向南部，经过尉氏东、太康西、淮阳，分成两条支流：一条向南进入颍河，一条向东进入沙河，两条又分别汇入淮河，形成黄淮间的水运交通网。隋代（581—618 年）开通济渠，即唐代（618—907 年）、宋代（960—1279 年）时期的汴河，成为黄淮间的交通干道，相当于鸿沟位置的蔡河仍部分起着沟通黄淮的作用。元代（1279—1368 年）开始，建都北京，开京杭运河，水运干线东移，蔡河就堵塞了。楚河汉界这个词语中的河界指的就是鸿沟。典故：当年楚汉相争，打仗四年，曾以鸿沟划地为界，东楚西汉。楚河汉界由此得来。陈志岁《鸿沟》诗："一水曾为楚汉垠，风云变化利刘军。若非就势过沟去，会见中华久两分。""鸿沟"这个名词到了今天，就引申为两个人在思想上有分歧，价值观有距离等。如称界限分明为"划若鸿沟"。

（六）白起渠

白起渠又名武镇百里长渠、三道河长渠、荩忱渠，是战国时期修建的军事水利工程，建设时间比著名的都江堰水利工程还要早23年。这条长渠西起湖北省南漳县谢家台，东至宜城市郑集镇赤湖村，蜿蜒49.25km，号称"百里长渠"，至今仍灌溉着宜城平原30多万亩粮田。白起渠被列为湖北省第五批省级文物保护单位。

白起渠最早是秦将白起以水代兵、水淹楚国鄢城（为今宜城市郑集镇楚皇城遗址）的战渠。因白起伐楚有功，秦王封他为武安君，湖北南漳的武安镇由此而得名。长渠之名，最早见于中唐时期的《元和郡县图志》："长渠在县南二十六里。昔秦使白起攻楚，引西山谷水两道，争灌鄢城。"《长渠志》记载，公元前279年，白起率兵进逼鄢城，久攻不下之时，于距鄢城百里之遥的武安镇蛮河上垒石筑坝，开沟挖渠，以水代兵，引水破鄢。北魏《水经注》描述了这场残酷的战争："水溃城东北角，百姓随水流，死于城东者数十万……。"战后，周围农民用此渠灌田，"战渠"由此变为灌渠。在后来的1000多年，几经兴废。史料记载，唐大历四年（769年）、北宋咸平二年（999年）、北宋至和二年（1055年）、南宋隆兴元年（1163年）、元大德九年（1305年）5次对长渠进行了较大规模地修整，明代中期以后渐废。民国28年（1939年），国民党33集团军总司令张自忠将军驻防宜城县，电请湖北省政府复修。民国31年（1942年），长渠复修工程破土动工。为了纪念张自忠，曾将长渠更名为荩忱渠（张将军字荩忱）。施工跨时5年，终因时局动荡未能修成。新中国成立后的1949年10月26日，湖北省水利厅召开全省第一次水利工作会议，通过修复长渠的决议。于1950年1月经水利部批准，并将其列为贷款工程项目予以支持。1952年1月，宜城、南漳两县投入4万劳力，动工修复。1953年5月1日，长渠修复工程完工。长渠重修后，内设了4个大型节制闸，顺流而下，将灌区分为4段，关闭闸门即可抬高水位，就近供水。

（七）都江堰

都江堰位于四川省都江堰市城西、成都平原西部的岷江上，是中国古代建设并使用至今的大型水利工程，被誉为"世界水利文化的鼻祖"，是四川著名的旅游胜地。通常认为，都江堰水利工程是由秦国蜀郡太守李冰及其子率众于公元前256年左右修建的，是全世界迄今为止，年代最久、唯一留存、以无坝引水为特征的宏大水利工程，属全国重点文物保护单位。

李冰主持创建的都江堰，由创建时的鱼嘴分水堤、飞沙堰溢洪道、宝瓶口引水口三大主体工程和百丈堤、人字堤等附属工程构成。它正确处理三大主体工程的关系，使其相互依赖，功能互补，巧妙配合，浑然一体，形成布局合理的系统工程，联合发挥分流分沙、泄洪排沙、引水疏沙的重要作用，使其枯水不缺，洪水不淹。都江堰的三大部分，科学地解决了江水自动分流、自动排沙、控制进水流量等问题，消除了水患。具体地说，利用鱼嘴分水堤从岷江引水灌溉，枯水期，自动将岷江60%的水引入内江，40%的水排入外江；洪水时，又自动将60%的水排入外江，40%的水引入内江。都江堰建于岷江弯道处，江水至都江堰，含沙量少的表层水流向凹岸，含沙量大的底层水流向凸岸，将洪水冲下来的沙石大部分从外江排走。进入内江的小部分沙石，利用伸向江心的虎头岩的支引、宝瓶口的节制和"离堆"的顶托，将大部分沙石从飞沙堰、人字堤排入外江，使宝瓶口引水口和灌区干流免遭泥沙淤塞；利用宝瓶口引水口控制进水量，既保证了灌溉用水，又防止了过量洪水涌入内江灌区，造成灾害。都江堰能自动调节进入灌区的水量，科学地解决了江水自动分流、自动排沙、控制进水流量等问题，消除了水患，使川西平原成为"水旱从人"的"天府之国"。2000多年来，一直发挥着防洪灌溉作用。截至1998年，都江堰灌溉范围已达40余县，灌溉面积达到66.87万 hm²。

都江堰是成功运用自然弯道形成的流体引力，自动引水、泄洪、排沙的典范。建堰时，李冰还在江中埋石马作淘滩标志，立"三石人"以"枯水不淹足，洪水不过肩"观察水情消长，凿制石马置于江心，以此作为每年最小水量时淘滩的标准，开创了中国古代水情测量的先例。

历代对都江堰水利工程都非常重视，逐步完善了管理机构，建立了岁修、防洪等维护制度，积累和总结了"深淘滩、低作堰"六字诀，"三字经"、"八字格"等宝贵的治水经验，使古堰持续发展，相沿不废。新中国成立后，又增加了蓄水、暗渠供水功能，使都江堰工程的科技经济内涵得到了充分的拓展，适应了现代经济发展的需要。

都江堰的创建，以不破坏自然资源，充分利用自然资源为人类服务为前提，变害为利，使人、地、水三者高度协调统一，是全世界迄今为止仅存的一项伟大的"生态工程"。1872年，德国地理学家李希霍芬（Richthofen，1833—1905年）称赞"都江堰灌溉方法之完善，世界各地无与伦比"。1986年，国际灌排委员会秘书长弗朗杰姆，国际河流泥沙学术会的各国专家参观都江堰后，对都江堰科学的灌溉和排沙功能给予高度评价。1999年3月，联合国人居中心官员参观都江堰后，建议都江堰水利工程参评2000年联合国"最佳水资源利用和处理奖"。开创了中国古代水利史上的新纪元，标志着中国水利史进入了一个新阶段，在世界水利史上写下了光辉的一章。都江堰水利工程，是中国古代人民智慧的结晶，是中华文化划时代的杰作。

（八）郑国渠

郑国渠是最早在关中建设大型水利工程的，秦始皇元年（公元前246年）由韩国水工郑国主持兴建，约十年后完工。位于今天的泾阳县西北25km的泾河北岸。它西引泾水东注洛水，长达150余km。

郑国渠是一个规模宏大的灌溉工程。公元前246年，秦王政刚即位，韩桓惠王为了诱使秦国把人力物力消耗在水利建设上，无力进行东伐，派水工郑国到秦国执行疲秦之计。郑国给秦国设计兴修引泾水入洛阳的灌溉工程。在施工过程中，韩王的计谋暴露，秦要杀郑国，郑国说：当初韩王是叫我来做间谍的，但是，水渠修成，不过为韩延数岁之命，为秦却建万世之功（《汉书·沟洫志》）。秦王政认为郑国的话有道理，让他继续主持这项工程。大约花了十年时间这项工程才告竣工。由于是郑国设计和主持施工的，因而人们称为郑国渠。

郑国渠工程，西起仲山西麓谷口（今陕西泾阳西北王桥乡船头村西北），郑国在谷作石堰坝，抬高水位，拦截泾水入渠。利用西北微高，东南略低的地形，渠的主干线沿北山南麓自西向东伸展，流经今泾阳、三原、富平、蒲城等县，最后在蒲城县晋城村南注入洛河。

干渠总长近 150km，沿途拦腰截断沿山河流，将冶水、清水、浊水、石川水等收入渠中，以加大水量。在关中平原北部，泾、洛、渭之间构成密如蛛网的灌溉系统，使高旱缺雨的关中平原得到灌溉。郑国渠修成后，大大改变了关中的农业生产面貌，用注填淤之水，溉泽卤之地就是用含泥沙量较大的泾水进行灌溉，增加土质肥力，改造了盐碱地 4 万余顷（相当于现在 280 万亩）。一向落后的关中农业，迅速发达起来，雨量稀少，土地贫瘠的关中，变得富庶甲天下（《史记·河渠书》）。郑国渠的修成，为充实秦的经济力量，统一全国制造了雄厚的物质条件。郑国渠的建设也体现了比较高的河流水文学知识，郑国渠渠首工程布置在泾水凹岸稍偏下游的位置，这是十分科学的。在河流的弯道处，除通常的纵向水流外，还存在着横向环流，上层水流由凸岸流向凹岸，河流中最大流速接近凹岸稍偏下游的位置，正对渠口，所以渠道进水量就大得多。同时水里的大量的细泥也进入渠里，进行淤灌。横向环流的下层水流却和上层相反，由凹岸流向凸岸，同时把河流底层移动的较重的粗砂冲向凸岸，这样就避免了粗砂入渠堵塞渠道的问题。

新中国成立以来，按照边运用、边改善、边发展的原则，对新老渠系进行了 3 次规模较大的改善调整与挖潜扩灌。1949—1966 年为第一阶段，1966—1983 年为第二阶段，20 世纪 80 年代后至 1995 年为第三阶段，为继续解决灌区工程老化失修、效益衰减问题。

（九）灵渠

灵渠在广西壮族自治区兴安县境内，是世界上最古老的运河之一，有着"世界古代水利建筑明珠"的美誉。灵渠古称秦凿渠、零渠、陡河、兴安运河，于公元前 214 年凿成通航，距今已 2200 多年，仍然发挥着功用。

灵渠工程主体包括铧堤、南北渠、秦堤、陡门等，完整精巧，设计巧妙，通三江、贯五岭，沟通南北水路运输，与长城南北呼应，同为世界奇观。公元前 221 年，秦始皇吞并六国、平定中原后，为尽速征服岭南，秦始皇下令开凿灵渠，命监御史史禄和 3 位石匠于公元前 218 年至 214 年兴修。其后，汉代马援，唐代李渤、鱼孟威又继续主持修筑灵渠。灵渠由铧嘴、大小天平、泄水天平、陡门、南北渠、秦堤等主要工程组成。历代有修建，初名秦凿渠，漓江上游为零水，亦称零渠、灵渠，因在兴安境内，又称兴安运河，唐后改今名。

灵渠水利枢纽工程虽然简单，但所有设计和施工的参与者忠诚守责，精细严谨地开好每一块石料，接好每一道石缝，才使枢纽的每一个细节都经得起长期风雨的侵袭、流水的冲击，才会屹立 2000 多年而不朽。灵渠能够保存到现在，除了它自身的坚固之外，显然还与一代代人对它的精心保护分不开。灵渠上的陡门，或称为斗门，是世界上最早的船闸，是灵渠上又一个中国古代建筑史上的惊世之作，它对世界水利航运发展有过重大的影响。无论在历朝历代管理灵渠的官员眼里，还是在世代生活于灵渠边的平常百姓心中，都清楚它不可替代的价值，知道它对于中国国家政治和个人生活的重要意义，不管是于公于私，还是出于责任或良心，大家都把竭心尽力地管理和爱护灵渠，当成天经地义的事情。有人用"北有长城，南有灵渠"的说法来证明它的历史地位，但两者的气质是不同的。在长城的雄壮和险峻中，透露出拒敌千里的冷漠；在灵渠的宁静与从容里，洋溢着沟通心灵的温情。如果长城会令人想到金戈铁马的征战，想到烽火连天的岁月，灵渠则会使人更加向往与自然和谐相处，在青山绿水间守持天地，拥有价值。

灵渠设计科学灵巧，工艺十分完美，与都江堰、郑国渠被誉为"秦代三个伟大水利工程"，有"世界奇观"之称。灵渠的建成，连接了长江和珠江两大水系，构成了遍布华东华南的水运网。自秦以来，对巩固国家的统一，加强南北政治、经济、文化的交流，密切各族人民的往来，都起到了积极作用。即使到了现在，对航运、农田灌溉，仍然起着重要作用，向世人展示着中华民族不畏艰险、刻苦耐劳精神的同时，也展示着中华民族丰富的智慧和无穷的创造力。

（十）坎儿井

坎儿井与万里长城、京杭大运河并称为中国古代三大工程，古称"井渠"。是古代吐鲁番各族劳动群众，根据盆地地理条件、太阳辐射和大气环流的特点，经过长期生产实践创造出来的，是吐鲁番盆地利用地面坡度引用地下水的一种独具特色的地下水利工程。

吐鲁番坎儿井，出现在 18 世纪末叶。主要分布在吐鲁番盆地、哈密和禾垒地区，尤以吐鲁番地区最多，计有千余条，如果连接起来，长达 5000km，所以有人称之为"地下运河"。"坎儿"即井穴，是当地人民吸收内地"井渠法"创造的，它是把盆地丰富的地下潜流水，通过人工开凿的地下渠道，引上地灌溉、使用。

坎儿井，开始发展缓慢，至清道光二十五年（1845 年）林则徐在伊拉里克"增穿井渠"（《新疆图志·建置志》）时，"吐鲁番旧有三十余处"（《清史稿·萨迎阿传》）。后经推广，吐鲁番坎儿井发展到百处。清光绪六年（1880 年），左宗棠率兵平定阿古柏叛乱后，"督劝民户，淘浚坎儿井"，"吐鲁番所属渠工之外，更开凿坎井一百八十五处"（《左文襄全集奏稿》卷五十六）。此后，吐鲁番坎儿井继续发展。据 20 世纪 50 年代统计，吐鲁番坎儿井发展到 1300 多条。由于水位下降等种种原因，到 1990 年吐鲁番坎儿井（出水）只有 700 条，流量 2.94 亿 m³。

坎儿井一般长 3～8km，最长的达 10km 以上，年灌溉 300 亩，最好的年灌溉可达 500亩。坎儿井由竖井、暗渠、明渠、涝坝四部分组成。竖井，主要是为挖暗渠和维修时人出入及出土用的，竖井口长 1m，宽 0.7m，竖井最深的在 90m 以上。暗渠是坎儿井的主体，高约 1.6m，宽约 0.7m。明渠，就是暗渠出水口至农田之间的水渠。涝坝，就是暗渠出水口，修建一个蓄水池，积蓄一定水量，然后灌溉农田。

（十一）荆江大堤

中国长江流经湖北省荆州地区，上起枝城下至湖南城陵矶约 340km 的河段称为荆江。荆江大堤位于荆江北岸荆州市，上起荆州区枣林岗，下至监利县城南，全长 182.35km。荆江大堤始建于东晋永和元年至兴宁二年间（345—364 年）。相传荆州刺史桓温令陈遵沿江陵城筑金堤，是大堤最早的记载。大致在元代（1279—1368 年）大堤初期形成规模。1542年，北岸最后一个分流口——郝穴堵塞，大堤连成一线，全长 124km，被人称作万城大堤，又名万安大堤。1951 年将堆金台以上 8.35km 堤划入荆江大堤。1954 年将下游 50km 原有干堤划为荆江大堤的范围。堤防保护范围包括荆江以北，汉江以南，东抵新滩镇，西至沮漳河的广大荆北平原地区，保护 1100 余万亩耕地、1000 多万人口，有荆州等一批重要城镇和江汉油田。

荆江大堤堤身高，基础差，要大幅度地加培又受土源制约，许多堤段的加培造价昂贵。高度在 10m 以上的堤身，是 1600 多年长期积累而成，堤身内部隐患很多，种类也繁杂，极难根除，而河道安全泄量仍远比特大洪水为小，采用分洪措施也只能解决 40 年一遇洪水。新中国成立以来荆江大堤经历了五次大规模的加固修培，目前大堤堤身断面形象基本达标，即堤顶高程按沙市控制站水位 45m 加超高 2m 设计，堤顶面宽 8～12m，内坡 1∶3～1∶5，外坡 1∶3。长江四口（松滋口、太平口、藕池口和已堵的调弦口）向洞庭湖分流逐年减少，对荆江大堤的威胁，也就不断增加。

（十二）京杭大运河

京杭大运河，是世界上里程最长、工程最大、最古老的运河之一，与长城并称为中国古代的两项伟大工程。大运河北起北京（涿郡），南到杭州（余杭），途经北京、天津两市及河北、山东、江苏、浙江四省，贯通海河、黄河、淮河、长江、钱塘江五大水系，全长约 1794km，是苏伊士运河的 16 倍，是巴拿马运河的 33 倍，开凿到现在已有 2500 多年的历史。

京杭大运河是中国古代劳动人民创造的一项伟大工程，是祖先留给我们的珍贵物质和精神财富，是活着的、流动的重要人类遗产。大运河肇始于春秋时期，形成于隋代，发展于唐宋，最终在元代成为沟通五大水系、纵贯南北的水上交通要道。目前，京杭运河的通航里程为 1442km，其中全年通航里程为 877km，主要分布在山东济宁市以南、江苏和浙江三省。杭州大运河同上京杭大运河北起北京，南到杭州，流经北京、河北、天津、山东、江苏和浙江六省市。终点，入钱塘江，连接浙东。在 2000 多年的历史进程中，大运河为中国经济发展、国家统一、社会进步和文化繁荣作出了重要贡献。至今大运河仍在发挥着巨大作用，成为国家北煤南运的黄金水道，南水北调的大动脉，还极大改善和推动了沿河的农田水利事业的发展，对确保农业的稳产高产也起了十分重要的保证作用，综合利用效益明显。

二、现代著名水利工程

（一）三峡水利枢纽工程

长江三峡水利枢纽工程，简称三峡工程，是中国长江中上游段建设的大型水利工程项目。分布在中国重庆市到湖北省宜昌市的长江干流上，大坝位于三峡西陵峡内的宜昌市夷陵区三斗坪，并和其下游不远的葛洲坝水电站形成梯级调度电站。它是世界上规模最大的水电站之一，也是中国有史以来建设的最大型的工程项目，还是南水北调的一部分和重点工程。

长江三峡水利枢纽工程简称"三峡工程"，是当今世界上最大的水利枢纽工程。三峡工程位于长江三峡之一的西陵峡的中段，坝址在三峡之珠——湖北省副省域中心城市宜昌市的三斗坪，三峡工程建筑由大坝、水电站厂房和通航建筑物三大部分组成。大坝为混凝土重力坝，大坝坝顶总长 3035m，坝高 185m，设计正常蓄水水位枯水期为 175m（丰水期为 145m），总库容 393 亿 m³，其中防洪库容 221.5 亿 m³。三峡工程的最终投资总额预计在 2000 亿元左右。三峡工程分三期，从 1994 年开工，到 2009 年竣工，总工期 17 年。

水电站左岸设 14 台，右岸 12 台，共 26 台水轮发电机组。水轮机为混流式，单机容量均为 70 万 kW，总装机容量为 1820 万 kW，年平均发电量 1000 亿 kW·h。后又在右岸大坝"白石尖"山体内建设地下电站，设 6 台 70 万 kW·h 的水轮发电机。通航建筑物包括永久船闸和垂直升船机，均布置在左岸。永久船闸为双线五级连续船闸，位于左岸临江最高峰坛子岭的左侧，单级闸室有效尺寸为 280m×34m—5m（长×宽一坎上水深），可通过万吨级船队，年单向通过能力 5000 万 t。升船机为单线一级垂直提升式，承船箱有效尺寸为 120m、18m、3.5m，一次可通过一艘 3000t 级客货轮或 1500t 级船队。综合效益包括以下几方面。

1. 防洪

三峡大坝建成后，将形成巨大的水库，滞蓄洪水，使下游荆江大堤的防洪能力，由防御十年一遇的洪水，提高到抵御百年一遇的大洪水，防洪库容在 73 亿～220 亿 m³ 之间。如遇 1954 年那样的洪水，在堤防达标的前提下，三峡能减少分洪 100 亿～150 亿 m³，荆江至武汉段仍需分洪 350 亿～400 亿 m³。如遇 1998 年洪水，可有效防御。

2. 发电

三峡水电站是世界最大的水电站，总装机容量 1820 万 kW，年发电 846.8 亿 kW·h。这个水电站每年的发电量，相当于 4000 万 t 标准煤完全燃烧所发出的能量。主要供应华中、华东、华南、重庆等地区。

3. 航运

三峡工程位于长江上游与中游的交界处，地理位置得天独厚，对上可以渠化三斗坪至重庆河段，对下可以增加葛洲坝水利枢纽以下长江中游航道枯水季节流量，能够较为充分地改善重庆至武汉间通航条件，满足长江上中游航运事业远景发展的需要。通航能力可以从现在的每年 1000 万 t 提高到 5000 万 t。长江三峡水利枢纽工程在养殖、旅游、保护生态、净化环境、开发性移民、南水北调、供水灌溉等方面均有巨大效益。除此以外还有水产养殖、供水、灌溉和旅游等综合利用效率。

（二）葛洲坝水利枢纽工程

葛洲坝水利枢纽工程在湖北宜昌，是三峡水利枢纽工程完工前我国最大的一座水电工程。该工程 1974 年动工，1988 年完成。葛洲坝工程主要由电站、船闸、泄水闸、冲沙闸等组成。大坝全长 2595m，坝顶高 70m，宽 30m。主要由大江电站、二江电站、1 号船闸、2 号船闸、3 号船闸、泄洪闸、冲沙闸等组成。控制流域面积 100 万 km²，总库容量 15.8 万 m³。电站装机 21 台，年均发电量 141 亿 kW·h。建船闸 3 座，可通过万吨级大型船队。27 孔泄水闸和 15 孔冲沙闸全部开启后的最大泄洪量，为 11 万 m³/s。

葛洲坝水利枢纽工程位于长江三峡的西陵峡出口——南津关以下 2300m 处。距宜昌市镇江阁约 4000m。大坝北抵汀北镇镜山，南接江南狮子包。它是长江上第一座大型水电站，也是世界上最大的低水头大流量、径流式水电站。1971 年 5 月开工兴建，1972 年 12 月停工，1974 年 10 月复工，1988 年 12 月全部竣工。坝型为闸坝，最大坝高 47m，总库容 15.8 亿 m³。总装机容量 271.5 万 kW，其中二江水电站安装 2 台 17 万 kW 和 5 台 12.5 万 kW 机组；大江水电站安装 14 台 12.5 万 kW 机组。年均发电量 140 亿 kW·h。第一台 17 万 kW 机组于 1981 年 12 月投入运行。

葛洲坝除了能够泄洪防涝，还能利用长江水力进行发电。如果乘着万吨巨轮过葛洲坝，可以亲眼目睹巨大的轮船通过大坝的水位调节，在转眼之间上升几十米。葛洲坝的泄洪闸放水时有着极其磅礴的气势，迸发的波涛和巨大的水声令人震撼，泄洪闸周围的环境也十分优美。

（三）丹江口水电站

丹江口水电站是 20 世纪 50 年代开工建设的、规模巨大的水利枢纽工程，位于湖北省丹江口市汉江与其支流丹江汇合口下游 800m 处，具有防洪、发电、灌溉、航运及水产养殖等综合效益，并为将来引水华北实现南水北调中线工程提供重要水源，是开发治理汉江的关键工程。

控制流域面积 95217km²；多年平均流量 200m³/s，正常蓄水位/死水位 157/139m；总库容/调节库容：208.9/102.2 亿 m³；年发电量 38.3 亿 kW·h；最大水头/最小水头：67.2/49.2m；设计水头：63.5m。项目于 1958 年 9 月开工，1968 年 10 月正式发电。

丹江口初期工程由挡水坝、坝后发电厂、通航建筑物、泄洪建筑物工程四部分组成。挡水建筑物全长 2468m。其中混凝土坝全长 1141m，最大坝高 97m，由 58 个坝段组成，自右至左坝段编号为右 13～右 1、1～44 坝段。坝址以上流域面积 95217km²，年平均径流量 378 亿 m³，年平均流量 1200 m³/s。设计洪水标准为：千年一遇设计，万年一遇校核。设计洪水流量 64900 m³/s，相应库水位 159.8m；校核洪水流量 82300m³/s，相应库水位 161.3m。水库正常蓄水位 157m，防洪限制水位 149m，死水位 139m。水库总库容 209.7 亿 m³，调节库容 102.2m，死库容 72.3 亿 m³，防洪库容 77.2 亿 m³。为多年调节水库。电站最大水头 81.5m，设计水头 63.5m，最小水头 57m。

丹江口水电站为华中电力系统的主要电源之一，自 1968 年投产以来，发挥了调峰、调频和事故备用电源作用，至 1990 年底已累计发电 823.19 亿 kW·h。水库建成后，使下游河道防洪标准由 6 年一遇提高到 20 年一遇，配合分洪工程，可提高到百年一遇。百年一遇洪峰流量经调蓄后可由 51200m³/s 减少到 13200m³/s。灌溉面积达到 360 万亩。使上下游航道 850km 得到改善。建库后，渔业得到很大发展，捕捞量由 1969 年前的每年 8.6 万 kg 增加到每年 650 万 kg。

（四）小浪底水利枢纽工程

小浪底水利枢纽工程位于河南省洛阳市孟津县小浪底，在洛阳市以北黄河中游最后一段峡谷的出口处，南距洛阳市 40km。上距三门峡水利枢纽 130km，下距河南省郑州花园口 128km。是黄河干流三门峡以下唯一能取得较大库容的控制性工程。黄河小浪底水利枢纽工程是黄河干流上的一座集减淤、防洪、防凌、供水灌溉、发电等为一体的大型综合性水利工程，是治理开发黄河的关键性工程，属国家"八五"重点项目。

小浪底水利枢纽工程 1991 年 9 月 12 日开始进行前期准备工程施工，1994 年 9 月 1 日主体工程开工，1997 年 10 月 28 日实现大河截流，1999 年底第一台机组发电，2001 年 12 月 31 日全部竣工，总工期 11 年，坝址控制流域面积 69.42 万 km²，占黄河流域面积的 92.3%。工程全部竣工后，水库总库容 126.5 亿 m³，水库面积达 272.3km²，控制流域面积 69.42 万 km²；总装机容量为 180 万 kW，年平均发电量为 51 亿 kW·h；每年可增加 40 亿 m^3 的供水量。

小浪底工程由拦河大坝、泄洪建筑物和引水发电系统组成。小浪底工程拦河大坝采用斜心墙堆石坝，设计最大坝高 154m，坝顶长度为 1667m，坝顶宽度 15m，坝底最大宽度 864m。坝体启、填筑量 51.85 万 m^3、基础混凝土防渗墙厚 1.2m、深 80m。其填筑量和混凝土防渗墙均为国内之最。坝顶高程 281m，水库正常蓄水位 275m，库水面积 272km²，总库容 126.5 亿 m^3。水库呈东西带状，长约 130km，上段较窄，下段较宽，平均宽度 2km，属峡谷河道型水库。坝址处多年平均流量 1327m^3/s，输沙量 16 亿 t。小浪底工程的建成将有效地控制黄河洪水，可使黄河下游花园口的防洪标准由 60 年一遇提高到 1000 年一遇，基本解除黄河下游凌汛的威胁，减缓下游河道的淤积，小浪底水库还可以利用其长期有效库容调节非汛期径流，增加水量用于城市及工业供水、灌溉和发电。它处在承上启下控制下游水沙的关键部位，控制黄河输沙量的 100%，可滞拦泥沙 78 亿 t，相当于 20 年下游河床不淤积抬高。

（五）三门峡水利枢纽工程

三门峡水利枢纽工程于 1957 年 4 月 13 日开工建设，是新中国成立后在黄河上兴建的第一座以防洪为主综合利用的大型水利枢纽工程，1961 年 4 月建成投入使用，控制流域面积 68.84 万 km²，枢纽总装机容量 40 万 kW，为国家大型水电企业，被誉为"万里黄河第一坝"。

三门峡水利枢纽工程位于中条山和崤山之间，是黄河中游下段著名的峡谷。三门峡水库的北面是山西省平陆县，水库南面是河南省三门峡市。旧时黄河河床中有岩石岛，将黄河水分成三股，息流由西向东，北面一股处为"人门"，中间一股处为"神门"，南面一段处为"鬼门"，故此峡称为三门峡。三门峡水利枢纽主要由大坝、泄流建筑物和电站组成。拦河大坝的主坝为混凝土重力坝，坝高 353m，全长 713.2m（不含右侧副坝），由左至右依次为左岸非溢流坝段长 111.2m，溢流坝段长 124m，隔墩坝段长 23m，电站坝段长 232m，右岸非溢流坝段长 223m。右侧副坝为双铰心斜墙丁坝，长 144m，库容 162 亿 m^3。由于泥沙冲积及修建中的问题，1965 年又逐步对工程进行改建，使其能正常发挥效益。三门峡水利枢纽工程是发电、灌溉、防洪、防凌、供水综合工程，它为河南、河北、山西三省提供了丰富的电力，为河南提供了灌溉的水源，对河南、山东的防洪起了重大作用。

（六）新安江水电站

新安江水电站位于浙江省建德县，钱塘江支流新安江上，是一座以发电为主，兼顾防洪等综合利用的水电站。它建于 1957 年 4 月，也是我国第一座自己设计、施工、自制设备和自行安装的大型水电工程。

水库总库容 220 亿 m^3，为多年调节水库。电站总装机容量 66.25 万 kW，保证出力 17.8 万 kW，年发电量 18.6 亿 kW·h，电站并入华东电网，为电网提供了大量的电能，有力地支援了沪杭宁地区的工农业生产；更重要的是在电力系统中担负调峰、调频和事故备用任务，对保证跨省电网的安全经济、灵活可靠性方面，起到了重要的作用，被誉为华东电网的明珠。通过水库调节，增加其下游富春江水电站保证出力 4.4 万 kW；减轻了下游建德、桐庐、富阳等城镇和 30 万亩农田的洪水灾害。

新安江坝址地处铜官峡谷，两岸高山对峙，河道狭窄，汛期泄洪量较大，地质较复杂。枢纽为混凝土宽缝重力坝和溢流式厂房。最大坝高 105m，厂房紧靠坝下游，全长 213.1m，安装 4 台 7.5 万 kW 及 5 台 7.25 万 kW 的机组。最高洪水位至厂房顶的落差 62m，最大下泄流量 13200m³/s。根据厂顶泄洪动水压规律及对厂房上部结构的振动影响，厂坝连接采用下部结构完全脱开，厂房顶板为钢筋混凝土拉板简支坝体。坝体采用大宽缝，缝宽为坝段宽的 40%，降低了坝基场压力，改善混凝土浇筑散热条件，并节约坝体混凝土 9 万 m³。施工期采用大尺寸底孔导流，在 20m 宽的坝段内设置宽 10m、高 12m 的导流底孔。左岸拟建船闸，已建了上闸首。现库内码头接铁路，进行过坝运输。

新安江水电站在我国已建水电工程中是投资省、速度快、质量好、效益大的一项工程。1978 年获全国科学大会的科技成果奖。它的建成，反映了我国 20 世纪 50 年代水电建设事业发展的水平，并在科研、设计、施工等方面为我国水电事业的发展积累了经验。

（七）龙羊峡水电站

龙羊峡，位于青海省海南藏族自治州共和盆地东南部，东北与共和县曲沟乡接壤，南过黄河与贵南县沙沟为邻，西临龙羊峡水库库区。"龙羊"系藏语，"龙"为沟谷，"羊"为峻崖，即峻崖深谷之意。龙羊峡电站是黄河上游第一座大型梯级电站，人称黄河"龙头"电站。工程于 1976 年 2 月作施工准备，1979 年底截流，1986 年 10 月蓄水，1987 年 9 月首台机组发电，1989 年 6 月全机组投入运行，1992 年工程全部竣工。宽阔碧绿的龙羊峡水库面积达 383km²，是发展水产业的最佳场所。龙羊峡水电站工程以发电为主，兼有防洪、灌溉、防凌、养殖、旅游等综合效益。

坝址区位于青藏高原，库区海拔高程 2600～3000m。坝址以上流域面积 131420km²，约占黄河流域面积的 18%。多年平均流量 650m³/s。电站装机容量 128 万 kW，保证出力 58.98 万 kW，年发电量 59.42 亿 kW·h。经龙羊峡水库调蓄后，可将洪峰下泄流量控制在 4000～6000m³/s，并可提高刘家峡、盐锅峡、八盘峡水电站及兰州市等防洪标准。

工程枢纽由主坝，左、右岸重力墩和副坝，泄水建筑物及电站厂房等组成。主坝为定圆心等半径混凝土重力拱坝，最大坝高 178m，底宽 80m，坝顶宽度 18.5～23m（其中实体厚度 15m），主坝长 396m，左右两岸均高附坝，大坝全长 1140m。根据运行要求，泄水建筑物按不同高程分 4 层布置，即表孔溢洪道、中孔、深孔、底孔泄水道。泄水建筑物在进口或坝后均设有弧形工作闸门、检修门和事故检修闸门。考虑两岸坝肩稳定，电站主厂房位于坝址下游约 60～70m，呈斜直一字形布置，安装间为半窑洞式地下结构，位于主厂房左端，主厂房采用坝后封闭式结构。厂房内装有 4 台单机 32 万 kW 的水轮发电机。厂房总长 142.5m，宽 51m（不含尾水平台），高 61.42m。水轮机采用单机单管引水方式。电站总装机容量 128 万 kW（安装 4 台 32 万 kW 水轮发电机组），并入国家电网，强大的电流源源不断输往西宁、兰州、西安等工业城市，并将输入青海西部的柴达木盆地和甘肃西部的河西走廊，支援中国西部的现代化建设。

（八）万家寨水利枢纽

万家寨水利枢纽位于黄河北干流托克托至龙口峡谷河段，是黄河中游规划开发的 8 个梯级中的第一个工程，也是山西省引黄入晋工程的龙头工程。是以供水、发电为主，兼有防洪、防凌等效益的大型水利枢纽。左岸隶属山西省偏关县，右岸隶属内蒙古自治区准格尔旗。控制流域面积 39.5 万 km^2，总容量 8.96 亿 m^3，调节库容 4.45 亿 m^3。每年向内蒙古和山西供水 14 亿 m^3。电站装机 108 万 kW，年发电 27.5 亿 kW·h。工程概算静态总投资 42.98 亿元，动态总投资 60.58 亿元。

工程于 1993 年立项，1994 年底主体工程开工，1995 年 12 月截流，1998 年 10 月 1 日蓄水，1998 年 11 月 28 日首台机组发电，2000 年底全部建成并投产发电，2002 年 6 月 29 日通过了竣工初步验收。

万家寨工程由拦河坝、泄水建筑物、电站厂房、开关站、引黄取水口等组成。拦河坝为混凝土重力坝，坝顶高程 982m，坝顶长度 443m，最大坝高 105m。

泄水建筑物布置在左岸，由 8 个 4m×6m 的底孔，4 个 4m×8m 的中孔，1 个 14m×10m 的表孔组成，长护坦挑流消能。万年一遇洪水下泄流量 8326 m^3/s，千年一遇洪水下泄流量 7899 m^3/s。排沙期最低运用水位 952.0m 时总下泄流量大于 5000 m^3/s，满足水库排沙要求。

电站厂房为坝后式水电站厂房，布置在右岸。在进水口下部 912.0m 高程设管径为 2.7m 的排沙孔，以防电站进水口被泥沙淤堵。电站装有 6 台单机容量 18 万 kW 的混流式水轮发电机组，总装机容量为 108 万 kW，多年平均年发电量为 27.5 亿 kW·h，年利用小时数 2546h。引黄取水口设于左岸第 2、3 坝段，采用闸门顶溢流分层取水结构形式，引水道底板高程 948.0m，钢管直径 4.0m，单孔引水流量 24 m^3/s，两孔总引水流量 48 m^3/s。

万家寨工程建成后，水库运行采用"蓄清排浑"的运行方式，年供水量可达 14 亿 m^3，向内蒙古准格尔旗供水 2.0 亿 m^3，向山西朔、大同供水 5.6 亿 m^3，向太原供水 6.4 亿 m^3。建成后可为以火电为主的华北电力系统提供调峰容量，对改善华北地区电网运行条件将起到重作用。

（九）鲁布革水电站

鲁布革水电站位于南盘江（珠江源头）支流黄泥河上，云南省罗平县和贵州省兴义县境内，距昆明市 320km，为引水式水电站。主要任务为发电。装机容量 600MW，保证出力 85MW，多年平均年发电量 28.49 亿 kW·h。主坝为堆石坝，最大坝高 103.8m。工程于 1982 年开工，1985 年底截流，1988 年底第一台机发电，1990 年底建成。

鲁布革水电站（鲁布革水力发电厂），隶属于中国南方电网有限责任公司调峰调频发电公司，负责运行管理位于云南省与贵州省交界的黄泥河上的鲁布革水电站，是珠江上游南盘江左岸支流黄泥河上的最后一座梯级电站。鲁布革电站是我国在 20 世纪 80 年代初首次利用世界银行贷款并实行国际招投标，引进国外先进设备和技术建设的电站，被誉为中国水电基本建设工程对外开放的"窗口"。

坝址以上流域面积 7300 km^2。多年平均流量 164 m^3/s，多年平均年径流量 51.7 亿 m^3。多年平均年输沙量：悬移质 344 万 t；推移质约 10.49 万 t。500 年一遇设计洪水流量 6460 m^3/s。可能最大洪水校核，洪峰流量 10880 m^3/s。水库正常蓄水位 1130m，相应库容 1.11 亿 m^3，死水位 1105m，调节库容 0.74 亿 m^3，具有周调节性能。电站设计水头 327.7m，最大水头 372.5m，最小水头 295m。坝址以上流域面积 7300 km^2，多年平均流量 164 m^3/s，年径流量 51.7 亿 m^3，年输沙量 344 万 t。电站首部枢纽、引水发电系统、地下厂房三部分组成。装有 4 台 15 万 kW 水轮发电机，年发电量 27.5 亿 kW·h。电能通过 4 条 220kV、2 条 110kV 线路分别送往昆明和贵州兴义等地。1992 年 12 月 11 日正式通过国家验收，为云电东送作出较大贡献。

（十）天生桥水电站

天生桥水电站位于广西隆林各族自治县原祥播乡、桠杈镇与贵州省安龙县德卧镇接壤处南盘江的雷公滩段峡谷上。由分期建设、连续施工的二级水电站组成。总装机容量 252 万 kW，年平均发电量 134.45 亿 kW·h。一级电站，装机容量为 120 万 kW，年发电量 52 亿 kW·h。二级电站装机容量 132 万 kW，年发电量 50.5 亿 kW·h。第一台机组于 1992 年发电。

工程由混凝土面板堆石坝、右岸放空隧洞及开敞式溢洪道、左岸引水系统及厂房等建筑物组成。一级站设计坝高 180m，总库容 108 亿 m^3，装机容量 120 万 kW，年平均发电量 52.45 亿 kW·h。工程于 1991 年立项，同年 6 月导流隧洞开工，1994 年底实现截流，1997 年底下闸蓄水，1998 年底首台机组并网发电。二级电站拦河坝位于天生桥峡谷下游，厂坝间河道长 14.5km，落差 181m。天生桥水电站首台 22 万 kW 机组于 1993 年 1 月建成发电，到 2000 年底，一级、二级电站 10 台机组全部建成投产。

天生桥水电站的建成可缓解华南地区缺电状况，改善电源结构，加强"西电东送"实现电力资源优化配置，促进区域经济的可持续发展。

（十一）漫湾水电站

漫湾水电站位于中国云南省澜沧江中游的漫湾镇，距昆明 450km 是澜沧江干流水电基地开发的第一座百万千瓦级的水电站。上游为小湾水电站、下游为大朝山水电站。漫湾水电站分两期建设，一期工程装机容量 125 万 kW，于 1986 年开建，1995 年建成，二期装机容量为 30 万 kW 于 2004 年开工，2007 年 5 月建成投入使用，总装机容量为 155 万 kW，多年平均发电量 78.8 亿 kW·h，总投资 26.62 亿元。

工程主要由拦河大坝、电站厂房、泄水建筑物等组成。拦河大坝为混凝土重力坝，最大坝高 132.0m，坝顶高程 1002.00m，坝顶长 418.0m，共分 19 个坝段。第一期工程装机 125 万 kW，保证出力 38.42 万 kW，年发电量 63 亿 kW·h；上游建小湾水电站后，本电站第二期工程装机 25 万 kW，装机总容量达 150 万 kW，保证出力 79.6 万 kW，年发电量可达 78.8 亿 kW·h。漫湾电站 1986 年 5 月 1 日正式开工，1987 年 12 月大江截流，1993 年 6 月第一台机组并网发电，1995 年 6 月 5 台机组全部投产运行，一期工程基本建成。坝址位于反 S 形急拐弯的下段，河谷狭窄，底部宽度仅 60 余 m，在高程 1000m 处，宽约 420m。坝址控制流域面积 11.45 万 km^2，多年平均流量 1230m^3/s，正常蓄水位为 994m，死水位为 982m，非常洪水位 997.5m，总库容 9.2 亿 m^3，调节库容 2.58 亿 m^3，为季调节水库。水库面积 23.9km^2 千年一遇设计洪峰流量为 18500m^3/s，5000 年一遇校核洪峰流量为 22300m^3/s，可能最大洪水流量 25100m^3/s。多年平均输沙量 4000 万 t，实测最大含沙量 14.3kg/m^3，平均含沙量 1kg/m^3。它的建设对促进云南电力工业和国民经济发展起重要作用。

（十二）二滩水电站

二滩水电站位于四川省西南部的雅砻江下游，坝址距雅砻江与金沙江的交汇口 33km，距攀枝花市区 46km，系雅砻江水电基地梯级开发的第一个水电站。水库正常蓄水位 1200m，总库容 58 亿 m³，调节库容 33.7 亿 m³，装机总容量 330 万 kW，保证出力 100 万 kW，多年平均发电量 170 亿 kW·h，投资 103 亿元。1991 年 9 月开工，1998 年 7 月第一台机组发电，2000 年完工，是中国在 20 世纪建成投产最大的电站。

大坝为混凝土双曲拱坝，为使坝体应力分布均匀，坝肩推力更偏向山体，有利于坝身稳定，水平拱圈为二次抛物线，拱冠梁的上游面为三次多项式曲线。坝顶高程 1205m，顶部厚度 11m，拱冠梁底部厚度 55.74m，拱端最大厚度 58.51m，上游面最大倒悬度 0.18。坝顶弧长 775m。坝体混凝土量 400 万 m³。工程以发电为主，兼有其他等综合利用效益水电站最大坝高 240m，水库水库正常蓄水位 1200m，总库容 58 亿 m³，调节库容 33.7 亿 m³，装机总容量 330 万 kW，保证出力 100 万 kW，多年平均发电量 170 亿 kW·h，投资 103 亿元。1991 年 9 月开工，1998 年 7 月第一台机组发电，2000 年完工，是中国在 20 世纪建成投产最大的电站。

大坝为混凝土双曲拱坝，坝顶高程 1205m，顶部厚度 11m，拱冠梁底部厚度 55.74m，拱端最大厚度 58.51m，厚度比 0.232，拱圈最大中心角 91.49°，上游面最大倒悬度 0.18，坝顶弧长 775m，坝体混凝土量 400 万 m³。

二滩水电站是中国第一座超过 200m 的高坝，有中国最大的地下厂房洞室群。也是国内第一个全面实行国际竞争性招标的水电工程，有世界上最大的导流洞。工程以发电为主，兼有其他综合利用效益。

（十三）南水北调工程

经过 20 世纪 50 年代以来的勘测、规划和研究，在分析比较 50 多种规划方案的基础上，分别在长江下游、中游、上游规划了三个调水区，形成了南水北调工程东线、中线、西线三条调水线路。通过三条调水线路，与长江、淮河、黄河、海河相互连接，构成我国中部地区水资源"四横三纵、南北调配、东西互济"的总体格局。

1. 东线工程

利用江苏省已有的江水北调工程，逐步扩大调水规模并延长输水线路。东线工程从长江下游扬州江都抽引长江水，利用京杭大运河及与其平行的河道逐级提水北送，并连接起调蓄作用的洪泽湖、骆马湖、南四湖、东平湖。出东平湖后分两路输水：一路向北，在位山附近经隧洞穿过黄河，输水到天津；另一路向东，通过胶东地区输水干线经济南输水到烟台、威海。一期工程调水主干线全长 1466.50km，其中长江至东平湖 1045.36km，黄河以北 173.49km，胶东输水干线 239.78km，穿黄河段 7.87km。规划分三期实施。东线工程已于 2002 年 12 月 28 日开工，2013 年 3 月实现试通水。

2. 中线工程

从加坝扩容后的丹江口水库陶岔渠首闸引水，沿线开挖渠道，经唐白河流域西部过长江流域与淮河流域的分水岭方城垭口，沿黄淮海平原西部边缘，在郑州以西李村附近穿过黄河，沿京广铁路西侧北上，可基本自流到北京、天津。输水干线全长 1431.945km（其中，总干渠 1276.414km，天津输水干线 155.531km）。规划分两期实施，中线工程已于 2003 年 12 月 30 日开工，计划 2013 年年底前完成主体工程，2014 年汛期后全线通水。

3. 西线工程

在长江上游通天河、支流雅砻江和大渡河上游筑坝建库，开凿穿过长江与黄河分水岭巴颜喀拉山的输水隧洞，调长江水入黄河上游。西线工程的供水目标，主要是解决涉及青海、甘肃、宁夏、内蒙古、陕西、山西等6省区黄河上中游地区和渭河关中平原的缺水问题。结合兴建黄河干流上的大柳树水利枢纽等工程，还可以向临近黄河流域的甘肃河西走廊地区供水，必要时也可向黄河下游补水。规划分三期实施，现仍处于可行性研究的过程。

三、江西水利工程

（一）万安水电站

万安水电站位于江西省万安县、赣江中游，距赣州市90km。工程于1960年5月开工，1961年末停工，1981年复工，1989年11月截流，1990年9月第1台机组发电，1994年底工程竣工。工程以发电为主，兼有防洪、航运、灌溉和养殖等效益，是江西南北电力交换中枢，具有调频、调峰、事故备用等作用。

万安水电站坝址位于低山丘陵边缘，河谷宽阔，为一复式河槽。千年一遇设计洪水流量27800m³/s，相应库水位100m，相应库容17.16亿m³；万年一遇校核洪水流量33900m³/s，库水位100.7m；可能最大洪水流量40700m³/s保坝，相应水位103.6m，相应总库容22.16亿m³。正常蓄水位100m，死水位90m，调节库容10.19亿m³，水库面积100km²。

万安水利枢纽主要建筑物由混凝土坝、泄洪建筑物、电站厂房、船闸、土坝和灌溉渠首组成。

拦河大坝坝顶高程104～105m（土坝），挡水前沿长1104m。底孔坝段长150m，布置10个底孔，孔口尺寸7m×9m，孔底高程68m，装有弧形闸门，下游消力池长58m，护坦高程63m。表孔坝段长164m，布置9个表孔，孔口宽14m，堰顶高程84m，装有弧形闸门，下游消力池长58m，护坦高程64m。底孔坝段与表孔坝段之间用一个14m的坝段分隔，下接导墙，便于运用和检修。电站为河床式厂房，厂房长197m，宽27m，高68.5m，是中国继葛洲坝水电厂之后的又一大型河床厂房，在同期同类厂房设计中处于领先水平。单级船闸布置在右岸，是中国设计水头最高的单级船闸，闸室有效尺寸为175m×14m×2.5m，可通过2艘500t驳船组成的船队，船闸最大水头32.3m。土坝为黏土心墙砂石坝，最大坝高37m，基础采用混凝土防渗墙防渗。右岸灌溉渠首位于土坝右侧，为坝下混凝土埋管，断面尺寸2.2m×2.5m，引用流量15m³/s，左岸灌溉渠设于左岸非溢流坝内，2条管径分别为0.6m和1.2m的埋管，引用流量5.2m³/s，可灌农田2万hm²。

（二）峡江水利枢纽工程

峡江水利枢纽工程，是鄱阳湖生态经济区建设的重点水利工程之一，也是中国建设的大型水利工程项目。大坝位于赣江中游峡江老县城巴邱镇上游4km处，是赣江上的一座大型控制性水利枢纽工程，为中国规模最大的水电站之一。

峡江水利枢纽工程以防洪、发电为主，兼顾航运、灌溉、养殖等。峡江水库正常蓄水位为46m；水库总库容为11.87亿m³；防洪库容为6亿m³，电站装机容量36万kW，年平均发电量11.42亿kW·h；船闸通航能力为1000吨级；设计灌溉面积为32.95万亩。

工程于 2009 年 9 月奠基，计划 2015 年 8 月全面建成发电。

峡江水利枢纽工程的兴建，可将南昌市的防洪标准由 100 年一遇提高到 200 年一遇，赣东大堤保护区防洪标准由 50 年一遇提高到 100 年一遇；水电站接入江西省电网，可缓解当地电力供需紧张状况；可渠化枢纽上游 64km 航道，改善航运条件；还可为下游两岸沿江农田灌溉和应急补水创造条件。

（三）山口岩水利枢纽工程

山口岩水利枢纽工程地处赣江一级支流袁河上游芦溪县境内，坝址位于芦溪县上埠镇山口岩村上游约 1km 处，距芦溪县城 7.6km，距萍乡市约 30km，是一座以供水、防洪为主，兼顾发电、灌溉等综合利用的大（2）型水利枢纽工程。山口岩水库坝址控制流域面积 230km²，主河长 28.7km，水库总库容为 1.05 亿 m³，正常蓄水位为 244m，限汛水位为 243m，防洪高水位为 246.2m，校核洪水位为 246.72m。2007 年 11 月开工典礼隆重举行，2008 年 8 月水库大坝成功截流，2009 年 9 月金属结构安装开工，2010 年 2 月进水口处闸室完建，2011 年 9 月部分工程通过验收，2012 年 6 月水库正式下闸蓄水。

山口岩水利枢纽工程主要建筑物为：大坝、溢洪道、放空洞、供水兼发电及灌溉进水口、引水隧洞、发电厂房、供水管线等。大坝为碾压混凝土双曲拱坝，坝顶高程 247.6m，最大坝高 99.1m，坝底最大宽度 32m，坝顶宽 5.0m，坝顶长 287.94m，引水建筑物包括进水口及引水隧洞，布置在大坝左岸。进水口为岸塔式结构，根据城市供水及灌溉供水要求，采用分层取水方式。发电厂房为引水式地面厂房，布置于大坝下游河道约 220m 处。安装两台单机容量为 6000kW 的水轮发电机组，平均发电量 2912 万 kW·h。

水库建成后，可使下游芦溪县城的防洪能力从现在的不足 5 年一遇提高到 20 年一遇，可改善下游 10.12 万亩农田的灌溉，将灌溉保证率提高到 90%，促进芦溪县农业经济持续稳定发展；每年可为萍乡市城区及芦溪县城提供优质原水 7300 万 m³，有效缓解萍乡市城区及芦溪县城生活、工业用水的紧张状况；可在芦溪县电力系统内承担调峰任务，为芦溪县电力系统提供年电量 2912 万 kW·h。

（四）石虎塘航电工程

赣江石虎塘航电枢纽工程是赣江主要梯级航电枢纽之一，是实现赣江中游全河段渠化建设的关键工程和实现赣洲至南昌三级航道的重要组成部分。该工程坝址位于泰和县城公路桥下游 26km 的万合镇石虎塘自然村附近，是以航运为主、结合发电，兼顾其他效益的水资源综合利用工程。石虎塘航电枢纽工程是江西省水上交通工程建设有史以来投资数量、建设规模最大的工程项目，也是江西省水上交通工程第一个利用世界银行贷款、第一个采用国际公开招标的工程项目。

工程属二等大（2）型水利枢纽工程。工程正常蓄水位 56.50m，水库总库容约 6.32 亿 m³，正常蓄水位水库面积 29.2km²，回水长度 38km，电站 6 台机组，装机容量 117MW，多年平均发电量为 4.8 亿 kW·h，工程挡水高度 9.8m，属低水头建筑物。枢纽主要建筑物有泄洪冲沙闸、船闸、电站、左右岸土石坝和坝上交通桥；防洪区主要建筑物有防洪堤、泄水节制闸、导排渠和电排站，防护工程堤线总长 38.38km，导托渠（排涝渠）总长 61.33km。

工程主要建筑物泄洪冲沙闸、船闸挡水部分、厂房、左、右岸接头土石坝段按 3 级建筑物设计、次要建筑物按 4 级设计、临时建筑物按 5 级设计。通航标准为 1000t 级的内河 3 级航道，船闸通航等级为 3 级，航道尺度为：设计水深 2.2m，宽 60m，弯曲半径不小于 480m，通航保证率为 95%。

工程于 2008 年 12 月开工建设，2011 年 11 月 26 日下闸蓄水并具备通航条件，2012 年 2 月 29 日首台机组并网发电，2012 年 10 月 20 日，赣江石虎塘航电枢纽一期工程通过了验收，2013 年 9 月完工。它的建设将促进江西省水资源的综合开发利用，促进航运发展缓解江西省电力资源不足的矛盾，提高库区防洪标准，为发展沿岸农业生产，提高人民生活水平提供良好环境。

（五）柘林水电站

柘林水电站位于赣西北修河中游末端的永修县柘林镇附近是一座以发电为主，兼有防洪、灌溉、航运和水产养殖等综合效益的大型水利水电工程。水库具有良好的多年调节性能。坝址控制流域面积达 9340km²，占全流域面积的 63.5%。

水库正常蓄水位 65m，相应库容 50.17 亿 m³；设计洪水位 70.13m，相应库容为 67.71 亿 m³；校核洪水位 73.01m，相应库容为 79.2 亿 m³（总库容）。为多年调节水库。电站原设计总装机容量 180MW（4×45MW），保证出力 55.9MW，多年平均发电量 6.3 亿 kw·h，年利用小时 3500h。1999 年扩建 2×120MW 机组，电站总装机容量为 420MW，平均发电量为 6.9 亿 kW·h。

水库枢纽由主坝、三座副坝、两座溢洪道、泄空洞、引水发电系统、船筏道、竹木过坝机及灌溉引水洞等建筑物组成。主坝区工程枢纽自左至右依次布置有泄空洞、引水发电系统、黏土心墙坝、船筏道、第一溢洪道等建筑物，总宽度约 950m。主坝为黏土及混凝土防渗心墙土石坝，设计坝顶高程 73.5m（防浪墙顶高程 75.2m），最大坝高 63.5 m，坝顶长 590.75m。Ⅰ副坝为均质土坝、设计坝顶高程 73.4m（防浪墙顶高程 74.6m），最大坝高 20.7m，坝顶长 455.6m。Ⅱ副坝仅为坝高 3m 的黏土心墙坝。Ⅲ副坝为混凝土防渗心墙均质土坝，设计坝顶高程 73.4m（防浪墙顶高程 74.4m），最大坝高 18.4m，坝顶长 225m。第一溢洪道位于主坝右岸，为 3 孔陡槽式溢洪道，孔口尺寸 12m×7m（宽×高），三级底流消能，堰顶高程 54m，最大泄量 3620 m³/s。第二溢洪道位于Ⅰ副坝左端，为 7 孔开敞式溢洪道，孔口宽 11m，面流消能，堰顶高程 54m，最大泄量 11270 m³/s。泄洪洞位于主坝左岸山头内，为压力隧洞式，洞径 8m，进口底板高程 35m，两极底流消能，最大泄量 990m³/s。发电进水闸和接头混凝土重力坝紧靠主坝左端，与主坝共同组成一道挡水建筑物。

工程于 1958 年秋季开工兴建，1970 年 8 月复工续建。1972 年 8 月第一台机组投产发电，1975 年 6 月四台机组全部并网发电。柘林水电站扩建工程于 1998 年 12 月开工，经过近三年的施工，在确保原有建筑物及水库安全运行的前提下，2001 年 4 月进水口下闸，引水明渠充水；2001 年 12 月首台机组发电，2002 年 5 月第二台机组也顺利发电，不但取得了显著的经济效益，缓解了江西电力供应的紧张局面，而且对促进赣北工农业生产和全省国民经济发展作出了很大贡献。

（六）廖坊水利枢纽工程

廖坊水利枢纽工程位于中国江西省抚州市的抚河干流，地处临川区、金溪县、南城县交界处，是以防洪、灌溉为主，兼有发电、供水、航运等功能的大（2）型水库，是国家95重点水利枢纽工程和江西省"十五"重点建设工程，也是抚州继洪门水库之后的第二座大型水库。早在1956年廖坊水库就被列为规划项目，1999年12月23日，国务院批准工程立项，总投资12.49亿元。2002年10月开工，由此，抚州的水利史翻开了崭新的一页。

工程以防洪和灌溉为主，兼顾发电、供水和航运等综合效益。水库正常蓄水位65m，汛期防洪限制水位为61m，防洪高水位67.94m。水库总库容4.32亿m³，防洪库容3.1亿m³，调洪库容3.44亿m³，调节库容1.14亿m³。电站总装机容量4.95万kW。大坝坝顶全长283m，坝顶高程70.5m，最大坝高38.2m。主坝设计洪水标准为100年一遇，设计标准洪水下泄流量为6000 m³/s。

廖坊水利枢纽工程使坝址以下抚河重要圩堤防洪标准由50年一遇提高到100年一遇。改善、新增农田灌溉面积50.3万亩，其中新增农田灌溉面积21.9万亩；每年还可以为周围城镇提供工业和生活用水2670万m³。同时，廖坊水利枢纽工程还兼有发电效益。廖坊水电站装机总容量为4.95万kW，年发电量1.56亿kW·h，可大大缓解电力供需矛盾紧张状态，为区域电网的调峰、提高供电质量起到十分积极作用。

廖坊灌区工程建成后，不仅每年可新增加粮食生产能力2亿kg，而且仅东乡县就可为县城每年提供工业及生活用水3641万m³，从根本上解决县城居民生活用水和工业用水，同时还可向抚州城区供水7283万m³，有利于加快抚州工业化和城市化进程。

（七）赣抚平原灌区

赣抚平原灌区位于中国江西省中部偏北的赣江和抚河下游的三角洲平原地带，赣江环绕于西北，鄱阳湖相接于东南。灌区内有抚河干支流及清丰山溪水道交织分布，是以灌溉为主兼顾防洪排涝、航运、发电、养鱼和城市供水的大型综合性水利工程。灌区年平均降水量为1747mm，年平均蒸发量为1139mm。灌区地跨抚州、宜春、南昌3个地市6个县（市、区）的42个乡镇。工程设计灌溉面积为120万亩，有效灌溉面积近100万亩。灌区作物以水稻为主，是江西省的粮食主要产区。

赣抚平原水利工程于1958年5月动工兴建，1960年初步建成并开始受益。后经逐年续建配套与改造，有焦石拦河闸、箭江分洪闸、岗前大渡槽、天王渡船闸等主体建筑物15座，大中型建筑物290余座及小型建筑物3600余座；开挖东、西总干渠及干渠7条，总长240km；开挖斗渠以上渠道543条，总长1674km；开挖排渍渠道7条，围堵河港湖汊24处。

灌区兴建后，灌区农田复种指数由1.41提高到2.84；亩产由150kg提高到750kg以上；排除内涝4.67万hm²，开垦湖滩洲地1.73万hm²；缩短防洪堤线485km，防洪标准大幅度提高；缩短抚州至南昌水路航程100多km；每年为城镇提供生产和生活用水近5000万t；年发电量2500多万kW·h。为灌区及南昌市的社会、经济发展和人民生活提供了重要支撑和防洪保障。

第四章 水 之 人

中华民族累世不屈不挠的治水斗争，为后代留下了宝贵的治水精神财富和优良传统。翻开中国的历史，治水活动赫然贯穿其中。当然，人类社会的发展和进步历程是充满曲折的，治水的历史更是充满了艰辛和坎坷。我们的祖先从无数次的治水失败中吸取教训，愈挫愈勇，推动着历史的车轮滚滚向前。无数治水英雄人物，为造福中华民族建立了不可磨灭的丰功伟绩，他们的治水勋业和献身精神是中华民族伟大智慧创造能力和优秀品质的集中体现。

第一节 历代治水造就人

一、禹

禹，又称大禹、夏禹、戎禹。姓姒，名文革。关于禹的出生地说法不一，有说生于崇（通"嵩"，即嵩山，今河南洛阳一带）；亦有说生有其他说法。禹亡于会稽（今浙江绍兴附近）。禹原为"夏后氏"部落领袖，奉禹之命治理洪水，是我国第一个统一的奴隶制国家政权——夏王朝的奠基人。

禹生活在大约 4000 年前的尧舜时代，相传当时黄河流域洪灾接连不断，华夏大地洪水滔天，先民们无以存身，整个名族面临着巨大的灾难。面对洪灾，唐尧召集"四岳"（四个部落首领）研究水患问题，最后任命禹的父亲鲧治理洪水。鲧采用先人共工氏"壅防百川，堕高埋痹"的方法，也就是用泥土石块筑成堤坝，把主要的居民区和邻近的农田保护起来，想通过单纯的防御抵抗洪水。但由于洪水的巨大冲击力，堤坝屡被冲毁。9 年过去了，鲧耗费了无数人力、物力，洪水却依然肆虐。

唐尧死后，虞舜即位，"四岳"又推荐鲧的儿子禹去完成父亲的未竟之业。禹对父亲的治水之策进行了反思，他意识到"水有自然流势，只能因势利导"，于是变壅为疏导。他以水为师，探索并归纳水的运动规律。《史记夏本纪》说禹"左准绳，右规矩"，"行山表木，定高山大川"，也就是说，经常带着测量工具，到各地勘察地形，测量水势。在科学把握水流运动规律的基础上，因势利导、因地制宜，禹带领百姓"疏川导流"，排除积水，泄洪水于大海。经过 13 年兢兢业业、含辛茹苦的奋斗，终于使得洪水安息，"水由地中行"，田土复出，"人得平土而居之"，涛聚在各地山冈上的居民纷纷回到了自己久违的故乡。消除水患后，禹又带领人们开凿沟渠，引水灌溉，除水害，兴水利，有力地促进了水利的发展，使黄河两岸成为百姓安居乐业的所在。

禹一生最大的功业，一是治水，二是立国。治水是立国之本，立国是对治水成果的巩固与发展。禹治理水患，使百姓安居乐业，得到了各个部落共同的拥戴，继舜之后成为部落联盟的首领。不仅如此，禹还凭借他的威望使松散的部落联盟形成一个统一的国家政权。《左传》说夏禹铸造了象征九州的"九鼎"，"九鼎"代表着国家权力，据说上铸万物，使民知何物为善，何物为恶。后来禹的儿子继承其位，并建立了我国第一个统一的奴隶制国家政权——夏。

大禹治水，泽惠百年，名垂千古。孔子曾感慨："微禹，吾其鱼乎！"就是说，要不是大禹，我们现在早已经变成鱼虾了。为了治水，禹历尽千辛万苦，饱受雨雪风霜。《庄子》说他"腓无胈，胫无毛，沐甚雨，栉疾风"。他的足迹遍及九州，在我国许多地方都留下了关于他的传说和遗址。为了治水，大禹13年奔波于外，连妻子、儿子都顾不上看一眼。相传连他30岁生日都是在搬石挑土，修坝浚河的工地上渡过的。大禹公而忘私的奉献精神感动并激励着后世子孙，"三过家门而不入"的故事更是在九州大地代代相传。

二、管仲

管仲（公元前719—前645年），名夷吾，字仲，后人尊称管子，春秋初期齐国颍上（今安徽颍上）人，杰出的政治家，公认为华夏论水第一人，提出了统筹规划，综合治水的思想。

管仲出身贫寒，养过马，经过商，也服过兵役。他年轻时曾与鲍叔牙有过深交，后来鲍叔牙侍奉齐国的公子小白，管仲侍奉公子纠。后小白立为齐桓公，公子纠被杀死，管仲沦为阶下囚。鲍叔牙深知管仲才华出众，便向桓公大力举荐，而齐桓公也不记前仇，任用管仲为相。在为相的40年中，管仲在政治、经济、军事多方面进行改革，使齐国一跃成为春秋五霸之首。

管仲不仅是著名的政治家，还是一位出色的水利专家。对水利重要性的认识，是管仲论水的基本出发点。管仲从治理国家的高度上强调说，水可以为利，也可以为害，兴水利，除水害，是关系国计民生的大事。因此，管仲向齐桓公进言道："善为国者，必先除其五害。"所谓五害即水、旱、风雾雹霜、瘟疫和虫灾。"五害之属，水为最大。五害已除，人乃可治。"他还说："水者，地之血气，如精脉之通流者也。"可想而知，如果血气受阻，经脉不畅，国将奈何？

在具体的治水方法上，管仲也有非常科学的认识。管仲说水分干流、分支、季节河、人工河和湖泊沼泽五大类。理水要根据不同水源的特点，因势利导，因地制宜，采取相应的治水措施，兴利除害，使水为民所用。对于农业灌溉，管仲认为"夫水之性，以高走下"，要想引水灌田，就得遵从水往低处流的特性。如果农田过高，只好在上游修建堰坝等拦水建筑物，抬高水位，为引水创造先决条件。此外，还必须注意渠道的坡降，坡降过大，则水流过快，"急至于漂石"，会冲毁渠道；坡度过小，又会造成渠道淤积。当渠道通过地势较高和地势较为复杂的道路、小河或者沟谷时，还需要修建多种形式的水工建筑，如倒虹吸管、跌水等。只有这样，水才能够"迁其道而远之，以势行之"，沿着渠道顺从的流入田地。

管仲对水利施工管理也有科学的认识。他提出了统筹规划、综合治水的水利思想。他说水利工程的施工人员来源于百姓，秋末就要组织施工队伍，不能搞平均摊派，应区别男女老幼，按劳力状况分工。各地政府须在冬季备好河工用具，等春季来时施工用。管仲之所以选春季作为堤防施工的时间，是因为春季土料含水量比较适宜，容易夯实，工程质量能有所保证；而且春季"山川涸落"，处于枯水期，可以把河床滩地上的淤泥取来筑堤，既起疏浚作用，又节约堤外土源，以备夏秋防汛有足够土料可用，省时省工，一举多得。

除了农田水利外，管仲还对城市水利做过专门论述。他说："凡立国都，非于大山之下，必于广川之上。高毋近旱而水用足，下毋近水而沟防省。因天材，就地利，故城郭不必中规矩，道路不必中准绳。"

管仲的言论和思想对后世影响颇深。后来一些推崇他的学者搜集整理管仲的文论，记述管仲的言行，并在此基础上阐发自己的主张，经过不断丰富和发展，集结成《管子》一书。其中关于水利问题的论述集中在《度地》、《乘马》、《水地》等篇目中。管仲不愧是华夏论水第一人，他的水利思想也体现了我国古代劳动人民的智慧。

三、孙叔敖

孙叔敖，名敖，字孙叔，又字艾猎。生卒年不详。春秋时期楚国期思（今河南固始境，一说河南淮滨境）人，为著名政治家、军事家和水利家。孙叔敖一生热心水利事业，他带领百姓大兴水利，修堤筑坝，开沟通渠，致力于发展农业和漕运事业，为楚国的政治稳定和经济繁荣作出了卓越的贡献，为我国最早的灌溉第一人——兴建芍陂。

楚庄王九年（公元前605年），孙叔敖主持兴建了我国最早的大型引水灌溉工程——期思雩娄灌区。孙叔敖在史河东岸凿开石嘴子，引水向北，称为堪河。利用这两条引水河渠，灌溉史河、泉河之间的土地。灌区经过历代不断续建、扩建，有渠有陂，引水入渠，由渠入陂，开陂灌田，形成了一个"长藤结瓜"式的灌溉体系。

楚庄王十七年（公元前597年）左右，安丰（今安徽寿县境内）大旱，粮食减产。作为楚国北疆的农业区，安丰的旱情直接影响到国家军需和民用粮食的补给，情况十分严峻。孙叔敖立即亲赴旱区视察情况，后结合当地情况，主持兴建了芍陂（音què bēi，因水流经过芍亭而得名），这时我国最早的蓄水灌溉工作。

安丰城南一带，是大别山的北麓余脉，西、南、东三面第十较高，北面地势较洼，向淮河倾斜。每逢夏秋雨季，山洪暴发，形成涝灾；而雨水的时节，又常出现旱情。针对这种情况，孙叔敖因地制宜，巧妙地利用三面高、一面低的地形特点，带领百姓因势筑造了"周一百二十许里"的芍陂。将东面凤阳积石山、东南面龙池山和西面六安龙穴山流下来的溪水都汇集于低洼的芍陂之中。由于芍陂南高北低，稻田又多分布于西、北、东三面，孙叔敖又命人在这里开了五个水门，以石质闸门控制水量，这样一来，雨多不愁成涝，天旱也有水灌溉。其后又在陂的西南方开凿了一条子午渠，上通发源于大别山区的淠河。此外，还打通了濠水的引水渠道。这样，就扩大了水源，使芍陂拥有了"渠灌万顷"的效益。

芍陂自铸造以来，经过历代整治，一直发挥着巨大的作用。它在东晋以后改名为"安丰塘"。1988年1月，国务院确定安丰塘为全国重点文物保护单位。如今，安丰塘已成为淠史杭灌区的重要组成部分，灌溉面积达到60余万亩，兼有防洪、水产、航运、旅游等综合效益。

为了歌颂孙叔敖的历史功绩，后人在芍陂等地为其建祠立碑。清代著名学者顾祖禹在评价芍陂的历史作用时指出：芍陂是淮南田赋之本。其重要性由此可见。

四、郑国

郑国（生卒年不详），战国末期水利专家，韩国（今河南中西部一带，一说今郑州）人。郑国以他在秦国主持兴建的郑国渠而名留青史。郑国渠是战国时期继都江堰之后又一著名水利工程，它的兴建对增强秦国的经济实力和完成统一大业起了重要作用。

公元前 256 年，商鞅实行变法，为郑国渠的修建埋下了种子。秦国地广人稀，商鞅鼓励开垦土地，兴修水利。商鞅奖励耕战的政策使秦国迅速强大，野心勃勃的秦国开始把目标投向邻国韩国，因为韩国位于秦国东出函谷关的交通要道上，成为秦东扩的障碍。危难之际，韩国国君韩恒惠王想出一个救亡图存的计策：他听说秦国正在大兴水利，随即派水工郑国赴秦，帮助秦国发展水利事业，想以此耗费秦国财力、物力、人力，牵制秦国，使其无暇东顾。此计曰"疲秦计"。

郑国入秦后，跋山涉水，实地勘测，访百姓，找水源，观测地形，多方论证，最终确定了打通泾河、洛水，建成两河引泾灌区的方案。开工后，秦王识破韩恒惠王的"疲秦"之计，暴怒之下决定处死郑国。郑国却非常镇定地说道："始臣为间，然渠成亦秦之利也，臣为韩延数岁之命，而为秦建万世之功。"（《汉书·沟洫志》）。这番话深深打动了秦王。富国强民，一统天下，没有雄厚的经济实力不行，而发展农业又不得不依赖与水利建设。因此，对郑国的这番话，"秦以为然，卒使就渠"。用了十年时间，郑国渠终于在公元前 236 年修建成功。它和都江堰一南一北，遥相呼应，使关中与蜀地成为秦国取之不尽，用之不竭的两大粮仓。据史学家估计，郑国渠灌溉的 115 万亩良田，足以供应秦国 60 万大军的军粮。六年后，秦军直指韩国。又过了九年，秦灭六国，一统天下。

郑国渠起自今天的陕西礼泉县东北，引泾水东流，至今三原县北汇合浊水及石川河水道，再引流东经今富平县、蒲城县以南，注入洛水，渠全长 150 余 km。郑国开凿郑国渠时，客观上仍会考虑如何兴水之利，造福百姓。因此，郑国设计的引泾水灌溉工程充分利用了关中平原西北高、东南低的地形特点，使渠水由高向低实现自流灌溉。为保证灌溉用水源，郑国渠采用独特的"横绝"技术，通过拦堵沿途的清峪河、浊峪河等河，让河水流入郑国渠。郑国渠巧妙连通泾河、洛水，取之于水，用之于地，又归之于水。即使在今天看来，这样的设计也可谓独具匠心。在岁月的流逝中，郑国渠渐渐湮废了，但它一直吸引着人们探询的目光。1985 年东，陕西省文物保护中心的秦建明来到泾河边，终于寻找到了失踪的郑国渠。秦建明经研究发现，在泾河瓠口一带湾里王村和上然村之间一道被叫作老虎岭的地方，就是 2000 多年前的郑国渠渠道首遗址。迷失千年的郑国渠终于浮出水面。而作为这项工程的总负责人，郑国一直以来都为人们所缅怀。

五、西门豹

西门豹，姓西门，名豹。生卒年不详，战国时期魏国人。古代著名的政治家、水利家。修建我国最早的多首制大型引水渠系——引漳十二渠。

魏国当时有个叫邺（近河北临漳县西南）的地方，夹在赵国和韩国中间，是一个军事要地。鉴于西门豹是一个精明能干、关心百姓疾苦的人，魏文侯便任命他去邺地做了邺令。

流经邺地的漳水是条时令性很强的河流，冬天几近枯竭，夏秋雨季来时却山洪暴发，恣意汪洋，淹没田地家舍。这时候地方上的贪官勾结巫婆、豪绅，欺骗百姓，说什么漳河闹灾是"河伯显圣"，想要水患不起、过上安宁的日子，必须每年选送一位漂亮的姑娘嫁给"河伯"做媳妇。这些人借为"河伯"娶亲之际大肆搜刮民脂，天灾加人祸，使得当地百姓简直没办法生存下去。魏文侯二十五年（公元前422年），西门豹到了邺地，他决定破除迷信，为百姓造福。后来在"河伯"娶亲的现场，西门豹不动声色，采用了请君入瓮的办法严厉惩治了巫婆和贪官豪绅，揭穿了"河伯"娶亲的骗局。

　　要想造福百姓，关键还得治河。在揭穿"河伯"娶亲的骗局后，西门豹很快请来魏国的能工巧匠，一起查看漳水地形，进行规划设计，在10km的漳河段上建造了12道低溢流堰，每个堰坝上游开一个引水口，设置闸门控制水量，没口开凿一条渠道。12条引水渠保证了邺地境内农田的灌溉，这就是著名的"引漳十二渠"，是我国最早的多首制大型引水渠系。史料记载额工程的做法："二十里中做十二墩，墩相去三百步，令互相灌注。一源分为十二流，皆悬水门。"后据考证，引漳十二渠的渠首位于漳水出山口处，引水口都在南岸。那里地势很高，土地坚硬，河床相对稳定，加之河水泥沙较大，设计采用多水口方式，引水方便的同时也利于灌溉。

　　引漳十二渠在丰水期可以分流泄洪，洪水可以引水灌溉，两岸百姓的生命财产得到保障；同时漳水含有大量的细粒泥沙，有机质肥料丰富，引水灌溉能够落淤肥田，两岸盐碱地的土质得以改善，据说农作物的产量较以前提高了八倍之多。引漳十二渠让邺地由以前的荒芜之地"成为膏腴"，水利的开发加速了经济的发展，魏国随之也愈加富强。

　　在修筑引漳十二渠的过程中，西门豹充分发挥出了他克己为公的优秀品质。在孩子因病夭折时，他仍然坚持在治水前线，他捎给妻子的回信是："修好了水利工程，将会使更多的孩子获得新生。"

　　可是，西门豹这样的一位对魏国有巨大贡献的任务，最后却遭国君杀害。原因是国君听信当地乡官豪绅谗言，说他在修建引漳十二渠时滥用民工，加重了百姓负担。西门豹虽然被杀害了，但他那忘我为民、兴利除害的形象却永远留在人们的心中。千百年来，河伯娶亲的故事被人津津乐道。西门豹所主持建造的引漳十二渠更是发挥了1000多年的作用。《史记》称赞道"故西门豹为邺令，名闻天下，泽流后世，无绝已后。几可谓非贤大夫哉！"

六、王景

　　王景（约公元20—90年），字仲通，东汉时期琅琊不其（今山东即墨西南）人。王景博学多才，有很深的科技素养，尤其擅长于水利工程建设。他曾经主持过一次封建时代最大的治黄工程，使桀骜不驯的黄河安流800年，因此名扬天下；近代水利之父李仪祉甚至说："千古之河，唯禹景二个，潘靳只称半治。"

　　西汉时期黄河经常决口。有一年，浚仪（今河南开封）附近的浚仪渠被黄河冲毁，王景前往协助修复浚仪渠。他采用"堰流法"使治河取得了成功，使王景以"能理水"而闻名。

　　王莽始建国三年（公元11年），黄河在次决口，其址位于魏郡。当时汴渠毁弃，导致今豫栋、冀南、鲁西北大片土地被淹，且久治不谐，对于这次决口是否要治理，地方官员态度截然不同，皇帝也举棋不定。明帝刘庄执政后，情况变得更为严重，"汴渠东侵，日月弥广，而水门故处，皆在河中"，明帝深感问题之严重，他听说王景善于治水，便命人召见。王景禀奏道："河为汴害之源，汴为河害之表，河、汴分流，则运道无患，河、汴兼治，则得宜无穷。"明帝听完望京这么一分析，觉得很有道理，遂命王景主持治水事宜，"于东汉永平十三年发卒数十万，耗资百亿，以治河"。为降低黄河决口的可能性，王景等人相度地势，另辟新径，选择了一条比较合理的引水入海线路，修筑了"自荥阳（今河北南荥阳东北）至千乘（今山东高青东北）海口千余里"的黄河两岸及汴渠的堤防，基本固定了黄河第二次大改道后的新河床，而且改变了黄河地面悬河的状况。为了使"河汴分流，复其旧迹"，王景也为汴渠规划了新渠线。即从渠首开始，河汴并行前进，然后主流行北济河故道，至长寿津转入黄河故道（又称王莽故道），以下又与黄河相分而行，直至千乘附近注入大海。而在济海故道另分一部分水"复其旧迹"，行原汴渠，专供漕运之用。其间王景在工程上不断求新，颇有创举，例如，说沿河"十里立一水门"的做法，在保证引水的同时，起到了分流、分沙、削减洪峰的作用。

这次浩大的治黄工程，在王景周密的准备和正确的决策、领导下，进展非常顺利。次年夏天，滔滔黄河水沿着王景规划的河道驯服地流向大海，汴渠面貌也随之一新，漕运事业又恢复了往日的兴旺。东汉永平十三年夏，明帝亲临巡视，见舟楫往来如梭，大喜，当即封王景为"河堤谒者"（官名，掌管河事）。

王景此次治河成效卓越，从东汉末年直到大唐晚期，黄河水安流来800年之久，他的治河办法和尽管也为历代治河者推崇和效仿。后人赞道："王景治河，千载无患。"近代水利之父李仪祉甚至说："千古之河，唯禹景二个，潘靳只称半治。"

七、司马孚

司马孚（180—272年），字叔达，司州河内温县（今河南省温县）人，司马懿之弟，魏文帝时曾任中书郎、骑都尉、河内典农等职，赐爵关内侯。明帝时进爵昌平亭侯，迁尚书令。晋武帝代魏后，封为安平献王。司马孚性格温厚谦让，以贞白自立。265年西晋代魏时，魏帝曹奂被贬为陈留王，迁都金镛城。司马孚前往拜辞，握着曹奂的手，泪流满满，不能自制，说：臣死的那天，也是纯粹的魏国之臣。这种忠心之心，受到了人们的称颂。《晋书》赞曰："安平立节，雅兴贞亮。"司马孚博涉经史，学养深厚，汉末动乱时，与兄弟在迁徙途中，仍不忘读书自学。同时，他在水利工程方面也有深刻的见解和较强的设计能力。

约在魏文帝黄初六年（225年），司马孚以典农中郎将的身份奉命至河内郡（治所在今河南沁阳），整修前代开发过的枋口引沁工程，"兴河内水利"。《水经注》有云："河内郡野王县，西七十里，有沁水，左逕沁水城西，附城东南流也。""屈曲周迴，水道九百里，自太行以西，王屋以东，层岩高峻，天时霖雨，众谷走水，小石漂进，水门朽败，稻田冷滥，岁功不成。"秦代时，曾在济源县治东北30km处的五龙口，修建过枋口堰，即古秦渠，因其进水口门原为木结构，因年久失修，木门朽败，严重地影响到灌区内的水稻生产。司马孚认真地进行实地调查，巡视了沁水的发源地桶鞮（音 dī）山，考察了前代的灌溉设施。他发现沁水坡降陡，洪水时夹卵石而下，常撞坏易修的木门，门坏则进水过多，稻田泛滥。他又发现，堰口 25km 以外，有天然方石数万枚，"夹岸累石，皆以为门，用代木枋门。"

改建石门后，农田的灌溉效益有了很大的提高，"若天晴旱，增堰进水；若天霖雨，陂泽充溢，则闭防断水，空渠衍涝，足以成河，云雨由人，经国之谋，暂劳永逸"。这样，既能避免雨季进水过多所造成的稻田泛滥，又保证了旱季稻田用水的需要，对农业生产具有重要的促进作用，对农业生产具有重要的促进作用。晋人傅玄说："近魏初课田，不务多其顷亩，但务修其功力，故自田（指旱田），收数十斛。"可以看出，通过对引沁灌溉枢纽的改建，恢复了原来的灌溉功能，不仅扩大了稻田的面积，而且也使粮食的产量提高了几倍，百姓的生活日益富足。

作为一名封建士大夫，司马孚能将自己的才华化为经世致用之学，在治水方面不拘泥于前人的做法，并将自己独到的见解付诸实践，造福一方百姓，实属难得。司马孚也因此在中国水利史上占有了一席之地。

八、刘晏

刘晏（715—780 年），字士安，曹州南华（今山东东明）人。8 岁时，唐玄宗要封泰山，刘晏写了歌功颂德的文字献上，宰相张说考察了以后向皇上报告，称此事是国家的祥瑞，玄宗就给了他"太子正字"的称号。从此，神童刘晏的名字传遍天下。

自泰代开始，首都地区的粮食由外地调入，水运成为"漕"，陆运称为"转"。唐玄宗把洛阳改为东都，在此后 80 多年的时间里，汴水漕运大大增加，到天宝元年，运到京都的漕运达到 400 万左右，及一时之盛。由于采用由产地到长安的直运法，时间长达 8 个月，损耗超过 20%；又由于官府派富户督运，对百姓扰害甚大。"安史之乱"后，汴水沿岸处于军阀割据的混乱状态，河道阻塞，漕运一度中断，长安面临粮食危机。

唐广德元年（763 年），"安史之乱"平定，次年代宗任命刘晏为转运使，疏浚汴渠，让他专领东都、河南、江淮粮食盐铁转运事宜，凡漕事"凡皆绝于晏"。刘晏由此挑起了改革漕运的重担。

可是，运河复航却并不容易实现。当时因转运江淮物资而发生的治水、劳力和治安等问题，都是非常棘手的。面对巨大的困难，刘晏开始进行大刀阔斧的改革：他第一步的工作是疏浚运河水道，以免因淤塞而不便航运。第二步，由于运河和黄河间因战事的影响，劳力供给锐减，刘晏"使以盐利（政府因专卖食盐而得到的利益）为漕佣"来另外雇人运输，而"不发丁男，不劳郡县"。这对于过去"州县取富人督漕挽，谓之船头"的办法是很大的改革。为保障航运的安全，除由政府于运河沿岸分别派遣军队驻防外，刘晏又把漕运船只及人员组织起来，以武职官吏承担护送和押运的任务。

刘晏还参照裴耀卿分段漕运的方法，是"江船不入汴，汴船不入河，河船不入渭；江南之运积扬州，汴河之运积河阴，河船之运积渭口，渭船之运入太仓，岁转输百一十万石，无升斗溺者"。鉴于江汴水力的不同，刘晏把这一段路程分为两节，以扬州为转运中心，由江南各地由船运来的物资，到了扬州便可卸下，再由那里另外用船经过汴河运往河阴。他又在扬州制造了可以直达三门的专用船 2000 艘，每船载重千斛，"十船为纲，每纲三百人，篙工务实，自扬州遣将部送至江阴，上三门，'号上门填阙船'，米斗减钱九十"，并"调巴、蜀、襄、汉麻枲竹筱为絙"，用作挽舟之用，刘晏"以为江、汴、渭水力不同"，又"各随便宜造船，教漕卒，"（《通鉴》卷二二六）。这些漕卒经过长期严格的训练以后，"未十年，人人习河险"。

这些改革措施使运输时间大大缩短，运输损耗也基本消除。改革后，"轻货自扬子至汴州，每驮费钱二千二百，减九百。岁省十余万缗"，运至关中的漕米每年也恢复到 110 万石，保证了京师一带的粮食供应。当刘晏的第一批米运抵长安的时候，"天子（代宗）大悦，遣卫士以鼓吹迓东渭桥，驰使劳曰：卿，朕鄠侯（萧何）也"！

九、王安石

王安石（1021—1086 年），字介甫，号半山，抚州临川（今江西抚州市）人，北宋杰出的思想家、政治家和文学家。王安石十分重视兴修水利，把它视作"为天下理财"的途径，并且积极从事"起低堰、决陂塘，为水陆之利"的活动。

王安石 22 岁考中进士，成绩名列前茅，"签书淮南判官"。几年后任期满，他主动放弃了进"辅相养才之地"的官职机会，而愿意到基层去，认认真真为人民干一些事实。1047 年，王安石调往鄞县（现宁波鄞州区）任知县。在鄞县的水利开发方面，王安石成绩最为突出、最有代表性的是修复了东钱湖。在此之前，由于年久失修，淤积严重，河床抬高，致使地处水乡的东钱湖连年旱灾。王安石发动群众，经过疏浚、除葑草、修堤堰，开垦荒田，确保了沿湖 50 万亩农田灌溉无忧。除此之外，王安石还在钱塘江南岸的部分地区修建了石塘，发明了符合科学理论的坡陀法，即用碎石砌筑，向海面砌成斜坡，其上再覆以斜立长石条。以后海塘修治均采用此法。海宴、灵岩、泰丘的百姓都感谢并崇拜王安石，屡次为之修葺"紫石庙"，以此来纪念他。

农田水利法是"王安石变法"中的一项重要内容，于北宋熙宁二年（1069 年）颁布。条约奖励各地开垦荒田、修筑堤防圩岸，由受益人户按户等高下出资兴修水利。在王安石的倡导下，一时形成"四方争言农田水利"的热潮。农田水利法实施后取得了良好的效果，主要表现在垦田面积的扩大、土质的改善、治水工具的改进，水利著作的出现、河流的治理等方面。"灌溉之利，农事大本"，农田水利法和其他新法的推行，使宋王朝增加了财政收入和粮食储备，从而加强了中央集权和国防力量。

在大兴水利工程的同时，王安石还积极促使北方多泥沙河流地区开展放淤或淤灌活动，形成了我国古代史上唯一的一次放淤高潮。11 世纪 50 年代，黄河上游水土流失已达到相当严重的程度，下游经常有决溢和决口问题，必须设法使"水由地中行"。为相以后，他立即动员官民总结民间的放淤经验，由朝廷专门设立相关的机构，并制定了奖励制度等措施，投入了大量资金。在王安石的亲自主持和督导下，"铁龙爪"和"浚川耙"等治水工具也应运而生。在治理北方的黄河、漳河等河的同时，还有几道河渠的沿岸淤灌成大批的"淤田"，使贫瘠的土壤变成了良田。

王安石一生勤政为民。他是一位著名的改革家，而发展水利事业在其改革议程中占有重要地位。不仅如此，王安石还在很多地方具体组织实施了水利工程。在此过程中，王安石遇到了许多挫折和困难，但是他置个人安危于不顾，心中只有社稷和人们，一往无前。王安石在从事水利活动中的开阔视野、创新意识、实干精神，永远值得后人学习。

十、沈括

沈括（1033—1097 年），字存中，北宋钱塘（今浙江杭州）人，中国古代著名科学家和政治家。在他所处的年代，国家"积贫积弱"，他积极参加王安石变法运动，同时以"求知不敢一疑存"的态度从事科学研究，对研究水利尤有志趣。早在任沭阳县主簿的时候，沈括就主持了治理沭水的工程。他合理规划，精心组织，先后带领当地百姓开通了 100 多条灌溉渠，修筑了 9 座堤坝。不仅解决了当地的水灾威胁，而且"得田七千顷"，改变了沭阳的面貌，那时他只有 24 岁。在任宁国县令的时候，他主持在今安徽芜湖地区的规模宏大的万春圩修筑工程，开辟出能排能灌、旱涝保收的良田 1270 顷，同时还写了《圩田五说》、《万春圩图书》等关于圩田方面的著作。

北宋时，江、淮、湖、浙地区的粮米都由汴渠运往都城，每年多达 800 万石，汴河成为北宋王朝的"立国之本"。沈括受命疏浚汴渠。他进行实地勘察，亲自测量了汴河下游从开封到泗州淮河沿岸共 420 余 km 河段的地势，以"分层筑堰法"测得开封和泗州之间地势高度相差十九丈四尺八寸六分。这种地形测量法，是把汴渠分成许多段，分层筑成台阶形的堤堰，引水灌注入内，然后逐级测量各段水面，累计各段高差，总和就是开封和泗水间"地势高下之实"，其单位竟然精确到了寸分。这在世界水利史上是一个创举。工程完成后，仅仅四五年时间，就取得引水淤田 17000 多顷的显著成绩。

在王安石变法期间，沈括亲赴江浙一带考察水利建设情况，并主持兴修了常、润等水利工程，兴筑温、台、明等州以东堤堰，增辟耕地万于顷。通过实地踏勘，他论述了雁荡诸峰是由流水侵蚀作用形成的，并进一步同黄土高原的地形成因相互印证，从而指出了两者地形成因上的共同规律，即都是被流水侵蚀所致，这比西方相同理论的提出要早得多。次年，沈括出任河北两路察访使在定州兴修水利。在察访定州时，他还花了 20 多天时间，"遍履山川，尽得山川险易之详"。他根据在多年治水过程中对河流冲淤规律的认识，遍阅历史记载，提出和论证了华北大平原是由河流泥沙沉积而成的观点，正确解释了华北大平原的形成原因。

沈括晚年潜心著书，写出了重要科学著作——《梦溪笔谈》，该书被英国科学史家李约瑟赞誉为"中国科学史的里程碑"。《梦溪笔谈》中关于水利的部分，多是他自己在治水活动中的真知灼见以及对劳动人民实践的科学总结。沈括具有在当时极为可贵的科学求真精神，例如，关于水旱等灾害，沈括认为"天地之变，寒暑风雨，水旱螟蝗，率皆有法"，"阳顺阴逆之理，皆有所从来，得知自然，非意之所配也"。为了纪念这位世界闻名的中国古代科学家，1979 年 7 月 1 日，中国科学院紫金山天文台将该台在 1964 年发现的一颗小行星（编号 2027）命名为"沈括"。

十一、郭守敬

郭守敬（1231—1316 年），字若思，顺德路邢台（今河北邢台）人，著名的水利专家和天文学家。郭守敬 21 岁时就设计家乡邢台的一项河道疏浚工程，被誉为"习知水利，巧思绝人"。1262 年，担任中书左丞的张文谦把郭守敬推荐给元廷，郭守敬向忽必烈面陈六项水利建设，包括修复燕京附近运河，开发磁州农田水利及豫北沁河、丹河水利等，忽必烈对他十分赏识，当即任命他为"提举诸路河渠"，次年，加授"副河渠使"。

郭守敬在西夏治水时，针对唐徕、汉延等渠的改造和恢复工程"役不逾时"，提出了"因旧谋新"的治理方针。他还修复黄河沿岸五洲 10 条干渠，68 条支渠，灌田 9 万顷，重建了银川平原上的灌溉网络，为当时的农田水利和水路交通作出了卓越的贡献，深受百姓爱戴，"夏人共为立生祠于渠上"以表敬意。在西夏治水期间郭守敬还"挽舟溯流"，探寻黄河源头，这是一次以科学为目的的探寻河源的伟大壮举。

1271 年，郭守敬升任都水监，掌管全国的水利工作。1276 年元大都（今北京）基本建成。在建设过程中，郭守敬先后解决了都城洪水、水运交通和灌溉水源等诸多难题，建成了一套多功能的完整河湖水道系统。他还兴建了白浮引水工程，扩建了翁山泊，开辟了新水源，形成了大都城"两入、两出、两蓄"的特有水系格局和"前朝、后市"相互呼应的风格。他不仅使街市建筑与水风水貌完美结合，独具特色，还利用发达的水上交通，促进了政治、经济、文化的交流，保障了元大都在全国军事和政治上的地位。

元大都的一系列规划中，其中工程规模最大、收益最突出的，要数开凿通惠河之举。开凿通惠河是一项十分复杂而艰巨的工程，它由引水渠道、调蓄水库和航道三部分组成。工程中的技术难点繁多，但是，在当时的技术条件下很难解决的问题，都被郭守敬以惊人的智慧、高超的数理知识和精确的测量、施工方法成功地解决了。郭守敬在航道上设闸 24座，实现了"节水行舟"克服了水源紧缺的困难。他所规划的白浮瓮山河的选线，竟然与我国 21 世纪 60 年代修建的京密引水渠的测量选线走向一致。在通惠河的设计施工中，坝闸的调节避免了因落差较大、水流湍急，引水快速东泄现象的发生，确保了漕运船只的畅通。如今，长江三峡通航及巴拿马运河的航运都采用了这一原理。在世界水利发展史上，郭守敬是利用上下坝闸解决水流落差问题的第一人。

郭守敬一生从事科学事业，以毕生精力创造了十多个当时的"世界第一"。据《元朝名臣事略》卷九中《郭守敬史》中所记："公以纯德实学为世师法，然不可得者有三：一曰水利之学，二曰历数之学，三曰仪象制度之学。"国际天文学联合会将月球背面的一座环形山和编号 2012 号的小行星以郭守敬的名字命名，以此表达全世界人民对他崇高的敬意。

十二、潘季驯

潘季驯（1521—1595 年），字时良，号印川，乌程（今浙江湖州）人。曾四次出任总理河道（明代主持治河的最高官员），在明代治河诸臣中是任职时间最长的一位。他负责治理黄河、运河达 10 年之久，在理论和实践上都有重要建树，是明朝末年著名的治河专家。

明嘉靖四十四年（1565 年），潘季驯首次治河。当年七月，黄河在江苏沛县决口，沛县南北的大运河被泥沙淤塞 100 余 km，灾害空前。潘季驯提出了"开导上源，疏浚下流"的治河方案。此役共开新河 70km，修复旧河 26km，建筑大堤 3 万多丈、石堤 15km，治河工程取得很大成功。

明隆庆三年（1569 年）七月，黄河决于沛县，次年又决于邳州，运河河道淤为平陆约 50km。八月，潘季驯受命治水。他提出"加堤修岸"和"塞决开渠"的办法，并认为，根本之计在于"筑近堤以束水流，筑遥堤以防溃决"。他集民工 5 万余人，堵塞决口 11 处，先解除水患。接着，又修筑缕堤 3 万余丈，疏浚了匙头湾以下的淤河，恢复了旧堤。这样一来，河水受束，急行正河，冲刷淤沙，使河道深广如前，漕运大为畅通。

到嘉靖末年，黄河下游徐州以上河道分汊达 13 支之多，淤积严重，连年为患。明万历六年（1578 年）潘季驯第三次主持治河时，在前两次治河实践和吸取前人治河经验的基础上，进一步认识到"黄河最浊，以斗记之，沙居其六"的黄河含沙多的特点，强调治河宜合不宜分。在处理水沙方面，潘季驯提出"以河治河，以沙攻沙"的方策；其一，"筑堤束水"，主要采用缕堤，塞支强干，固定河槽，加大水流的冲刷力；修筑遥堤来约拦水势，并可利用洪水冲刷主槽；遥堤、缕堤之间，修筑格堤。由于黄河多沙，洪水漫滩，万一缕堤冲决，横流遇格即止。水退沙留，可以淤滩；滩高于河，水虽高，也不出岸起到淤滩刷槽的作用。其二，加固洪泽湖东岸的高家堰，利用洪泽湖所蓄滩河之水以清刷黄，黄淮二水相汇河不旁决则槽固定，冲刷力强，有利于排沙入海。这样"海不浚而辟，河不挑而深"，以达借水攻沙，以水治水之目的。

潘季驯第三次治黄离开后，朝廷河务松懈，河工废弛。几年之后，河患又多次发生。神宗皇帝于明万历十六年（1588 年）第四次命潘季驯治河。潘季驯鉴于上次所修的堤防数年来因"车马之蹂躏，风雨之剥蚀"而降低了防洪作用，更加重视堤防建设。他认为"治河有定义而河防无止工"，即治河无一劳永逸之事，并提出了利用黄河本身冲淤规律实行淤滩固堤的措施。他在南直河、山东等地，对原有的 900 余 km 堤防闸坝普遍进行了一次整修加固，又在黄河两岸大筑遥堤、缕堤、月堤和格堤，共长约 1157km，还新建堰闸 24 座，土石月堤护坝 51 处，堵塞决口和疏浚淤河 1000 余 km。这次治河对恢复运河畅通和发展农业生产都起到了很大的作用。

潘季驯一生四次治河，他始终心系治黄大计，在离职前还对神宗皇帝说："去国之臣，心犹在河。"潘季驯的治河理论和实践经验收集在他所著的《河防一览》一书中，书中有详细的治河全图、有关治河的奏章和关于河防险要的论说，是中国古代治理黄河的珍贵记录，是中国水利科学的重大创获。

十三、张謇

张謇（1853—1926 年），字季直，江苏南通人，清末民初著名的实业家，曾于 1895 年在南通创办大生纱厂，后陆续创办了多个实业。他重视实业，重视教育，同样，他也非常重视水利，是一位水利专家、导淮历史上重要人物。

张謇出身贫寒，他曾自述道，"謇生长田间，习知水旱所关，河渠为重"。年轻时他就认真研读了历代水利名家的治水论著，在其后半生，他几乎把所有的精力都放在水利事业上，尤其是治理淮河上，张謇贡献卓越。

淮河本是庶之地，但在清咸丰五年（1855年），黄河脱离淮河北去夺大清河入海，黄河夺淮的历史宣告结束，使得治淮、导淮成为可能。张謇十分关注淮河治理问题，曾两次上书，即《淮河疏通入海协议》、《请速治淮书》。1913年，张謇任北洋军阀政府工商、农林部总长，兼任全国水利局总裁。上任后，他将导淮之事放在工作的中心位置。其时时局动荡，难以靠政府稳定的投入完成治淮计划，于是张謇极力游说，终于与美国使馆签订了借款协定，开始利用外资实施导淮工程。两年后，袁世凯复辟帝制，张謇不满袁的做法辞职南归，美国的借款计划也随之终止。但是，张謇并没有轻易放弃治淮导淮的计划，他依然呼吁依靠人民的力量，通力合作，完成了这项伟大的工程。他发表了《治淮预划书》、《淮南北治水商榷书》。在当时的条件下，张謇的各种导淮方案都没有付诸实施，但张謇的努力为以后导淮委员会的成立做了必要的准备。

除了治理淮河外，张謇还致力于治理长江水患，建设自己的家乡。南通地处长江下游北岸，由于长年江水冲刷，城市坍岸严重，导致沿江大片的农田房屋被毁。张謇时任南通保坍会会长，他组织召开了一次研讨会，邀请荷兰、瑞典、英、美、法等国的水利专家前来商讨保坍方案。历经周折，方案定下了，可是没有建设资金。而当时的官僚机构相互推诿，不肯出钱。张謇多次慷慨解囊近4万元，并全力以赴争取多方投资，建设南通保坍工程，修建闸门及涵洞，以确保南通千万亩良田免受水旱灾害的侵袭。

在治理淮河和长江时，张謇已意识到国家需要专门的水利人才。于是，兴办水利教育事业的想法诞生了。1906年，张謇在南通师范设立了测绘科，培养测绘人才；1915年，在江苏高邮创办"江苏省海河工程测绘养成所"。同年，在张謇的倡议下，黄炎培、沈恩福和张謇一起创办了中国第一所水利高等学校——南京河海工程专门学校，并要求："慎选各省中学完全毕业，长预算术、图画、物理、英语者，试而属之，额以三百人为限，延聘外国工程师为之教习。"1915年3月15日，河海工专正式开学，张謇特意从北京赶来致词，勉励学生要敦行力学，除必须了解河道海港工程和土木机械应用之外，还要注意研究本国的治河历史和地理条件。如今，河海工专已经发展成为一所以工科为主，文、理、经、管等各学科协调发展的全国重点大学——河海大学。

十四、李仪祉

李仪祉（1882—1938年），名协，字仪祉，山西蒲城县人，我国近代著名的水利家、教育家。李仪祉自幼聪明，精于数学。1909年留学德国，考入德国皇家工程大学土木科。1913年回国，两年后重返德国，途中考察了欧洲多国，目睹了欧洲发达水利事业后，深感我国水利之破败不堪和凋敝落后，决心振兴祖国的水利，遂改念柏林但泽大学，专攻水利。

李仪祉又是一位水利教育家。1915年初，李仪祉学成归国，时值张謇创办南京河海工程专门学校，急缺水力学方面的教师。李仪祉在河海任教8年，8年间他负责一切课程设置和教学安排。不仅如此，他还担任包括天文、气象、地质等在内的多门专业的任课老师。李仪祉广泛搜集古今中外的治河书籍、治水名著以及灌溉、航运、河工建筑等多方面的材料用以编纂教材。同时他还自己制作矿石标本、建筑材料和河工模型。李仪祉注意给学生实践的机会，常常带领学生赴各个河流各处河段实地考察。李仪祉的这些努力，培养了中国第一批掌握近代水利技术的建设人才。

李仪祉不仅是桃李满天下的水利教育家，还是造福百姓的水利实干家。1922 年李仪祉离开河海工专后，担任了陕西省水利局局长，兼渭北水利工程局总工程师。著名的"关中八惠"引水灌溉工程就是在这段时期内规划的。由于时局动荡，"关中八惠"之一的引泾工程历经重重磨难，在 8 年后动工。第二年，一期工程泾惠渠竣工，放水当天李仪祉宣布"凡种植鸦片的土地，概不灌水，并没收土地充公。"布告一出，使得全灌区内无人种植鸦片。紧接着，洛惠渠、渭惠渠、织女渠和梅惠渠也相继开工。直到他去世时，这些工程的灌溉面积已达 300 多万亩。李仪祉以水利造福于民的理想渐渐变成了现实。

李仪祉还是一位承前启后的水利科学家。它是我国传统水利走向现代水利的开拓者，是把西方水利知识系统引入中国，并应用于水利时间的先驱，是我国现代水利科学技术的奠基人。他建立了中国的第一所水利实验室、第一个水工实验所。他倡导理论和实践相结合的研究方法，建立实验室，利用模型进行不同方案的实验，再优选最佳方案。李仪祉在担任黄河水利委员会委员长兼总工程师时，总结我国历代治黄经验，参照西方先进的技术，依据丰富的第一手资料，提出了治理黄河的总体方略和具体措施。他认为"一个水域就是一个有机的整体，要综合治理"。在治理黄河的方针上，他主张上、中、下游并举。这样的思想一改几千年以来单纯着眼于下游的治河思路，把我国的治河方略推上了一个新台阶。

李仪祉把一生献给了中国的水利事业，弥留之际他仍念念不忘："切望后期同人，对于江河治导本余之夙志，继续致力以科学方法，逐步探讨其他防灾、航运及水电等……其未尽及尚未着手之水利工程，应竭尽人力、财力、以求短期内逐渐完成。"

十五、潘家铮

潘家铮（1927—2012 年），浙江绍兴人，水工结构和水电建设专家。中国科学院院士，电力工业部技术顾问，中国长江三峡工程开发总公司技术委员会主任。潘家铮一直从事水电站设计、开发和研究工作。先后参与。主持、审查和研究过富春江、乌溪江、龚嘴、乌江渡、东江、风滩、安康、龙羊峡、二滩等多个大型水利水电建设工作，并在 1989 年荣获"国家设计大师"的称号。在众多的工程中，潘家铮最为自豪的是三门峡水电站和三峡工程。

1956 年，苏联有关方面向中国提交了三门峡水库的初步设计要点，主张为保水库寿命 50 年以上，正常蓄水位要提高到 360m，最大下泄量为 6000m³/s。这样的设计使得库区的范围扩大，淹没损失和移民数量、规模比原计划增加了许多。当时潘家铮坚持认为，三门峡正常蓄水位不应高于 335m，死水位要低到 300～305m，汛期不蓄水，只滞洪排沙，枯水期再蓄水供灌溉航运之需。这样的话，只需移民 10 万～15 万人，投资也大大降低。可是，绝大多数专家支持苏方的设计，他们认为修建高坝大库是迫切需要的，特别是考虑到要充分发挥水库利用功能（主要指发电）。1958 年，三门峡工程轰轰烈烈地开工了。经过 2 年时间的建设，三门峡工程建成蓄水，投入运用。然而，谁都没有想到，运行后仅一年多，水库内就猛淤 15.3 亿 t 泥沙，并且 94% 的来沙都淤在库内，潼关河床高程一下子抬高了 4.31m，渭河口形成拦门沙。回水和渭河洪水叠加，沿河两岸淹地 25 万亩，5000 人被水围困。这样下去，西安、咸阳和广阔的关中平原均难保，问题极其严重。1964 年 12 月，国务院召开之黄会议，会上潘家铮提出底孔排沙的方案。改建工程在 1965 年开工，1966 年汛期开始启用。直到 1973 年这些底孔才"重见天日"，投入运行，确实收到了较好的效果：潼关河床高程下刷近 2m，330m 以下的库容增加了 10 亿 m^3，一批低水头径流发电机组投产发电。

潘家铮投入精力最多的还是三峡工程。1985 年，三峡工程论证领导小组成立，潘家铮担任领导小组副组长和技术负责人。1993 年，三峡开发工程总公司成立，工程进入实验阶段，潘家铮又担任技术委员会主任，负责对设计的审查。到了 2003 年，在他担任质量检查专家之后，他认为"运动员与裁判员不能兼于一身"，便主动辞去了技术委员会主任一职，兼信誉工程质量的监督检查工作。

潘家铮院士学术渊博，著作等身。20 世纪 50～60 年代就出版了《水工结构应力分析丛书》、《重力坝的弹性理论计算》《重力坝的设计与计算》等专著。70～80 年代出版了《建筑物的抗滑稳定与滑坡分析》、《水工结构分析文集》、《重力坝设计》，主编了《水工建筑物设计丛书》、《水利水电工程软件包》、《水工结构分析及计算机软件应用》等专著，为中国水利事业作出了杰出贡献。

第二节　现代治水与教育

水利大业，人才为本；人才培养，教育为本。党和国家高度重视水利事业的改革与发展。2011 年，中央以一号文件下发了《中共中央国务院关于加快水利改革发展的决定》，对加强水利人才队伍建设提出了明确的要求。加快推进水利事业的改革与发展关键在人才，2010 年底全国水利系统职工总量 103.6 万人，专业技术人员 34.8 万人，占职工总量的 34%，其中硕士以上的高学历人才 2 万人，占职工总量的比例不足 2%。根据《江西省水利人才"十二五"规划》（以下简称"省人才规划"），2009 年江西省水利职工总量为 23375 人，其中本科以上学历为 3233 人，占总量的比例仅为 13.84%，研究生的比例仅为 0.57%，远低于全国平均水平。"省人才规划"指出，到"十二五"末，全省水利专业技术人才中，具有大学本科以上学历的人员比例将由 18% 提高到 22%，尤其是具有研究生学历的人员需要大幅增加，硕士以上专业技术人才比例将由目前的 0.57% 提高至 3.2%。推进水利事业改革与发展需要大量的水利人才，必须有完善的水利教育体系作保证。水利院校是水利人才培养的主阵地，是水利人才成长的摇篮，是实施科教兴水战略和水利人才战略的重要力量，在水利发展中具有举足轻重的战略地位。近年来，水利高等教育着眼于建设现代水利、可持续发展水利对人才培养的要求，为水利事业发展提供了有力的人才保障和智力支持。

2000 年以来，各水利高等院校的在校学生人数、办学规模等均有不同程度的增长和发展。原水利部直属的三所大学［河海大学、华北水利水电学院、南昌水利水电高等专科学校（2004 年更名为南昌工程学院）］，2000 年在校各类专业学生人数分别为 18561 人、4756 人、2995 人，目前在校学生人数分别为 30077 人、11800 人、15204 人；2000 年学校占地面积分别为 1168.96 亩、560 亩、124 亩，目前分别为 2301.96 亩、2340 亩、2026 亩。非部属院校中的水利专业在校学生人数也有不同程度增长。据不完全统计，开设水利专业的高等院校从 2000 年的 61 所增加为 84 所（其中，54 所院校开设水利水电工程专业，34 所开设水文与水资源工程专业，21 所开设水土保持与荒漠化防治专业）。这些学校是：

清华大学、武汉大学、天津大学、河海大学、四川大学、山东大学、华中科技大学、大连理工大学、三峡大学、新疆农业大学、河北工程大学、青海大学、华南理工大学、郑州大学、华北电力大学、扬州大学、长沙理工大学、西安理工大学、华北水利水电学院、太原理工大学、合肥工业大学、昆明理工大学、宁夏大学、云南农业大学、兰州理工大学、西藏大学、长安大学、浙江大学、内蒙古农业大学、贵州大学、宁夏大学、华南农业大学、西北农林科技大学、四川农业大学、沈阳农业大学、湖南农业大学、山东农业大学、甘肃农业大学、西华大学、兰州交通大学、南昌工程学院、长春工程学院、西昌学院、中国农业大学、福州大学、南昌大学、黑龙江大学、广西大学、石河子大学、河北农业大学、东北农业大学、山东科技大学、重庆交通大学、天津农学院、绥化学院、铜仁学院、蚌埠学院、吉林农业科技学院、三峡大学科技学院、昆明学院、新疆农业大学科学技术学院、河海大学文天学院、天津大学仁爱学院、河北农业大学现代科技学院、河北工程大学科信学院、扬州大学广陵学院、长沙理工大学城南学院、湖南农业大学东方科技学院、沈阳农业大学科学技术学院、沈阳工学院、太原理工大学现代科技学院、贵州大学明德学院、成都理工大学工程技术学院、青海大学昆仑学院、昆明理工大学津桥学院、兰州理工大学技术工程学院、兰州交通大学博文学院。以上大部分院校为改革开放后新增设了水利相关专业，学科不全、兴办时间不长，只有清华大学、武汉大学、天津大学、河海大学、四川大学、山东大学、华中科技大学、大连理工大学等十几所为水利办学历史较长，学科名类齐全，教学科研水平较高；随着水利事业的快速发展，需要有更多的水利学科门类齐全，教学科研水平高的水利院校。

21 世纪的中国水利，正处在知识经济、科技创新、产业创新不断加速发展的时代，面临着全球经济一体化趋势不断发展和科技革命的突飞猛进带来的机遇和挑战，承担着以水资源可持续利用支持经济社会可持续发展的光荣而艰巨的使命。事业的根本在于人才，要加快发展，就必须大力培养和造就能够顺应时代发展要求、具有开拓创新能力的宏大的高素质人才队伍。

当代水利建设正在以全新的治水理念，前所未有的投入，在最严格水资源管理制度下走生态水利之路，这对一线的水利高职人才提出了更高的要求。水利技术人才的基本素质是水利行业兴旺发达的基石，是水利行业参与国际竞争的基础。学校要尽快转变工程教育观念，明确能力培养在人才培养中的核心地位，体现"面向工程一线"的办学理念和培养目标，改革课程体系，按工程能力要求设置课程模块，确立实验实训体系，以工程素质和能力培养为主线。将课程学习、生产实习、毕业实践融为一体，加强学校与企业的联合，开放办学环境，从邀请企业参与培养计划的制定开始，实施深层次的校企合作办学。出台相关政策，鼓励青年教师到企业锻炼，首先培养一批具有工程能力的高素质、复合型"双师教师"，将培养水利人才工程能力的意识体现在每一位教师的每一个教学环节中，真正为国家培养一大批水利一线实用的技术人才。

高等学校的根本任务是培养人才。人才培养质量是衡量高等学校办学水平的最重要标准。而社会中的人才大多出自大学，毋庸置疑，高层次的人才培养重任落在大学。水利对人才的需求很迫切，高层次的水利人才所占比例甚小，为此，培养高层次的水利人才是水利专业学校当前的重要任务。

一是要大力培养优秀水利人才。坚持科学发展观，遵循高等教育规律和人才成长规律，广泛借鉴国内外先进理念和经验，把提高办学质量作为院系发展最核心最紧迫的任务。坚持育人为本、德育为先、能力为重、全面发展，注重高水平科学研究和高质量人才培养相结合，传播文化知识与提高思想品德修养相结合，培养创新思维与加强社会实践相结合，全面发展与个性发展相结合，不断更新教学理念，丰富教学内容，提高教学质量，培养造就更多优秀水利水电拔尖人才。

二是要致力建设一流水利学科。顺应世界科技进步发展趋势，围绕经济社会发展现实需求，着眼水利事业发展关键领域，按照突出重点、巩固优势、加强交叉、发展新型的学科建设原则，把握人才培养方向，整合教育科研资源，完善教学实习基础设施，优化学科结构和布局，突出学科特色和办学优势，不断增强学科竞争力，始终保持学科建设的领先地位。

三是要全力推进水利科技创新。大力开展事关国计民生和水利急需的基础性、战略性、前瞻性问题研究，提高原始创新意识，提升自主创新能力。加强与国内外科研院校、水利行业科研机构及企业的交流与合作，发挥自身优势，联合开展重大科研项目攻关，在大型水利水电工程、江河湖泊治理、农村水利工程、水资源与水战略、水生态与水环境、流域与区域可持续发展等重点领域取得一批重大科技创新成果，加快科技成果向生产力转化，为水利现代化提供有力的科技支撑。

四是要着力提升师资队伍水平。建立健全有利于优秀人才脱颖而出的体制机制，努力造就一支师德高尚、业务精深、结构合理、充满活力的高素质教师队伍。广大教师要切实肩负起教书育人的光荣职责，以高尚的师德春风化雨、感染学生，以丰厚的学识授业解惑、培育学生，以科学的精神循循善诱、塑造学生，带头营造良好的学术氛围，成为学生尊重景仰的良师益友，为培育高素质水利人才打下坚实基础。

五是要努力营造优良育人氛围。要切实加强社会主义核心价值体系建设，继承发扬水利系的优良传统和文化，创设适宜育人环境，引导广大师生牢固树立正确的世界观、人生观和价值观，志存高远，胸怀祖国，心系人民，知行合一，不断培育崇尚科学、追求真理的思想观念，将服务国家和报效人民作为学习创新的崇高追求和强大动力。

第五章 水 之 魂

水虽是一种无生命的物质，但却与人的生命息息相关；水虽无善恶之别，但人的品德却可以水为喻，通过水的品格得以教化。水通常被上升到一种哲学高度，象征着一种精神品质，这是水所具有的、人所必需的"魂"。中华民族与世界其他民族一样，在各个时期的水事活动中，对水有不同的思想认识，有不同的信仰。曾经崇拜过水，也征服过水，在治水活动中形成了治水精神。水信仰、治水精神是人们在水事活动中形成的魂，是人的精神层面的内容，是水文化的精髓。

第一节 水 之 品 格

在古代先哲们眼里，水并非自然之水，而是一种具有人性化表征的审美载体。水可以滋养人的心性智慧，塑造人的心智灵魂，堪为生活的教母。历史上许多有识之士就是从水的乾坤中获取修身养性、为人处世，甚至是治国安邦等方面的启迪。君子要考察水、体味水，因为他所孜孜以求的全部道德原则都蕴涵于水的各种表现形式之中。

一、中国古代圣贤关于水之品格论述

中国古代对水的德性是非常推崇的。我国古代圣贤们从水循道而流、水之就下、有源之水长流、水卷泥沙、滴水穿石、水无常形、止水为仪、水清如鉴等自然现象，体察水的品性，以水的性格特征阐释对宇宙天地、社会人生的理解和认识。通过体察水性洞悉人性，在赞美水的同时，从中汲取了一系列为人的道德原则。无论是孔子的"入世"，还是老子的"出世"，或者是庄子的"弃世"，都由水而发，受水的启迪，在观察水的态势中，获得灵感，获得思想，获得哲学，感悟人生的哲理。

（一）老子关于水之品格论述

老子的《道德经》从深层看就是对水的德行的展开和深化，整部《道德经》就是围绕水展开的。他的道其实就是从水中提升出来的。水的德性在老子那里是最完善的，最高的德性。老子《道德经》第十七章说："上善若水。水善利万物而不争，处众人之所恶，故几近于道。居善地，心善渊，与善仁，言善信，政善治，事善能，动善时。"意思是说：上乘境界的善如同水一样。水善于养育滋润万物而又不与万物相争，停留在众人所不喜欢的低下之处，所以最接近于"道"的观念。上善者居住要像水那样选择地方，存心要像水那样渊深，交友要像水那样仁爱，说话要像水那样真诚守信，为政要像水那样条理分明，做事要像水那样无所不能，行为要像水那样随时机而动。

"不争"乃"道"之重要特性，而"水"具备之，故言水"几于道"也。"上善若水"，这是老子的人生态度，也是老子所倡导的处世哲学。从古至今，道教徒都以"不争"作为

其对待社会人生的基本态度，后来成为道教人生观中的重要特征。

《道德经》六十六章说："江海所以能为百谷王者，以其善下之，故能为百谷王。""下"含有谦虚容物的意思。老子喜欢用江海来比喻人的处下居后，同时也以江海象征人的包容大度。他认为，百川都能汇归于江海，就是因为其低洼处下。人也是一样，只有礼贤下士，才能得道多助；具有谦下品德的人，才能招能聚贤，从而成就自己的伟业。

《道德经》六十六章还说："天下莫柔弱于水，而攻坚强者莫之能胜，以其无以易之。弱之胜强，柔之胜刚，天下莫不知，莫能行。" 水性柔弱，总是屈从刚强。水的品质屈顺、不争，但它总是循着阻力最小的路线前行。然而，它却能克服前进道路中的任何障碍，销蚀坚石。

（二）孔子关于水之品格论述

孔子把水视为知识源泉，认为水具有无私、仁爱、正义、聪慧、勇敢、豁达、公平、坚毅等品格，君子从中可以知晓修德。

《荀子·宥坐》记载了孔子答弟子子贡问水的一段对话："孔子观于东流之水，子贡问于孔子曰：'君子之所以见大水必观焉者，是何？'孔子曰：'夫水，大徧与诸生而无为也，似德。其流也埤下，裾拘必循其理，似义。其洸洸乎不屈尽，似道。若有决行之，其应佚若声响，其赴百仞之谷不惧，似勇。主量必平，似法。盈不求概，似正。淖约微达，似察。以出以入，以就鲜洁，似善化。其万折必东，似志。是故君子见大水必观焉。'"在此处，孔子以水描述了他理想中的具备崇高人格的君子形象，这里涉及德、义、道、勇、法、正、察、志以及善化等道德范畴。这段语录，可以说是孔子重视个人的伦理道德和行为最典范的圭臬了。可以想象孔子对水的禅悟已达到了"仁"和"义"的最高道德境界，绝不是一时即兴的随意发挥，而是深思熟虑的大彻大悟。用水的浩瀚、仁勇、意志、坚贞来借喻人格力量的魅力，而且论述如此深刻、入理。

孔子赞美水，把水视为理解人类行为的准则而对之兴味盎然。《论语·雍也》言："知者乐水，仁者乐山。知者动，仁者静。知者乐，仁者寿。"水有川流不息的特点，水的各种自然形态和功用常常给智者认识社会、人生、乃至整个世界以启迪，所以智者乐水。

孔子不满足于纯粹的观赏自然，而是试图沟通水之美与人类道德精神的内在联系，以探求水的社会意义和价值，并由此推衍出儒家立身处世的道理和准则，提升理想人格的道德内涵和人生境界。从一定程度上讲，这种对水的社会化、道德化认识，正体现了古代"天人合一"的思想。孔子尤其重视道德教化，其创立的儒家学说从某种意义上讲主要是一种道德学说。而水这种物质世界普遍存在、人类须臾难离的物质，恰恰具有孔子阐发其道德思想的深厚底蕴。水的许多特征"似德"、"似仁"、"似义"、"似勇""似智"等，确与儒家的伦理道德有着十分相近的特征，因而为孔子和儒家的"智者"、"君子"所愉悦。于是，孔子便顺理成章地把水的形态和性能与人的性格、意志、知识、道德培养等联系起来，这时，水也就成了体现孔子伦理道德体系的感性形式和观念象征，成了儒家文化的道德之水、人格之水。孔子的这种比德论的水之审美观对后世影响很大，后世许多思想家都以此来看待水之美。

（三）其他贤哲关于水之品格论述

《管子·水地篇》中有言曰："水者，何也？万物之本原也，诸生之宗室也"；"水者，地之血气，如筋脉之通流者也，故曰水具材也"。从浅层来理解管子所云便是，水是万物的本原，是贯通天地万物生机的血脉，是构成万物的材料，缺其不可。《管子·水地篇》还说："水，具材也，何以知其然也？曰：夫水淳弱以清，而好洒人之恶，仁也。视之黑而白，精也。量之不可概，至满而止，正也。唯无不流，至平而止，义也。人皆赴高，己独赴下，卑也。卑也者，道之室，王者之器也，而水以为都居。"这段话主要意思是说：水是既具备材又具备美德。水柔软而清澈，能洗去人身上的污秽，这是水的仁德。水看起来是黑色的，其实是白色的，这是水的诚实。计量水不必用"概"，流到平衡就停止了，这是水的道义。人都愿往高处走，水独流向低处流，这是水的谦卑。谦卑是"道"寄寓的地方，是王天下的器量，而水就聚集在那里。《管子》依据水的不同功能和属性，以德赋之，唱了一曲水之美的赞歌，实与老子"上善若水"和儒者"以水比于君子之德"的观念一脉相承。《管子》通过盛赞水具有的"仁德"、"诚实"、"道义"、"谦卑"等优良品德，主旨是规劝人们要向水学习，效法水的无私善行，从而达到至善至美的境界。

《庄子·刻意》曰："水之性，不杂则清，莫动则平；郁闭而不流，亦不能清。天德之象也。"庄子要人们效法静水，时刻保持人性安静，从而以一种不偏不倚、公正无私的心态认识和对待万事万物。否则，如果被世俗社会的功名利禄等物欲所困扰，就会像动水引起的浑浊一样，失却晶莹剔透之心灵，也就不能以虚静自然之心来感应宇宙天地的玄机。水有动静、清浊，水静则清，能够映照；水动则浊，不可为鉴，正所谓"人莫鉴于流水而鉴于止水"也。庄子以静水能照见万物，特别是人自己的特性，比喻心静则可以察天地之精微，镜万物之玄妙。庄子的止水静观之喻，与老子的"涤除玄鉴"，以及释家禅宗强调的"心如明镜台"有异曲同工之妙。庄子要人们效法"渊而静"的水，提醒人们要时刻保持静的状态，从而更能准确地接受和判断信息，以一种不偏不倚、公正无私的心态认识和对待万物。《庄子·山木》有曰："且君子之交淡若水，小人之交甘若醴。君子淡以亲，小人甘以绝，彼无故以合者，则无故以离。"君子之间的交情淡得像水一样清澈纯洁、不含杂质，小人之间得交往甜得像甜酒一样。君子之交虽然平淡，但心地亲近，小人之交虽然过于亲密、甜蜜，但是容易因为利益断交。

西汉董仲舒发挥孔子的智者乐水、仁者乐山思想，对水进行论述：水则源泉混混沄沄，昼夜不竭，既似力者；盈科后行，既似持平者；循微赴下，不遗小问，既似察者；循溪谷不迷，或奏万里而必至，既似知者；鄣防山而能清静，既似知命者；不清而入，清洁而出，既似善化者；赴千仞之壑，入而不疑，既似勇者；物皆因于水，而水独胜之，既似武者；咸得之而生，失之而亡，既似有德者。

汉代刘安等编著的《淮南子·原道训》在论水之特征时则奉水为"至德"："天下之物，莫柔弱于水。然而大不可极，深不可测；修极于无穷，远沦于无涯；息耗减益，通于不訾；上天则为雨露；下地则为润泽；万物弗得不生，百事弗得不成；大包群生而无好憎，泽及蚑蛲而不求报，富赡天下而不既，德施百姓而不费……是谓至德。"在这篇水的颂歌中，水具有"柔而能刚"、"弱而能强"、无私厚德、浩大无比、无所不能等特点，高度评价水善利万物的奉献精神。

苏东坡对水也有论述："水无所不利，避高趋下未尝有所逆，善地也；空处湛静深不可测，善渊也；挹而不竭，施不求报，善仁也；圆必旋，方必折，塞必止，决必流，善信也；洗涤群秽平准高下，善治也；以载则浮，以鉴则清，以攻则坚强莫能敌也，善能也；不舍昼夜盈科后进，善时也。"司马光也对水推崇有加，他说："是水也，有清明之性，温厚之德，常一之操，润泽之功。"王夫之则说："五行之体，水最微。善居道者，为其微；处众之后，而常德众之先。"

二、水之品格及其给我们的启示

水的各种现象与人的道德品质之间具有相当的关联性、一致性。儒家以"水"比"德"，道家以"水"喻"道"，佛教以"水"观"佛"。水可给人们以感悟和启迪，以水喻人，以水品喻人品；以水养德，以水之品格陶冶人之品格。

（一）善利万物、无私奉献

水，使我们这个星球有了生命，有了生气，有了活力，有了秀美，使整个世界生机盎然；水，使经济得到发展，社会得到进步，生态得到良好，使整个国家繁荣昌盛；水，使每一个人的衣食住行得到保障，生活质量不断提高，为人类带来了福音。它通达而广济天下，奉献而不图回报，施予却从不索取，兼爱却从不彰显自己。

我们学习水的品格，以水为师，就要"善利万物而不争"，积极地去做一切有利于社会、有利于他人的事，不计较名利、地位，有无私的境界，有奉献的精神。奉献是大禹治水精神的核心内容，也是现代水利行业精神的核心内容。

（二）心胸宽广，关爱他人

水最有爱心，最具包容性、渗透力、亲和力。《春秋元命苞》中说："浮天载地者，水也"；管仲在《管子·形势解》中说："海不辞水，故能成其大。"秦国李斯在《谏逐客书》中说："河海不择细流，故能就其深。"清朝爱国名将林则徐说："海纳百川，有容乃大。"这些都形象地描述了水具有包容的博大胸怀。水能容万物，矿物质、维生素、糖分等营养成分可以溶入水中，有害物质也可以溶入水中。对水而言，无善以无恶，无美亦无丑，一切皆给予包容。真水无味、无色、无形。可是它却洗涤着人间的污垢，容纳了一切的悲欢。谁都可以向他倾泻，无论多么肮脏和有毒，它全部用宽容的心接受下来，也许你会觉得它发臭、混浊，但是真正发臭和混浊的是水吗？海纳百川，汇流成河、成湖、成海，无论胸中多少沟壑，呈现在你面前的却是平静与坦荡。

我们学习水的品格，以水为师，就要有"海纳百川"的胸襟，大度、包容、兼爱，构建和谐的人际关系，创建和谐社会。

（三）正视自我，虚怀若谷

水"居善地"，正视自己柔弱无形的特点，处下不争，化短为长，它随遇而安、方圆自在，选择适合自己的地方安居，享受着自己滋润万物的快乐使命。"江河所以能为百谷之王者，以其善下之。""水唯能下方成海，山不矜高自及天。"高山不辞土石才见巍峨，大海不弃涓流才见壮阔。水包容万物，这样日积月累，点滴之水终于汇聚成波澜壮阔的大海。宋代朱熹在《四书集注》中对"智者乐水"解释道："智行达于事理而周流无滞，有似于水，故乐水。"意思是说，水是奔流不息的，好像在不断学习，不断获取新的知识，不断地寻求真理，因而就能通达事理。荀子在《劝学》中专门讲学习的方法和学习的态度，其中不乏用水来喻理。例如，青，取之于蓝，而青于蓝，冰，水为之，而寒于水；积水成渊，不积小流，无以成江海。这些都是用水来教育人们一定要努力学习，循序渐进，不断地积累知识，才能有大的学问。

我们学习水的品格，以水为师，就要像水一样清楚客观地了解自己，正视自己，恰如其分地估量和评价自己，作出正确的人生选择，做你应该做的事，做你能够做好的事。要像水一样谦虚谨慎，善于谦退，安于卑下；要像水一样，虚心好学，不断提升自己的综合素质，成为有源之水，有本之木。

（四）诚信做人，公正做事

水照万物，各如其形，像镜子一样客观真实地反映万事万物。水无论流到哪里，永远都是平平荡荡的，没有丝毫倾斜。水不管置于瓷碗还是置于金碗，均一视同仁，而且器歪水不歪，物斜水不斜，是谓"水平"。《说文解字》中说：法，"刑也。平之如水，从水。"就是说，执法要"平之如水"，要"一碗水端平"才能公平公正，才能去掉邪恶和犯罪。《吕氏春秋•贵公》中说："公则天下平矣，平得于公。"就是说，只有公平、公道、公正，主持正义，才能天下太平。而要做到这些，"公"是前提，只有"公"才能"平"。何谓"公"？公者去私也。也就说，只有去掉私欲，才能做到公，才能天下太平。水是无私欲的，"水善利万物而不争。"因此，水像铁面无私的法官，无私地给人们以丰厚的馈赠，而对违背自然大法的人，又无情地给予公正而严厉的惩罚。

我们学习水的品格，以水为师，就要像水一样客观诚实，公平公正。诚信公正是社会文明进步的根本体现，也是我们做人做事的基本准则，是我们的立身之本、为人之道、处事之基。离开了公道正派，就会失去信任。如果心如止水，清虚安静，无主观偏颇，便可定是非而决嫌疑。

（五）意志坚定，百折不挠

水至柔，却柔而有骨，信念坚定，追求执著，至净至刚。关山层叠，千回百转，东流入海的意志不曾有丝毫动摇；惊涛拍岸，巨浪滔天，依然粉身碎骨绝不退缩。"滴水穿石"流露的是一种坚韧，是一种执著，尽管力量很小，只要日复一日、年复一年地坚持不懈，就能做出看来很难办的事情。

我们学习水的品格，以水为师，就要像水一样奔流不息、无所畏惧，有奔腾之水的气魄，勇往直前，百折不回。要有"滴水穿石"的精神和意志，坚定目标，永不放弃。不是因为看到希望才坚持，而是只有坚持才能看到希望。在历史的长河中，中华民族历尽了无穷的磨难，但就是靠着这种自强不息、愈挫愈勇的精神，战胜了一个又一个困难，顽强地繁衍生息，并创造出灿烂的中华文明。

（六）把握规律，顺应时势

水循道而流，顺着地形，避开障碍，自上而下。水随缘众生，事来则应，事去则空。水无定所，水无常形。它因器而变，遇圆则圆，逢方则方，直如刻线，曲可盘龙。它因时而变，夏为雨，冬为雪，化而生气，凝而成冰。它因势而变，舒缓为溪，陡峭为瀑，深而为潭，浩瀚为海。它因机而动，因动而活，因活而进，故有无限生机。

我们学习水的品格，以水为师，就要像水一样生而有道，循道而生，把握事物发展规律，符合事物发展规律。"道者，万物之奥，善人之宝，不善人之所保。"（《老子》第六十二章）要懂得"道"，要修"道"。也要像水一样"事善能"，"动善时"，"明事物之万化，亦与之万化"，能顺应时势，灵活变通，审时度势，把握机遇，有柔韧性与适应性，有适应能力、创新能力、应变能力。

（七）光明磊落，洁身自好

水无颜无色、晶莹剔透；它光明磊落、无欲无求、堂堂正正。唯其透明，才能以水为镜，照出善恶美丑。之所以会有脏水、污水，皆源于加入了过多不干净的物质。

我们学习水的品格，以水为师，就要像水一样透明如水、心静如水。要增强廉洁意识，强化自律观念，做到臣心如水。在我们的现实生活中也不乏脏水、污水，如果在我们的大脑里加入太多肮脏污秽的思想而又不及时排除，时间久了，自然就会发霉腐烂、臭气熏天了。老子的"上善若水"就是警示我们要像水一样懂得自清、自谦、自律，好好把握住自己，学会分清是非黑白，分清种种欲望中的可与不可，不去做违规越礼之事；学会拒绝那些本不属于自己的东西，不使自己的生命之水变脏、变臭。

第二节　水　之　信　仰

治水，在中国是一个古老的课题。中华民族的发展，自古就与大规模有组织的治水活动密切相连。从共工氏"壅防百川"与鲧"障洪水"，到禹"疏九河"，促成氏族社会向奴隶社会的过渡；从"欲治国者必先除五害"，"五害之属水为大"的先秦古训，到汉代贾让影响深远的"治河三策"；从始于战国的"宽河固堤"，到兴于明代的"束水攻沙"；从清代屡禁不止的"围湖造田"，到民初权衡利害的"蓄洪垦殖"；从新中国成立之初"人定胜天"、"根治水患"的豪迈实践，到1998年大水之后"治水新思路"的提出与新世纪中向"洪水管理"、"全面抗旱"的战略性转变，在漫长的治水历程中，治水方略总是伴随着社会的变革、经济的发展、科技的进步及人与自然关系的调整而不断扬弃与升华。毫无疑问，我国的水利史也是社会发展史的重要组成部分。

但是，中华民族的治水历程与世界其他民族一样，并非自古就是主动、自信的，而是受制水之信仰、治水理念的影响。中华民族水之信仰大致可分为水崇拜、除水害（人定胜天）、人水和谐等阶段，治水理念也大致可划分为：原始社会时期的利用自然并听命于自然的理念；奴隶社会和封建社会时期的人类利用自然并抗御自然的理念；科技进步和生产力提高后的人类改造自然为人类服务的理念（服务于经济社会的同时也带来了生态健康的伤害）；今天的人水和谐、尊重自然的可持续发展的治水理念。

一、古代的水崇拜

由于对水的依赖、畏惧与自我保护的生存意识，中华民族在很早的时候就产生了对水的崇拜观念，并衍生了许多对于雨水崇拜的文化现象，其中不少带有浓厚的神秘色彩，包含着许多光怪陆离、不可思议的成分，并渗透到人们的思维和行动中，深深地影响了中国传统社会的政治、宗教、科技、艺术以及习俗等各个方面。水崇拜是中华文化中的一个重要现象，其文化元素主要包括水崇拜的对象——水灵、水神，水崇拜的意义——对水的趋利避害的生存需要，水崇拜的仪式——巫术仪式、祭祀仪式及巫术与祭祀相结合的仪式，以及水崇拜的禁忌、水崇拜的神话等。

在生产力相对落后、主要是靠天吃饭的中国古代农耕社会，一方面，农业对于水特别是雨水的过分倚重，使得中华民族对雨水的崇拜之情相当浓烈；另一方面，人们在洪水等自然灾害面前几乎无能为力，视洪水肆虐为水神作怪。为了达到风调雨顺和免除水患的目的，只好祈求那些虚幻的水神，于是便出现了水神崇拜现象。在"万物有灵"和"神"的观念下，河神、海神、湖神、雨神等主宰控制水的"诸神"便诞生了，人们对江河湖海等自然物的崇拜转向了对主宰它们的相应的"神"的崇拜上，并在趋利避害的功利目的和原始宗教意识下进行了对各方水神的祭祀活动。中国古代先民在祈雨时所崇拜祭祀之神有天神、龙神、雨师、风神、云神、雷神、虹神、闪电神以及关公、麻姑等神灵。

古人尊崇水神，主要表现为建庙、祭祀、娶妻、封赏，以及演绎各种神话传说加以宣传等，人们认为通过这些崇敬活动，可以感应神灵，取悦水神，以期水神能够呼风唤雨，确保人们生产生活的正常进行。

殷商时期，殷人活动的范围主要在黄河中下游一带，因而黄河河神及其支流漳水、洹水之神成了他们的主要祭祀对象。据考古发现，殷墟甲骨文中有许多记载殷人祭河的卜辞，如"尞于河"、"祊于河"以及"沉二牛"、"沉三羊"、"沉璧"（用年轻女子祭河）的情况等等。秦代，全国各地普建河神庙，供奉当地河神，官民同祭，香火不绝。汉以降各代，祭祀河神的活动沿袭不衰。为了表示虔诚，汉武帝还亲自到决口处沉白马、玉璧祭祀黄河之神，祈求保佑堵口成功。隋文帝加封淮河之神为"东渎大淮之神"，唐玄宗封淮渎之神为"长源公"，并多次举行祭祀淮神活动，宋太宗太平兴国八年（983 年）规定在每年立春这一天祭祀淮神。明清时因黄河夺淮，造成淮河出口严重不畅，致使淮河经常泛滥为害，因而祭祀淮神活动也随之骤增。

除河神享有很高的地位被人们隆重祭祀外，海神、湖神、泉神等水源神也是古人祭祀的对象。远在周代除了"大川"之外，大海、名源、渊泽、井泉等水神也被列入了祭祀之列。

古人在对江河湖海以及井、泉、渊、潭等地上水源加以崇拜的同时，还对天上的雨水及与其相关的自然现象顶礼膜拜，可以说，雨和风、雷、虹等自然力是先民崇拜的重要对象。在古人的观念中，雨的主宰之神主要为雨师（后为龙王），因此，每当遇到干旱的时候，就去祭拜雨师、龙王及其他观念中可以拨云弄雨的神灵，并逐渐创造出一套完整的拜神祈雨祭祀巫术。民间的求雨祭祀活动，则一直延续到近代还未完全绝灭。这种经久不衰的对雨水的崇拜祭祀活动，再一次有力地说明：在农耕社会，水是制约农作物丰歉的命脉，而雨水则在其中扮演着决定性的、不可替代的角色。这是因为，在干旱的情况下，江河固然可以给田地以灌溉之利，但由于引水灌溉的成本较高（如需要修建水利工程），加之古代生产力水平的限制，使得除了离江河较近且利于灌溉的农田可引江河之水解除干渴之外，其余大部分农田的禾稼只能仰赖老天降雨的滋润。另一方面，淫雨不息，又是造成江河暴涨、洪水肆虐、良田被吞没的主要原因。这种靠天吃饭的状况，使人们对雨水的依赖与敬畏之情在某种程度上并不亚于江河，其具体表现就是人们周而复始、一次又一次地走上祈雨或"祭"（古代禳除水灾的形式）的祭坛。

论及古人对水的崇拜以及因崇拜而兴起的对各方水神的祭祀活动，不能不提到龙。龙是出现在中国文化中的一种观念性的神性动物。古人对龙的神灵性质的认识是多样化的——它具有飞升于天的能力，曾一度充当神仙的坐骑，它还是显示吉祥灾变的灵物……但最为讲究实际的中国百姓看重的，则是它具有影响云雨河泽变化的本领。龙的这种神通使得它与处在农耕文化氛围中的华夏民族之间产生了十分密切的联系。唐宋以降，随着龙王地位的确立，龙甚至被视为主宰各方水域之神，举凡中国大地上的江、河、湖、海、渊、潭、塘、井，凡有水之处莫不驻有龙王。而各地龙王庙的大批出现和经常举办的祀祭龙神的活动，更标志着人们对龙的尊崇达到了无以复加的程度。中国是个古老的农业国，百姓最关心、最需要的是风调雨顺，无水旱灾害之虞，而人们对龙的敬畏与膜拜，正是对水的依赖以及对水涝旱灾的恐怖和力求摆脱之意识的集中体现。

除了取悦水神，以博取风调雨顺之外，还秉承"一物降一物"的传统哲学思想，开辟了镇压水神的途径，以达到确保人水和谐的结果，例如，通过有形利器来镇服水灵。铁牛是最常见的镇水利器，据说兴风作浪的水中蛟龙惧铁，且按五行之说，牛属土，土又能制水。铁牛集两者于一身，故用之镇水。用于镇水的器物还有很多，例如，石犀、怪兽、宝剑、金人（铁人）等。

图腾崇拜在世界历史上是普遍存在的。他不仅代表着一种敬仰和畏惧，还代表着一种精神信仰。在纷繁复杂的图腾崇拜中，水崇拜是一种具有代表性的方式，水崇拜是植根于农业社会生活中的自然宗教，以信仰水的神秘力量、信仰水神等观念为内涵，以祈求降雨止雨和生殖繁衍仪式为表现形式。随着社会的发展，水崇拜的现象越来越少，但是在一些少数民族地区还是很盛行，例如，傣族的泼水节、白族对水和龙的崇拜以及水在纳西族人民生活中的地位等等。其所表达的思想也渐渐的由水的神秘性的畏惧转化为渴求人与自然的和谐相处。

祈雨巫术是古人迷信的产物，它的不科学性毋庸置疑。早在春秋时期，齐国的宰相晏子就极力反对祈雨祭神的做法。在晏子看来，天旱无雨，祭神于事无补，莫如与天地自然"共忧"。战国末期的思想家荀子更是对祈雨迷信活动进行了深刻的批判。荀况从"制天命而用之"的唯物主义思想出发，认为由于对"天地之变"、"阴阳之化"而产生的大旱、日食、月食等天象变异的现象，感到惊奇是可以理解的，但是产生恐惧心理就没有必要了。他深刻揭露巫术的愚昧性、欺骗性以及统治阶级利用巫术愚弄人民。汉代思想家扬雄和王充也对祈雨提出了质疑。扬雄《法言·先知》说："象龙之致雨也，难矣哉！曰：龙乎！龙乎！"王充《论衡·乱龙》更明确地说："夫土虎不能而致风，土龙安能致雨？"事实上，风、雨、雷、电都是自然现象，不以人的意志为转移，雨水哪里是求来的呢？

神毕竟是人类凭幻觉和想象构造出来安慰自己、鼓舞自己或者说欺骗自己的"异化"之物，它并不能给人类一丝一毫的帮助。从水与人类的关系上看，随着历史的进化，日益聪明的人类逐渐发现：尽管不断地、虔诚地向水神进行供奉和祈祷，但水旱灾害侵袭人类的现状并没有因此而改变，而人类通过自身的力量整治江河、疏浚沟洫，却往往能收到减少或避免水旱灾害的成效，尤其是大禹、李冰等治水英雄领导人民降伏水患、造福世人的生动事例，使人们更加清醒而深刻地认识到，与其把命运寄托在神的身上，不如自己奋起抗争，尽"人事"之力，以改变受制于大自然的被动局面。在这种文化心理下，春秋战国以后，治水英雄逐渐成为人们崇拜祭祀的对象。

大禹是华夏民族最为崇敬的治水英雄，他的治水功绩和治水精神可歌可泣，历代传扬不衰。人民为了纪念他，便在他治水足迹遍布的神州大地上修建了许多纪念建筑物，如建在安徽怀远东南涂山之顶的禹王庙（又名禹王宫、涂山祠），建于河南开封市东南郊的禹王台，建于浙江绍兴东南会稽山上的大禹陵等。

另一位被人们十分推崇的治水英雄是战国时期的水利专家李冰。李冰是战国末期蜀国的郡守，他曾在岷江流域兴修了许多水利工程，特别是率众修筑了盖世无双的水利工程——都江堰，惠泽川西人民，一直为后人所敬仰。为了纪念李冰的治水功绩，后人在岷江边的玉垒山上修建了"崇德庙"，对李冰进行祭祀。春秋时楚国令尹孙叔敖，曾主持修建芍陂（在今安徽寿县南），号称"龙泉之陂"，灌溉良田万顷，历代百姓受惠不已。后人感念孙叔敖的恩德，建庙祭祀之，至今仍香火不息。

由对江河等自然物及主宰它们的相应的"神"的崇拜逐渐转变为对治理江河英雄人物的崇拜，是人类社会发展进步的重要标志。它表明，随着实践经验的丰富和智力水平的不断提高，人类对于神的崇拜渐次淡漠，而对于自身能力的信心却与日俱增。他们从大禹、李冰等治水的伟大社会实践中意识到，人类只有依靠自己的力量，才能战胜自然灾害，与自然更好地和谐相处。尽管祭祀大禹、李冰等治水英雄的活动也包含着一定的迷信色彩，还未能从根本上挣脱神权的羁绊，但是，神化大禹、李冰等，毕竟是人类思想进化上的一大飞跃，是对迷信虚幻水神愚昧观念的否定。于是，以神为本的文化便逐渐向以人为本的文化过渡，人们从惶恐地匍匐于天神脚下的奴婢状态中逐渐解脱出来，在理性之光的照耀下，开始伸直腰杆，着力创造现世的美好人生。

水崇拜也有积极的历史影响，概括起来可以分成三点：关于水的各种丰富奇异的传说丰富了我国的传统文化；由水崇拜遗留下来的各种仪式各种节日、活动给我们留下了一笔宝贵的非物质文化财富；在水崇拜中体现出来的天人合一、尊重自然规律、人与自然和谐相处的内涵给我们现今的经济文化建设提供了很好的借鉴。

二、人定胜天的信念

古代社会的许多水祀活动起初是由于人们惧怕洪水带来灾害而产生的，但人类在尊奉自然的原始文明和依赖自然的农业文明的历史进程中，仍然饱受水旱水灾之苦。随着认识自然的水平和改造自然的能力的提高，人类对自然渐渐由被动的尊奉、依附变为能动的改造、利用。如西门豹治邺的故事，将巫婆顶替少女投给漳河之神河伯，体现了人们对水灾害思想认识的转变，体现了人们掌握了洪水规律、能够在灾难中驾驭生活的自信，人们开始有信心战胜洪水、治理洪水，使洪水和人们的生活不是处于紧张之中，而是处于和谐之中。特别是学会了科学管水、合理用水、依法治水，化水害为水利后，人类逐渐卓立于寰宇，领袖于自然。

世界各民族在能动的改造、利用自然，在治理洪水、战胜水害中展示了各自的聪明才智，彪炳史册。古埃及人根据尼罗河的涨落期发明了世界上最早的太阳历法，修筑了大型水利工程，并能观测和记录水情、水位。古巴比伦六世国王汉谟拉比主政时把兴修水利工程、保护水资源等载入人类史上第一部文字法律——《汉谟拉比法典》，修典明法，用之治水。我国春秋战国时期兴修了芍陂、漳水十二渠、都江堰、郑国渠等防旱防涝水利工程。从精卫填海的神话传说和鲧、舜、禹治水史迹，以及战国《禹贡》、汉魏《水经》和晋代郦道元《水经注》等文献中，都能看到炎黄子孙在充分利用水利、维护江河安澜、消弭干旱水涝所创造的辉煌奇迹。古人不仅具有水患灾害不足惧的精神气概，而且还采取有效措施，积极治理水灾害。

随着治水技术的进步和治水成绩的取得，人类在水灾水害面前不再是无知的崇拜者，也不再是懦弱的屈从者，而是勇敢的征服者和骄傲的胜利者。人们对洪水充满敌意，把洪水、把自然界作为征服与改造的对象，提出了"人定胜天"、"与天斗与地斗"、"要高山低头、叫河水让路"等口号，并付诸实施。新中国成立后，针对淮河流域的水灾，国家领导发出"一定要把淮河修好"的号召；面对黄河水患严重的情况，他作出"要把黄河的事情办好"的批示，多次视察黄河的水利建设；面对多灾多难的海河，他作出了"一定要根治海河"的号召；面对长江水灾问题，他提出兴修三峡工程的设想；针对南涝北旱的自然灾害问题，他发出南水北调的倡议等。人定胜天的信念，在一定程度上对于鼓舞人们增强自信去认识自然、改造世界具有积极作用，加快了我国兴修水利的步伐。近几十年来，我国共建成了各类大坝约 8.6 万余座，数量居世界首位。应该说，大规模的水利水电工程建设，特别是大坝建设，在防洪、供水、灌溉、发电、水产养殖、改善环境、发展旅游等方面产生了巨大的社会效益、经济效益和环境效益，在我国的经济发展和社会进步中发挥了巨大的作用。

以人定胜天的信念进行抗御自然的奋斗，在新中国成立后 50 余年的河北省水利建设中得到了充分体现。河北在历史上曾是一个水患频仍的地区，古代的大河（黄河）、海河及其众多的支流，曾在这里屡屡泛滥，使河北人民长期遭受深重的水患。直到近代，河北一直是水患难平，灾害频繁。新中国成立后，战胜自然灾害、减少洪水威胁、保证人民生命财产安全，自然成为共和国上下一致的期冀。在这种抗御自然精神的指导下，燕赵大地迎来了共和国历史上第一个水利建设高潮。1949—1957 年，是河北省以堵口、筑堤、防洪排涝为重点的平原水利建设时期。水利部门每年动员数十万民工，采取以工代赈方式，大力兴修水利工程。1958—1963 年，河北省在各重要河流上游大规模兴建水库工程，进入水资源综合利用阶段，全省掀起了大规模的水利建设高潮，工程重点转移到修建水库方面。此间，兴修的大型水库 10 余座，提高了海河流域主要支流拦洪蓄水能力，同时有助于提高水资源的综合利用，使古老的海河由"害河"逐步成为造福京畿的母亲河。1964—1979 年，是河北省全面治理海河和打井抗旱全面铺开的阶段。1963 年海河流域发生了有水文记载以来的特大洪水，全省淹没 101 个县市、5300 多万亩土地。1963 年 11 月，国家领导发出了"一定要根治海河"的号召。从此全省每年动员中南部 8 个地区 30 多万民工参加海河中下游河道开挖。到 1979 年，共完成 53 条防洪排涝河道工程，开挖和疏浚河道总长 3641km，修筑防洪堤坝 3260km，兴修各种闸涵桥 3445 座。为解决天津、唐山两座重要城市水资源严重匮乏的问题，从 20 世纪 70 年代始，河北省在水资源较丰沛的滦河上游兴修了大黑汀和潘家口两座水库，拉开了引滦入津和引滦入唐工程的序幕。1983 年 9 月引滦入津工程竣工并开始向天津供水；1984 年 2 月引滦河水入唐山，解决了这两座城市多年工业用水不足和市民长期吃咸水的问题，大大缓解了这两座重要城市供水紧张的状况。

20 世纪的五六十年代，自然灾害的肆虐，激发了河北人民的反抗精神，即"与天斗、与地斗"和"人定胜天"的精神，战胜自然、提高人们的生存质量，曾长期作为水利建设的指导思想，也是当时发展和建设水利工程的原动力。但随着经济社会发展，全省用水量显著增加，水环境不断恶化。尤其是 1994 年海河北系和滦河大水与 1996 年海河南系特大洪水，使河北省大部地区遭受严重灾害。河北人民团结奋斗，抗洪救灾，表现出"顾大局、保京津，舍小家、为大家"的精神，在全国人民支援下，取得了抗洪救灾的伟大胜利。在"96·8"洪水过程中，一方面充分显示了原有水利工程在防洪排涝、调节河道径流方面的巨大作用；但是，另一方面，也暴露出一些地区存在的乱占河道、阻塞行洪、毁林造田等违背自然规律的严重问题。

当人类从浑噩无知的必然王国迈向高度智慧的自然王国，创造了灿若繁星的人间奇迹后，"人类中心主义"开始泛滥，人类在改造自然的同时，也不经意地向自然释放了某些大于创造力的破坏力。

恩格斯曾经告诫说："我们不要过分陶醉于我们人类对自然界的胜利，对于每一次这样的胜利，自然界都对我们进行报复。每一次胜利，起初确实取得了我们预期的结果，但是往后和再往后却发生完全不同的、出乎预料的影响，常常把最初的结果又消除了。"随着生产力的发展，人类改造自然的活动越来越频繁，对自然的影响越来越深刻。不顾生态的平衡，破坏自然规律的围海造地、填湖造田的反面教训数不胜数，当人们陶醉在对大自然的胜利之时，同样也遭到大自然的无情报复。由于人类没有处理好人与自然地关系，先发展后治理的发展模式让人类吃尽苦头，全球变暖、冰川融化、海平面上升、海啸台风的破坏程度加大、水旱灾害不断。

在对待人与自然的关系上，如果没有了解自然、尊重自然规律这个前提，只坚信"人定胜天"，迷信人的主观能动性，不懂得道法自然，只要求征服自然，那也容易产生负面效应。在在我国 20 世纪 50 年代之后，"人定胜天"一度极为盛行，成为一种指导性的观念。在这种思想观念的支配下，在"敢叫日月换新天"、"重新安排河山"、"改天换地"这些豪言壮语的鼓舞下，无限度地向大自然索取，对社会经济和生态环境的巨大破坏一直影响至今。众多的大坝建设产生了巨大的社会效益、经济效益和环境效益，但也带来了一些负面影响，由此造成的生态问题、湖河关系问题、泥沙问题、气候问题、地质问题、移民问题以各种形式困扰人们。改革开放以来，随着经济社会的快速发展，诸多地区缺水、缺安全之水日益成为经济社会发展的瓶颈。到了 20 世纪末，不少江河断流，湖库淤积；一些地区地下水超采，湿地退化；一些水乡围湖造地，侵占河道；一些地方水污染频发……水资源危机对人类生存和生物多样性构成了严重威胁，使得水的功用超出了生产生活资源的范畴而成为稀有的战略资源，也使得简单的资源、环境问题演变为普遍的社会问题和复杂的政治问题。

洪旱灾害依旧在不断增长，水紧缺、水污染问题也越来越严重，这迫使人们对新中国成立50多年来的治水实践进行深入反思。清华大学张光斗院士说过，"以前我认为采取工程措施，修堤防，建水库，人定胜天，能根治水害……现在真正认识到，根治洪灾是不现实的，必须学会与洪水协调共处。"

人们必须重新审视人类对待自然界的传统态度，对自己的生产、生活方式进行反思。如果我们还仍以对立的立场处理人和自然的关系，必将危及自然和人类的协调关系。因此，人必须从自身与自然生态统一的"天人合一"的立场去认识自然，改造自然，确立人与自然协调的伦理尺度，使人类的活动限制在生态许可的承载能力范围内，实现人与自然的和谐发展。

三、人水和谐的理念

纵览人类发展历史，民族莫不逐水而居、城市莫不循水而建、文明莫不因水而兴。水于万物不可或缺，是生命之源、生产之要、生态之基。

日月运转不止，江河奔流不息，大自然有其自身运行的规律。水可载舟，亦可覆舟。载荷人类走过数百万年旅程的水是有灵性的，它像一个大智若愚的长者，善待它，它就能流金淌银，创造人类的辉煌文明；虐待它，它就会带来不可逆转的损失和灭顶之灾。

处理人与自然关系的中处理好人与水的关系是非常重要的。司马迁在《史记·河渠书》中写道："甚哉，水之为利害也"，司马迁指出了水与人类生存之间的关系，分析了水的有利与为害的两个方面，在中国历史上首次给予"水利"一词以兴利除害的完整概念。兴利除害要遵循的原则就是正确处理人与水的关系。水对人类有利和害对立统一的两个方面。只有处理好这两个方面的关系才能兴水之利，除水之害。虽然人类改造自然的水平有了很大提高，人对水的崇拜和信仰日渐消退，但是水崇拜和信仰对我们在处理人与自然关系具有很大的启示：坚持人与自然和谐相处，坚持统筹兼发展，用灵活的方式，用联系和发展的眼光处理人与水的关系，都是我们在处理人与自然关系中要坚持的。

回顾与反思使人们认识到，开发利用自然资源必须尊崇自然、顺应自然和师法自然。只有尊重自然规律、尊重科学，坚持人水和谐才能使人在与自然相处的过程中相互双赢。必须树立人水和谐的理念，在开发水、利用水的同时，尊重水的自然规律，高度重视水生态环境建设，注重发挥大自然的自我修复功能，维护水生态平衡。必须树立水资源永续利用的理念，在增加用水的时候就要考虑涵养水源，增强供水的可持续性，既要满足当代人对水的需求，又要给子孙后代留下足够的生存发展空间。必须树立水利发展与经济社会发展相协调的理念，通过水供给的有效增加和水需求的有效约束，双向推动水供应矛盾的解决，促进经济社会发展与水资源和水环境承载力相适应、相协调，以水资源的可持续利用保障经济社会的可持续发展。

经过多年的探索和实践，中国治水从一直引以为豪的"人定胜天"思想开始转向了"人水和谐"理念。中国正在从对自然资源的无序开发、无节制索取向合理开发、节约保护、人与自然和谐相处的方向转变，确保水资源的可持续利用，实现从工程水利、资源水利向可持续发展水利转变。防洪理念发生了重大转变，从"控制洪水向洪水管理转变"到"给水以出路，人才有出路"，在防止洪水危害人类的同时，还注意防止人类的发展侵占洪水的通道，以利于泄洪、分洪。实施了退田还湖、退耕还林、疏浚河湖，从无序、无节制的人水争地转变为主动、有序地保护水资源。此外，还加强了水利规划，促进对水资源的统一管理和保护以及对治水理论进行了积极探索。

从 2000 年起，我国水利部门 9 次对长期断流的塔里木河、黑河实施全流域统一调水，使塔里木河和黑河下游濒临毁灭的绿洲生态重现勃勃生机；2001 年起，连续从嫩江向自然生态保护区——扎龙湿地补水，使生态恶化的湿地逐渐恢复原有功能；2002 年起，开始实施引江济太，探索通过水资源统一调度和优化配置进行水环境治理，激活太湖；2004 年、2006 年和 2008 年三次从黄河引水补给白洋淀，挽救了几近干涸的"华北明珠"。由人定胜天转向尊重自然，从人定胜天转向人水和谐；由人和水的抗争转向相互依存，从单一的索取转向在开发利用中更注重保护。从工程水利、资源水利到可持续发展水利，治水思路的不断丰富完善，人类在处理与水的关系上迈出了理智的一步，不仅利用水、约束水，也善待水、珍惜水、节约水、保护水。

其实，各民族在漫长的历史中流传下来的水祀习俗，例如，端午节（汉族，古时的主要礼俗是蓄兰沐浴）、泼水节（傣族、阿昌族）、沐浴节（藏族）、背吉祥水（藏族）、杀鱼节（苗族）、汲新水（壮族）、春水节（白族）、澡堂会（傈僳族）等，就是以各种方式反映了人们感恩水、敬畏水、珍惜水、善待水，在祭水中体现着敬水，在戏水中体现着亲水、爱水，是人类追求人水和谐美好愿景的写照。

第三节 水 利 精 神

翻开中国的历史，治水活动赫然贯穿其中。一部光辉灿烂的中华文明史，在一定意义上，就是与水旱灾害持续不断斗争的历史。社会的发展和进步历程是充满曲折的，治水的历史更是充满了艰辛和坎坷。水旱灾害的频繁出现，使中华民族必须不断地与大自然进行反复的较量和抗争，长期的治水斗争对中华民族文化性格和精神塑造产生了深刻的影响。无数治水英雄人物，为造福中华民族建立了不可磨灭的丰功伟绩，他们的治水勋业和献身精神是中华民族伟大智慧、创造能力和优秀品质的集中体现。中华民族累世不屈不挠的治水斗争，为后代留下了宝贵的治水精神财富和优良传统。

一、中华民族治水精神的丰富内涵

中华民族的治水精神，有着丰富的历史内涵和人文传承。它既具有中华民族几千年形成和发展起来的优秀传统美德这一共性，又具有从大禹治水以来炎黄子孙在战天斗地、除水害兴水利的实践中所特有的传统和美德；既具有中华民族劳动人民和共产党人的崇高理想信念、优良传统和作风之共性，又具有水利职工所特有的传统和作风。水利的特殊地位，也必须要求从事水利的治水人具有与其他行业不同的职业责任、职业作风、职业素养，必然要求有特殊的治水精神作支撑。

（一）天下为公、无私奉献

在治水活动中，中华民族的治水英雄，无不以天下苍生为念，以为民造福为己任，不辞劳苦，历尽艰辛，表现出无私奉献的高尚情操。这种精神一直为中华民族所推崇。无数中华儿女都在国家危难、人民倒悬的紧要关头，挺身而出，舍生取义，前赴后继。

大禹为制服危害人民的滔天洪水，"抑洪水十三年，过家不入门"（《史记·河渠书》），"卑宫室而尽力乎沟洫"（《论语·泰伯》），这种牺牲自我、以天下为己任、为民造福的高尚情操，已成为中华民族精神的象征。宋天圣元年（1023年），范仲淹任泰州西溪（今东台市台城西）盐仓监时，目睹海堰久废不治、民不聊生的景象，在当时北宋王朝内困外扰之际，怀着忧民之心，冒着杀头危险，两次上疏，请朝廷修捍海堰。范公的"公罪不可无，私罪不可有"、"先天下之忧而忧，后天下之乐而乐"的思想在治水中得到升华，后人为纪念对筑堤有贡献的范仲淹，便把这段捍海堰叫做"范公堤"。清道光二十一年（1841年）七月初，黄河在开封决口，林则徐奉命自流放新疆的途中折回，参与堵口工程。开封堵口合龙之后，仍被遣送伊犁。在新疆期间，虽然他已年逾六旬，但还是冒着风沙，勘察土地，勘探水源，发展水利，推广农业生产技术……表现出"苟利国家生死以，岂因祸福避趋之"的爱国情怀。

名人治水，处在封建社会的特殊年代，往往都是在遭贬、遭压、遭谤的逆境中治水的，因而更有内在的忧苦、外部的压力。但他们不计较个人的升黜荣辱，以博大的胸怀，无私奉献的精神，建筑造福千秋万代的精品工程。

（二）团结协作、顾全大局

众所周知，对于大范围的水灾，单凭少数人的力量或局部治理是难以达到预期效果的。大规模的治水活动是一项十分艰巨复杂的系统工程，必须进行统一的规划，并协调各方共同行动，这就需要统一治水意识和行动。需要组织和动员各方面的力量密切配合，协同作战，形成合力；同时还要顾全大局，统筹兼顾各方面的利益。因此，为了除水患、兴水利，必须加强组织与组织之间、人与人之间的协作和配合，万众一心，团结治水；必须顾全大局，从整体和全局的高度出发处理治水中出现的利益冲突，必要时甚至要牺牲局部利益保证全局利益。久而久之，这种团结协作、顾全大局的精神便深化为中华民族的一种思想方法和工作方式，对推动中国的经济发展和社会进步起到了重要作用。

每当洪水肆虐之时、水灾降临之际，举国齐心，军民团结，各种力量聚集起来，心往一处想，劲往一处使，拧成一股绳；坚持以大局为重，个体服从整体，小家服从大家，眼前利益服从长远利益，小道理要服从大道理，为战胜各种灾害提供了坚强保证。

（三）艰苦奋斗、矢志不渝

在治水的历史长河中，中华民族历尽了无穷的磨难，不断地与大自然进行反复的较量和抗争。长期的治水斗争对中华民族文化性格和精神塑造产生了深刻的影响，累世不绝的水旱灾害，锤炼了中国人民忍受痛苦的能力，铸就了中华民族坚忍不拔、百折不挠的意志品质。就是靠着艰苦奋斗、矢志不渝的精神，愈挫愈勇，战胜了一个又一个困难，创造出灿烂的水利文明。

大禹为治水"腓无胈，胫无毛，沐甚雨，栉疾风"（《庄子·天下》），李冰励精图治建都江堰，郑国不辞辛劳修郑国渠，还有史禄修灵渠，王景、潘季驯治理黄河、汤绍恩修三江闸，以及近代水利先驱李仪址等等，他们在水利上所做的每一份成就都是艰苦奋斗、矢志不渝的精神和劳动所换取的。

新中国刚成立时，全国人民响应党的号召，发扬艰苦奋斗的精神，吃着玉米馍，喝着白菜汤，昼夜不停地抓质量、抢进度，在最为艰苦的条件下，在一片废墟上重建自己的家园，兴修了大伙房、密云、官厅、十三陵、清河、丹江口等一批重点水利工程。

现在，为了经济社会的发展，为了人民生活的安宁，还有很多水利战线工作者长期工作生活在海边、江边、河边、湖边，栉风沐雨，风餐露宿，工作环境艰苦，个人生活困难。他们甘愿清贫，耐得寂寞。

（四）求真务实、尊重规律

水利事业需要科学务实态度，注重技术，讲求实效，按规律办事。历代水利名人在治水实践中，道法自然，科学务实，根据水性、水情、地势，或依托地势顺势而为或顺应水流运动规律，治水取得了较好实效。

在"堵"与"疏"的治水理念实践中，大禹尊重水规律的辩证思维获得成功，使远古的原始部落大步迈向封建文明时期。都江堰"因势利导""不与水敌"的水利工程设计，以及岁修的六字诀"深淘滩，低作堰"和治水八字格言"遇湾截角，逢正抽心"，将水灾频仍的成都平原，造就成几千年来惠泽蜀人的"天府之国"。沟通湘江和漓江的灵渠工程，依地势而为，巧妙地利用了湘漓上源相接近的地形特点，修建铧嘴、溢流天平和调节航深的斗门等设施，达到了跨流域引水通航目的。明代潘季驯通过束水攻沙、蓄清刷黄、淤滩固堤三项措施，科学解决了黄河泥沙问题，成功治理了黄河。吐鲁番盆地人民利用地面坡度、引用地下潜流水创造的坎儿井水利工程，科学积蓄水资源，解决干旱地区的农田灌溉问题。当代水利工程小浪底"调水调沙"、三峡工程"蓄清排浑"，也成功协调了水沙关系。这些永载史册的治水实践，均体现了水利人求真务实、尊重自然规律、顺应自然规律、并善于把握自然规律的精神。

注重调查研究，根据水性、水情确定治水方略，这也是求真务实、尊重规律的体现和要求。大禹治水，经常带着测量工具，到各地勘察地形，测量水势。为了修建都江堰工程，李冰父子沿岷江逆流而上，行程数百里，亲自勘察岷江的水情、地势，确定了治理岷江的周密方案。北宋著名科学家沈括，为了疏浚汴渠，亲自测量了汴渠下游从开封到泗州淮河岸共 420km 河段的地势，以"分层筑堰法"测得开封和泗州之间地势高度相差十九丈四尺八寸六分。

勇于正确对待失误，勇于坚持真理、修正错误，也是求真务实、尊重规律的体现。黄河三门峡工程建设时，在研究不透的情况下，仓促上马，带来了泥沙淤积的隐患。对此，国家领导十分痛心，不断引咎自责，承担决策失误的责任，并在总结治黄经验教训的基础上，以彻底的唯物主义态度和实事求是、无私无畏的精神，否定了"节节拦泥，层层蓄水"的治黄规划，撤掉了三门峡水轮机，批准了三门峡二洞四管的改建方案，避免了黄河治理中的全局性错误。

（五）敢于负责、勇于担当

水利事业乃百年大计，水利工程关系到人民的幸福，抗洪抢险更是人命关天。正因如此，水利工作者应该具有强烈的责任意识，要忠于职守，对国家、对人民、对历史高度负责。在重要时刻和危急关头，要勇于挺身而出，敢挑重担，勇于担当；在遇到事故时，不逃避现实，不推诿责任，这同样也是负责精神的体现。考诸中外治水历史，水利名人们无不具有高度负责的精神和敢挑重担、勇于担当的勇气。

唐朝大诗人白居易在杭州刺史任上，见杭州一带的农田受到旱灾威胁，便排除重重阻力和非议，发动民工加高湖堤，修筑堤坝水闸，增加湖水容量，解决了数十万亩农田的灌溉问题。宋代文豪苏轼同样具有这样的负责精神，他主持修建的苏堤和白居易主持修建的白堤今天已成为西湖上的名胜。元代治水名臣赛典赤·瞻思丁在云南行省雨季时见滇池水位上涨，昆明城中时常水患成灾，便勉力治理滇池，终于根治水患，泽被昆明。明代著名的治河专家潘季驯4次出任"总理河道"，他一生治河，离职前仍对神宗皇帝说："去国之臣，心犹在河。"拳拳之心，感人肺腑。

北宋时期有一位经验丰富的老河工，名叫高超，他在庆历年间的一次黄河堵口工程中起了关键作用。当时在朝廷官员主持下，河工将"埽"（一种针对决口的大型堵塞物）置入决口之中，但屡堵屡败，决口越来越大。在危急关头，高超凭借其卓见，向官员建议，将长埽三分，逐节放入决口。但是，从朝廷官员到一些老河工，都对高超的建议加以反对。高超本着认真负责的态度和敢于承担重任的勇气，耐心地解释了自己的治水方案，他的建议最终被采纳，黄河决口由此才被堵住。再如，我国近代著名的水利家、教育家李仪祉在留学德国期间目睹了欧洲发达的水利事业，深感我国水利之破败不堪和凋敝落后。他以振兴祖国水利事业为己任，由德国皇家工程大学土木科改读柏林但泽大学，专攻水利。李仪祉把一生献给了中国的水利事业，弥留之际仍期盼后起同人，继续致力水利工程。

二、我国治水精神的典型代表

（一）大禹精神

我国的治水精神可以上溯至大禹治水时期。在中国原始社会晚期治理洪水的斗争中，大禹"三过家门而不入"，"身执耒臿，以为民先"，体现了身先士卒、吃苦耐劳、公而忘私的精神；"左准绳、右规矩"，"因水以为师"，"改堵为疏"，体现了无所畏惧、脚踏实地、尊重规律的精神；"非予能成，亦大费（即伯益）为辅"，体现了他善于调动各部落集体力量、同心协力、团结治水的精神。这些内容被后人统称为"大禹精神"。世界上，不少国家都流传着大洪水毁灭人类的神话，基本意思是说：在远古时代发生了一次不可抗御的大洪水，几乎灭绝了所有人类，只是靠着上帝等神的旨意和庇护，才使极少数人得以逃过此次劫难。只有在中华民族的神话中，才有滔天洪水被大禹制服的记载。大禹精神具有巨大的历史震撼力和时空穿透力，犹如一面人文精神文化大旗，感召着中华民族一代又一代治水人汇聚在这面旗帜下，传承光大着大禹的治水之魂，激励着中华民族与水旱灾害进行坚持不懈的斗争。在历史的长河中，中华民族就是靠着这种精神，战胜了一个又一个困难，顽强地繁衍生息，并创造出灿烂的中华文明。久而久之，这种精神沉淀为中华民族的优良传统和文化性格之一，大禹精神在文化和精神层面上为中华民族树起了一面大旗，也为传统而又现代的水利行业留下了彪炳千秋的精神风范和行为圭臬。现在，"大禹精神"已不仅仅是停留在治水精神的层面，而是整个中华民族人文精神的弘扬。正是这种治水精神中本源的精华，激励、鼓舞着由古至今的中华儿女奋发向上、百折不挠、前赴后继去"我以我血荐轩辕"，成为中华历代治水人优秀文化传统的基本价值观。

（二）红旗渠精神

红旗渠是新中国水利史上的光辉典范，被称为"世界第八大奇迹"。红旗渠修建于 20 世纪 60 年代初期，当时国家正处于经济困难时期，勤劳勇敢的 10 万林州人民，不等、不靠、不要，仅仅靠自己的一锤一铲、两只手，自制炸药，自制工具，自己烧制石灰和水泥，依靠艰苦奋斗的坚强意志，发挥自己的力量和聪明才智，在艰难、危险的条件下苦干 10 年。他们在太行山悬崖峭壁上修成了全长 1500km 的红旗渠，在崇山峻岭之间建成了举世罕见的"人造天河"，结束了 10 年九旱、水贵如油的苦难历史，改变了当地的贫困面貌。在红旗渠 10 年建设总投资中，国家投资不到 15%，地方（县社队）投资超过 85%。在地方投资中，自筹现金和物料折款将近占到 1/3。这是当代中国水利史上的独特现象，充分展示了人民群众勇于创造历史的主人翁精神。建设者们既满怀雄心壮志，又尊重科学，具有追求创造的智慧和才干。他们不仅创造了当代水利史上的奇迹，而且在建造红旗渠过程中焕发了创造新生活的雄心，孕育了代代相传的红旗渠精神——"自力更生，艰苦创业，团结协作，无私奉献"。红旗渠精神以独立自主为立足点，以艰苦创业、无私奉献为核心，以团结协作的集体主义精神为导向，既继承和发展了中华民族勤劳坚韧的优良传统，又体现了当代中国人的理想信念和不懈追求。今天的红旗渠，已不是单纯的一项水利工程，它已成为中华民族的精神丰碑。

从山西省平顺县引漳河水入林县，仅总干渠的长度就达 70 多 km。要在太行山中修渠引水，一个非常艰险的任务就是劈山炸石。后来被评为红旗渠特等劳模的任羊成因在 1958 年林县修建南谷洞水库时就当过炮手，修建红旗渠时，便积极报名加入了爆破队，整天在山腰石壁上打眼放炮。

在施工工地上，爆破过后的悬崖峭壁常常是乱石悬空，裂缝纵横容易发生山石坍塌事故。林县城关公社的民工在林县与山西交界的鹦鹉崖施工时，被爆破过的崖头发生了巨石滚落，施工的民工竟有 9 人当场牺牲，教训十分惨痛。为了确保民工的安全，工程指挥部决定由任羊成等 12 名勇士组成除险队，逐一除去炸松的悬石。鹦鹉崖高达 70 余丈，据当地老人说，除了鹦鹉以外，其他鸟难以飞得上去，故此得名。当一位老汉见任羊成的除险队要悬空除险时，急得大声呼喊："不能下！不能下！那可是个见阎王的地方啊！"但任羊成毅然让同伴们砸实钢钎，系牢大绳，将绳索往腰间一拴，手握带钩的长杆荡向了不时哗哗啦啦掉石块的悬崖，崖上崖下的人都为他捏着一把汗。

在虎口崖施工时，任羊成正在全力除险，头顶竟落下一块石头，待他听到响动抬眼张望时，石头正好砸在嘴上。因为剧痛钻心，他想向崖顶喊话，好让上边拉他上去。但他张不开嘴巴，连舌头也不能活动。他用手一摸，原来一排门牙竟被落石砸倒，紧压在舌头上。

情急之下，任羊成从腰间抽出一支钢钎，一下子把倒牙别了起来，结果，4 颗门牙都断在了嘴里。当工友们将他拉上崖顶时，他满嘴血沫，整个嘴巴肿得像葫芦。刚过一天，任羊成又戴着口罩，再一次在悬崖峭壁间冒死除险。

1966 年 4 月，刚刚发表了《县委书记的榜样——焦裕禄》这篇著名通讯的穆青（后任新华社社长），慕名来到热火朝天的红旗渠配套工程工地采访。当他听人介绍了除险队长任羊成的事迹后，便来到了任羊成正在除险的现场。望着残缺门牙的任羊成，穆青关切地问任羊成："你腰里勒根大绳，身上疼不疼？"说着，便随手掀起了任羊成的衣衫。此时，任羊成由于长期凌空除险，腰部已被大绳磨出了一圈厚厚的老茧，但老茧的边缘仍然有磨破的新皮在往外渗血。1996 年，穆青把他曾写过的焦裕禄、王进喜、吴吉昌、杨水才、任羊成等 10 个共产党员的先进事迹汇集成书，取名《十个共产党员》正式出版。穆青在提到任羊成腰间的伤痕时饱含真情地写道："我问他身上是否还有绳索勒出的伤痕，他说，还有。他脱下上衣，果然露出一圈厚厚的老茧，像一条赤褐色的带子缠在腰际。我用手轻轻抚摸着那条伤痕，实在抑制不住自己的感情，眼里早已充满了泪水。我紧紧地握住他的手，半晌说不出一句话来。还用说什么呢？那一圈茧，已经说明，为了红旗渠，他忍受了多么大的痛苦，作出了多么大的奉献！""这就是红旗渠精神！这就是我们民族最宝贵的财富！"

（三）抗洪精神

1998 年夏，我国江南、华南大部分地区及北方局部地区普降大到暴雨。长江干流及鄱阳湖、洞庭湖水系，珠江、闽江和嫩江、松花江等江河相继发生了有史以来的特大洪水。受灾人数之众，地域之广，历时之长，世所罕见。全国人民在党中央国务院的领导下，积极投入到这场惊心动魄的抗洪斗争中，与特大洪水进行殊死搏斗。为了战胜这场特大自然灾害，解放军和武警部队共投入兵力 36 万多人，地方党委和政府组织调动了 800 多万干部群众参加抗洪抢险；加上为抗洪抢险提供直接服务的力量，总数达上亿人口；而其他以不同的方式关心、支持抗洪抢险的人们更是难以计数。这场抗洪抢险斗争，规模大，气势壮，斗争严酷激烈，而更为重要的是，上下一心、干群一心、党群一心、军民一心、前方后方一心。洪水无情人有情，一方有难，八方支援。全国人民情系灾区，一列列火车、一架架飞机、一队队汽车满载着物资、食品，满载着各地群众的深情厚谊，从各个方向往灾区集结。中华儿女用钢铁般的意志和大无畏的英雄气概，用生命、用热血谱写了一曲曲气吞山河的抗洪壮歌，形成了"万众一心，众志成城，不怕困难、顽强拼搏，坚忍不拔、敢于胜利"的伟大的抗洪精神。

"九八抗洪精神"的实质是，以公而忘私，舍生忘死的共产主义精神为灵魂；以人民利益、国家利益、全局利益至上的大局意识为核心；以团结一致，齐心协力，"一方有难，八方支援"的社会主义大协作精神为纽带；以不怕困难，不畏艰险，敢于胜利的革命英雄主义精神为旗帜；以自强不息、贵公重义、艰苦奋斗、同舟共济、坚忍不拔、自尊自励等传统美德为血脉为营养。抗洪精神是民族精神的真实写照，是中华民族宝贵的精神财富。

1978 年出生的李向群生前是广州军区塔山守备英雄团九连战士。他家虽有百万家产，但为追求崇高的人生理想，李向群毅然选择参军之路。在 1998 年夏那场令人难忘的抗洪抢险中，李向群为了保护国家和人民利益，置生死于不顾，以其 20 年的短暂生命和 22 个月的短暂军龄，谱写了壮丽的人生赞歌，被誉为"新时期的英雄战士"。

1998年8月7日，李向群提前结束探亲假，随部队奔赴湖北参加抗洪抢险。第一次抢险他就十分卖力，是全营扛包最多的一个人。在险情面前，他不顾危险，亲自扎猛子查堵渗水洞。8月10日凌晨4时许，李向群和战友在巡查中发现一处管涌，他一边发出紧急信号，一边抱起两袋沙包就往洞口堵，泥沙喷到眼睛和鼻子里也丝毫不敢松动。这样坚持了20多分钟，等到部队赶来时，李向群已成了一个泥人。13日，太平口幸福闸出现3处管涌，荆州市防汛指挥部请求部队火速前往排险。李向群随连队赶到太平口时，幸福闸的周围已满是抢险的群众。这段江面弯多流急、漩涡多，加上闸深4m多，下水查洞非常危险。李向群走到闸前，对连长说："让我下去试一试。"说完，一个猛子扎入水中。1分钟后，他从下游10m处冒出来，向连长报告："水流太急，控制不住身子！"说完，他抱起一个沙袋又扎入水中，在李向群带动下，战友们争先恐后地抱起沙袋跃入水中，很快制服了管涌。

鉴于李向群抢险表现突出，8月14日，连队党支部批准李向群在抗洪抢险"火线"入党。当晚，他兴奋得睡不着觉，在日记上写道：为了战胜洪魔，我甘愿奉献自己的一切。从此，李向群更加严格要求自己，每次执行危急任务都冲在前面。8月16日，他所在的9连奉命赶到南坪筑堤护坝。当时，洪水已经漫过大堤，他看到站在子堤上码沙袋很危险，就把一名新战士拉下来，自己跳上去干起来。8月17日凌晨，李向群发现距作业点300m处的内堤滑坡，立即和9名战友冒雨跳入水中，手挽手搭起一道人墙，以抵御风浪对残堤的冲击。坚持了2个多小时，在当地群众的配合下，终于排除了险情，护住了大堤。

8月17日上午，李向群感到发热头昏，以为是感冒了，就偷偷找营部卫生员要了几粒感冒胶囊。他特意叮嘱卫生员千万不要把此事告诉任何人，因为连队有规定，伤病员一律不得上堤抢险。连续奋战12天的李向群，身体已极度疲劳，在18日下午围堵管涌的战斗中晕倒了，高烧达40℃，连队干部强行把他送进团卫生队。

8月19日，在卫生队输液的李向群，听到部队紧急集合的哨声，拔掉针管抓起衣服就往门外冲。值班医生和护理员急忙把他拦住："你高烧还没退，不能再上去！"李向群推开他们，心急火燎地说："都什么时候了，我还躺得下！"说完，登上汽车，直奔大堤。大堤上只见人头涌动，官兵正在拼死抢堵南平镇天兴堤段6个管涌群。在所在9连任务区，李向群看到混浊的江水从管涌处翻出，他找了根带子缠在头上减轻头痛，冒着近40℃的高温，肩扛手提，一趟一趟地朝管涌处运送沙包石头，直到第二次昏倒在地。

8月21日上午，南平天兴堤段出现近70m的内滑坡，情况万分紧急，全团官兵紧急出动抢险。李向群立即穿好衣服，蹑手蹑脚地躲过值班的卫生员，偷偷爬进连队大卡车，一上大堤就干了起来。当时情况急、运土远，官兵们扛着沙袋都是小跑前进。李向群虽然有病在身，但他没少跑一趟，累得脸发青、唇发紫。指导员见状，命令战友带他下去休息，李向群死活不肯，说："我还行，能坚持。"又跟跟跄跄地继续坚持战斗，每扛一包，双腿像灌了铅一样沉重，每迈一步都要使上浑身的劲，一直扛到第12包沙袋时，终于支撑不住，口吐鲜血，扑倒在堤堰上，战友们紧急将他送往医院抢救。8月22日，李向群因极度劳累，肺部大面积出血，心力衰竭，光荣牺牲。

三、现代水利行业精神

1998 年 11 月，时任国务院副总理送给水利行业三个词——"献身、负责、求实"。后来，水利部党组把"献身、负责、求实"确定为水利行业精神。水利行业精神，是水利人的"精气神"，是水利人在长期治水实践中逐步形成的集体人格，是水利人职业道德的集中体现。水利行业精神秉承了水利行业长期发展过程中积淀而成的优良传统和作风，累积了水利行业的宝贵精神文化财富，蕴涵了治水思路、治水理念、治水精神和管理制度，具有鲜明的水利特色和强烈的时代特征。它已成为加强水利行业队伍建设的思想道德基础和水利行业凝聚力、向心力和感召力的重要源泉。

（一）现代水利行业精神的内涵

1. 献身

献身指的是当代水利人艰苦奋斗、刻苦耐劳、无私奉献的精神。水利是人类改造和利用自然的活动，工程环境主要是在露天的自然状态下进行，艰苦的水利行业需要水利工作者有献身精神。我国水利事业虽然有很大的发展，取得了举世瞩目的成绩，但在江河湖海的治理、水资源的开发利用与管理保护、水利事业的可持续发展等方面，任务仍很艰巨，也需要水利工作者有献身精神。随着现代化事业的推进，工业化、城市化进程加快，对水资源的需求越来越迫切，水不仅关系到农业生产，更关系到工业布局、城市发展、交通运输、生态保护和环境优化。水利工作具有服务整个国民经济的重要意义，水利事业成为中华民族生存发展的命脉，水利工作者肩负的使命比历史上任何一个时代都要更加重大，这也决定了水利工作者必须有献身精神。

献身精神不仅意味着要忠诚水利事业，将自己的智慧和精力献给水利建设事业，也意味着要不畏艰难和困苦，为了水利事业放弃舒适安逸的生活，舍小家、顾大家，甚至献出生命。

2. 负责

负责就是要尽到应尽的责任，视水利工作为己任，一丝不苟，敢挑重担，勇于开拓；就是主动迎接挑战，不敷衍塞责、不弄虚作假，不得过且过；就是各司其职、各尽其责，敢于排难夺险。负责精神首先是指在自己的岗位上忠于职守，对自己所从事的水利工作高度负责，对国家、对人民、对历史高度负责。负责精神还指在重要时刻和危急关头，敢挑重担，以发展水利事业、造福黎民百姓为己任；在遇到事故时，不逃避现实，不推诿责任。

水利事业乃百年大计，责任重大，大江大河治理、水利工程建设，无不关乎国计民生，不能出一点差错。水利行业的科学性强，所谓"差之毫厘，谬以千里"，容不得半点马虎。水利建设是工程浩大的系统工程，对工作既要各司其职，又要各工作环节相互配合，团结互助。正因如此，水利工作者应该具有负责精神，具有强烈的责任意识，忠于职守，遵规守纪，坚持工程建设标准和程序，严格工程管理。

3. 求实

求实，就是要讲求实际，坚持一切从实际出发，实事求是；就是不唯上、不唯书、只唯实；就是敢于追求真理、批评谬误、直面缺点、纠正错误；就是深入实际、调查研究、科学决策、讲求实效；就是不为事物的表面现象所迷惑，能够从纷繁复杂的矛盾中寻求事物内部客观规律性，不断探求水利事业客观规律。

水利是一门科学，而求实正是科学之灵魂。水利工作者要树立科学的态度，严格按科学规律办事，只有如此，才能使水利事业健康发展；反之，不按科学规律办事，必定要受到自然的惩罚，水利事业也必将受到损害。水利工程技术难度大、使用周期长，直接关系到人民的利益，来不得半点虚假。因此，所采集的每一个数据，提出的每个方案，都要建立在调查研究的基础上。调查研究是求实的前提，只有深入、认真地进行调查研究，广泛听取各方面的意见，才能获得第一手资料，然后综合分析，得出正确的结论，作出符合实际的决策。古今中外的治水活动已经对此作出了充分的证明，历代水利名人的伟大实践，正是求实精神的集中体现。

当代中国水利人在科学求实精神指导下，实事求是，尊重客观规律，努力掌握科学规律，追求创造，快速提升了中国水利科技水平和创新能力。当代水利建设中，以求实创新的科学精神建成了令世界瞩目的大型水利工程，如三峡工程、小浪底工程等，科技水平居于世界前列，为当代水利事业树立了时代丰碑。我国对治水规律认识的不断深化和"人水和谐"新的治水、管水理念的确立，也是坚持科学求实精神的结果。

（二）践行现代水利行业精神的优秀代表

高安泽、张宇仙、谢会贵、崔政权等同志是水利部推出的具有时代特色的先进典型，是新时期模范实践"献身、负责、求实"水利行业精神的优秀水利职工代表，他们以自己的行动生动地诠释了水利行业精神。

1. 高安泽

高安泽同志曾任水利部总工程师，他始终把党和人民的利益放在第一位，恪尽职守，勤奋敬业，为水利水电建设作出了突出贡献。他深知水利工程关系人民生命财产的安全，所以坚持以高度负责的态度对待技术管理工作，在工作中有一种拼命精神。

1998年大洪水以后，水利事业进入了一个新的发展阶段，中央加大了对水利的投入。如何建好用好水利工程，保证水利投入发挥最大的经济和社会效益，造福于人民，高安泽同志为此付出了艰辛的努力。在两年的时间里，他组织编制和审查了黄河、淮河、海河、太湖、嫩江、松花江、黑河、塔河等40多项防洪规划及水资源规划，组织了为解决北方地区缺水问题的13项重大专题研究以及天津引黄济津工程等10多项前期工作，为水利建设打下了良好基础。

三峡、小浪底、南水北调，是举世瞩目的大型水利工程。作为水利部的一位总工程师，高安泽同志以对党和人民利益高度负责的精神，在技术上深入钻研的同时，还特别注意协调解决工程项目方方面面的关系问题。三峡工程的水库防洪调度方案的编制工作，涉及防洪、发电、通航和移民安置进度等多种因素。他对这项工作非常重视，虚心向有关专家请教，并与长江水利委员会的专家一起讨论，主动向业主单位领导汇报并听取意见，从宏观问题到公式推导，细致入微，较好地解决了三峡水库防洪调度方案编制工作大纲中的一系列问题。

2000年，由于干旱少雨和水资源的过度开发，下游长期断流，尾闾台特马湖早已干涸，下游被称为"绿色走廊"的80多万亩胡杨林衰减至不到11万亩,生态环境日趋恶化。2000年11月,高安泽同志受命赴新疆协调由博斯腾湖继续向塔里木河下游调水事宜。他不顾尚在病中的身体,7天行程近4000km,跑遍了塔里木河干流及与调水有关的地区,每天工作近15个小时,积极协调有关各方关系,并与黄河水利委员会领导和当地的专家、领导一起,认真分析了继续调水的必要性和可行性。最后向自治区领导提出了切实可行的调水计划和保障措施的建议,最终使2亿多 m³ 的"生命之水",被送往塔河下游215km近乎长期干涸的河道,使濒临消失的胡杨林开始恢复生机,被时任国务院总理赞誉为"一曲绿色的颂歌"。

高安泽同志几乎每天都要工作到深夜12点以后。多年来在他的工作日历上,几乎没有真正的节假日。2001年春节前的大年二十九,他还一直工作到下午5点多,才拖着疲惫的身躯在夜幕中回家。部里按规定安排的休假,他也从未享受过。2000年,他老伴儿退休了,在大家的劝说下,他好不容易答应陪老伴去休假,机票都买好了。可临行前,正赶上部里向国务院汇报南水北调工程进展情况,他说服老伴,退掉了机票。由于工作过于辛劳,高安泽同志身体一直比较虚弱,但3年来,他却从未请过病假。一次夜里高烧39℃,第二天他依然带病到办公室处理工作。还有一次,由于连续熬夜工作,在开会中间,他竟然累得晕倒了,但他在沙发上稍微休息了一会儿,就又继续主持讨论。

1999年10月,水利部组织审查《黄河重大问题对策》,他是技术协调人之一。审查会开始后,由于白天开会,晚上要进一步征求有关专家、领导意见,然后加以整理记录,连续三天工作都是到凌晨两三点钟才休息,眼睛都熬红了。会议结束前的那一个晚上,已是凌晨1点多钟,他的秘书实在看不下去,极力劝他早点休息,但极少发脾气的他,执意将秘书推出了房间,并用沙哑的声音说:"总书记刚视察过黄河,现在又有这么多专家献计献策,这次会议的审查意见可来不得半点儿马虎啊!"

高安泽同志在工作中认真细致,不仅严把技术关,而且经常主动向部领导和一些司局提出技术建议。2000年底,他结合贯彻部领导提出的要研究社会主义条件下的水权、水价和水市场问题的指示精神,协助有关司局专门组织力量,抓紧开展南水北调工程的水价形成机制和管理体制的研究,进一步完善部党组提出的论证思路,受到部领导的高度重视,极大地推动了南水北调工程的论证进程。2001年春节刚过,他又和水利规划总院的总工程师一起,赶到一个北方大城市审查该市的城市防洪建设规划。为了兼顾防洪安全与城市发展,使防洪设施与城市景观相协调,他认真听取设计人员和一些专家的不同意见,并以一个普通工程师的身份,连夜画草图、作计算,提出了自己的具体技术建议。为了实地勘察一段关键堤线的走向,他竟然冒着零下30多度的低温,顶风踏雪沿着松花江边的大堤徒步踏勘近2个小时,在场的同志无不为他的负责求实精神所感动。

2. 张宇仙

张宇仙是四川省登瀛岩水文站一位普通的水文勘测工。就是这么一个朴实平凡的女人,用对事业的执著和忠诚,用无悔的人生选择,成为了四川水文人的楷模。其爱岗敬业的可贵品质,舍小家顾大家的高尚风范,被广为传颂。

张宇仙初中毕业后,她没有做第二种选择,就子承父业走入了水文这一行。为了尽快适应水文工作，她凭着对水文的热爱和强烈的责任心，利用日常休息、测报间隙时间，向水文前辈请教，向书本学习，刻苦钻研水文业务知识，掌握测报技能，很快成长为一名合格的水文人。无论是在哪个站生活和战斗，其强烈的工作进取心和对同事的关心、爱护之情，受到每一个站职工的好评。有一次涨大洪水，又遇雷电交加的恶劣天气，电话线被雷击断，水情电报发不出去。在水情万分紧急的关头，她力排众议，冒着生命危险摸黑到镇上邮局发报，保证了有关部门急需水情的及时传递。由于工作成绩突出，张宇仙被提拔为涌泉水文站站长，在她的带领下，不仅年年出色地完成了上级交办的任务，还使该站保持了"精神文明站"的光荣称号。涌泉水文站降级为水位站后，站上只需一名职工。本来，以她的困难、为人和工作成绩，是可以留在涌泉的，照顾生病的丈夫和年幼的孩子。但是她考虑到另一名女职工的特殊困难，毅然向领导要求调离自己，把方便留给别人，把困难留给自己。

到登瀛岩水文站后，张宇仙就更没有时间照顾家人。对丈夫和孩子的思念心切了，就打个电话回家问问。1998年8月19日凌晨，人们还在甜美的梦中品尝着生活的甘甜，一阵急促的电话声打破了登瀛岩水文站的宁静。正在值班的张宇仙抓起电话，是紧急水情电话，作为长江一级支流的沱江当日内将发生大洪水。而此时的长江，百年一遇的大洪水正疯狂地肆虐着沿岸广大地区，沱江每增加一个流量长江就多一分危险。对于这一点，专门负责水情传递的张宇仙深知其中的要害。她迅速向站长作了汇报，全站人员随即各就各位。电话铃声再一次响起，电话是孩子从医院打来的，身患晚期肝癌的丈夫，再次住进了医院，医院再次发出了病危通知。她把悲痛强压在心底，用衣袖擦干泪水，随即参加到测洪工作中。从8月19日至23日，在历时五天的紧张工作中，她始终一丝不苟地战斗在自己的岗位上，同全站职工一道，施测到变幅近10m的超警戒洪水，收集洪水资料156份，准确传递水情18份，回答沿江咨询电话200余次。洪水退下去后，张宇仙才向站长请假去看望丈夫，但是，三天后，丈夫还是在张宇仙撕心裂肺的痛楚中离开了她。领导给她一个月时间安排后事，可刚过了10天，当她从电视上得知沱江上游又发生大洪水时，她毅然将孩子托付给年近80高龄的婆婆，提前返回站上，投入到紧张的洪水测报工作中。

2001年8月20日，沱江登瀛岩水文站发生了超警戒水位1.5m的大洪水。重感冒在身已发烧到39℃的她，本可以请假治病并顺便看看孩子和婆母，或者休息一下，但她挂记着站上的事儿，担心年轻的站长安排测报工作有闪失，硬是艰难地从床上爬起来，与全体职工一起战斗。9月20日，又发生超保证水位0.67m的大洪水，而此时的内江市中区防洪大堤尚未彻底修建完毕，修建完毕的部分也未经受如此大的洪水的考验。市委、市政府高度重视，主要领导在大堤上现场办公，以便及时了解洪水情况。张宇仙同志以高度的责任心，向国家防总、四川省和内江市等各级部门及时传递水情电报100余份，耐心回答沿江各单位和个人询问电话200余次，为确保特大洪水顺利通过内江市区，减小洪灾损失作出了重要贡献。

3. 谢会贵

谢会贵是黄委会上游水文水资源局玛多水文巡测分队的一位工程师。1977年从黄河水利学校毕业后，他在黄河源区默默无闻地工作几十年，为发展黄河的水利事业收集了数以万计的黄河源区的水文资料。

毕业前夕，谢会贵响应"到祖国最需要的地方去"的号召，主动写信要求到最艰苦的勘测一线去。学校批准了他的要求，分配他到玛多县的黄河沿水文站工作。素有"黄河第一县"之称的玛多县，自然环境极其恶劣，海拔超过4200m，高寒缺氧，源头终年积雪不化，多年平均气温-4.1℃，最低温度曾达到-53℃，全年没有无霜期。工作之初，强烈的高原反应让他有些吃不消，胸闷气短，经常是彻夜难眠。但谢会贵不仅忍了下来，而且只用了不到两年时间，骑马或徒步，走遍了黄河源区流域干流和各支流，行程近5000km，为南水北调西线工程默默地做着前期的查勘工作。

谢会贵的主要工作是测量黄河在玛多县的水流量和冰期试验。冰期试验需要砸开黄河厚厚的冰层勘测河水的流量和流速，这项工作在内地河流上做起来也不轻松，在高寒缺氧的黄河源区，其难度就更大了。谢会贵承担了冰期试验的凿冰孔任务，这是最吃力的工作。在不到内地40%的供氧量和-40℃的低温条件下，冒着凛冽刺骨的寒风，谢会贵和同事们每天背着10kg重的工具，骑着自行车到60km外的黄河边，在1m多厚的冰上凿出一溜冰洞，下大雪时还要挖开近1m厚的积雪，每小时进行一次取沙测流量的试验。每年测得的数十份数据，为下游的水文勘测、防汛、降水量的测量提供了翔实的数据材料。谢会贵也被誉为玛多的"打冰机"。

冬天的玛多县城一片空寂，只有个别值班人员留守。说不清有多少个夜晚，谢会贵独坐煤火炉前，一瓶烈性白酒、一杯浓茶以及几块羊肉，聊以打发无尽长夜。有时在黑夜中游荡，直至天明。

有人恰如其分地把水文测报比做是"良心活"，事实也的确如此。因为，水文是靠数据说话的，而能不能提供准确的数据，除了工作人员的业务素养外，对工作的热忱和忠诚也是非常重要的。在远离人群，无人监督的荒原僻野，谢会贵一次次用行动证明了自己对事业的忠诚，对工作的热爱。无论刮风下雨，无论雪花漫卷，无论白天黑夜，谢会贵都严格按照操作程序认真作业，把一组组数据准确无误传递出去。一次，因人力不足，玛多当地一个熟人被谢会贵请去帮助测流，当时风雨很大，那人对谢会贵说，你这么认真干什么，你预估一个数字谁知道？谢会贵马上严肃地说，这可不能马虎，差一点点都不行！几十年来，谢会贵经手测过的流量单次质量合格率达到百分之百。观测累计的水文数据均满足规范要求，玛多水文站的水文资料整编成果全部达到验收水平。

谢会贵付出的不止是辛苦。由于生活条件过于艰苦，第一任妻子离他而去；长期恶劣气候的折磨，谢会贵的身体状况也大不如前了，干重体力活时常常力不从心。说来好多人都不相信，在青藏高原上待了近30年的谢会贵也会高原反应，甚至比初上高原的人反应更为强烈。如今谢会贵每次从西宁回到玛多，都会头痛欲裂，胸闷气短，呼吸急促。在高原上待久了，肺部长期处于极力扩张的状态，到达氧气充足的地方，才会慢慢正常起来。回到高原，又骤然扩张。如此反复，体质好的人还可以抵抗，差的便只能苦苦支撑，然而一旦支撑不住，情况就会更糟。谢会贵完全有理由向组织申请调离，但他从来没有提过。当单位领导调换他到条件好一点的水文站时，都被他婉言谢绝。他说："我在玛多时间长了，对当地情况也熟悉，适应性强一些，对这里的工作和环境也很熟悉，工作起来方便一些。

换了别人照样受罪，我就在玛多干吧，干到退休，哪也不去。"

4. 崔政权

崔政权曾任水利部科技委员、长江水利委员会科技委顾问、长江委综合勘测局总工程师。他在地质领域里创造了一个新的体系，为三峡库区百万移民找到了一个安稳的家园。崔政权不唯书、不唯上、只唯实，一身知识分子的铮铮傲骨，赢得了人们的尊敬。

众所周知，三峡工程的成败关键在百万大移民。1991年9月，崔政权奉命担任三峡库区迁建选址和地质论证的总负责人。三峡库区地质工作人称"通天工程"，党中央和国务院高度关注，任何一个闪失都会引起国际反响。崔政权常常告诫自己："要为三峡百万移民找到一个安稳的家园，对党和国家高度负责"。

"三峡工程是国际一流的工程，我们的工作、我们的成果也必须是第一流的。"这是崔政权给长江委地质人员，也是给自己定下的标杆。虽然年近花甲，但无论严冬酷暑，还是暴雨大雪，皮肤黝黑、面容清瘦、身体单薄的崔政权每年要巡查库区两三次，行程数千千米，攀高坡，下沟谷，足迹踏遍三峡库区的每个角落。

1994年10月，崔政权带领长江委地质人员用三个多月时间对三峡库区20个县（市）150余处可供建城（镇）部位进行了全面考察，跑遍了5600km库区淹没线附近的山山水水，做了大量细致的地质调查和勘测，摸清了移民城镇选址的地质情况。考察结束后，立即向国务院三建委和国家移民局写出了《关于三峡工程库区涉及移民工程的地质、岩土工程问题的报告》。1995年元月，他又亲自拟定了《三峡工程库区城镇建设中岩土工程实施要点》，为城镇迁建选址提供了地质依据，有力指导了迁建工作。

巴东县城自古以来就是三峡库区中自然、地质灾害最为频繁的一个地区。巴东人盼望早日摆脱地质灾害的魔影。自实施移民工程以来，巴东人就以无比的热情积极选择新址。早在1979年，他们就请某规划院选址、详勘，并由上级批准黄土坡为建城新址。巴东人以为他们找到了一个建立家园的安稳地方，于是在黄土坡大兴土木。截至1992年，新县城已基本建成，投资达1.8亿元，巴东县城的一大批机关已迁到黄土坡。可是崔政权却看到黄土坡地质灾害的魔影在步步紧逼。

1992年5月，第一次到黄土坡考察的崔政权对随行县领导说的一句话简直如晴天霹雳："巴东新县城建到了一个滑坡体上。这一带决不能再建设。另外，白土坡存在的地质问题也很多，也不能做县城新址。"他向巴东推荐了云沱、西壤坡一带方案。崔政权的意见引起湖北省有关部门的重视，省人民政府召开专家论证会，并将新县城扩大到云沱、西壤坡一带。但1.8亿元的投资，当地政府哪能说放弃就放弃？在对云沱、西壤坡一带论证的同时，黄土坡的建设一刻未停。

尽管崔政权多次呼吁，但仍然未果，强烈的责任感和知识分子捍卫真理的使命感煎熬着他。1995年4月，崔政权撰写了《长江三峡工程库区迁建城镇新址地质条件论证情况通报》。巴东县领导看了崔政权的报告，并对照他的一贯立场，感到崔政权也许是对的，于是停止了黄土坡上的一切建设。可是，已经太晚了！6月10日清晨，发生了崩滑，导致死亡5人……巴东县领导这才意识到"巴东县城的命运同地质环境紧紧联系在一起"，于是聘请崔政权为地质顾问。

10月29日，早已被崔政权预测到的滑坡恶魔向当地的三道沟扑来，由于预报准确，防范措施得力，无一人伤亡，这件事震动了整个巴东。巴东人到滑坡现场一看，简直惊呆了。崔政权让搬走、疏散的地段果然滑下去，崔政权没让搬的地段没有任何灾害痕迹！

　　艰难困苦，玉汝于成。也许巴东人并不了解，在崔大师"神机妙算"的背后是多少岁月的颠簸、跋涉，是多少日夜的冥思苦想，是他千锤百炼后对三峡库区地质环境的了如指掌。惊诧、信服、感恩，又何止一个巴东，在秭归，在巫山，在奉节……到处流传着崔大师为当地人民指点迷津、排忧解难的动人故事。

　　据不完全统计，从1991年9月到1996年11月，崔政权在选址上为三峡库区新城建设避免了20余亿元损失。他带领同志们以国内外地质界从未有过的速度，完成了三峡库区迁建新址选择和地质论证初勘、详勘报告，共1000余万字、图纸1万余张。1998年7～9月，三峡库区共发生崩滑126起，总体积达2亿多 m^3，但因预报及时，均未发生人员伤亡事件。

　　当年奉节新县城选址，某专家断言三马山新址建在了滑坡体，新城建设被迫停工。当地政府非常着急，找到崔政权，他顶住巨大的压力，通过勘察分析否定了那位专家的论断，选定了口前－三马山新址方案，并在报告书上签署了明确的意见。此举确保了新城的建设进度和三峡水库135m蓄水如期进行。奉节县一位领导曾提起此事，眼里含着泪花，动情地说，崔大师承担了别人难以承担的风险，尽到了别人难以尽到的责任。

第六章 水 之 路

第一节 新中国成立以来的水利建设与发展

一、新中国成立之初的水利发展

1949 年新中国成立以前的 100 年，国势极度衰落。从江河格局来讲，1855 年黄河在铜瓦厢决口以后，黄河由夺淮入海改从利津单独入海，黄河南北的淮河和海河都摆脱了历史上被黄河夺走出路的干扰，但原有的水系已被破坏。1860 年和 1870 年长江大水，向洞庭湖冲开了藕池口和松滋口两个大口子，形成了四口入洞庭湖的局面，江汉平原灾害有所缓解，但洞庭湖淤积、围垦，防洪压力越来越严重。长江、黄河在 100 年中格局有了这么大的变化，照说水利应该相应地跟上，但是那个时候水利建设基本上停滞，水旱灾害频繁。从 20 世纪数过来，1915 年珠江大水，淹了广州；1920 年北方大旱；1921 年江淮大水；1928 年华北、西北、西南大旱；1929 年黄河流域大旱；1931 年江淮大水，淹了武汉，南京也淹了半个城；1933 年黄河大水，黄河两岸都决了口；1935 年黄河南岸再次决口，同时汉江和洞庭湖的澧水发生大水灾；1938 年国民党挖开花园口；1939 年海河大水，淹了天津；1942 年至 1943 年华北大旱，广东也大旱。连年的水旱灾害，每次受灾人口都达千百万。可以说，严重的水旱灾害，已经威胁到中华民族的生存基础。

新中国成立后，国家领导都非常重视水利。1949 年 11 月，中央人民政府成立还不到两个月，时任国务院总理接见了解放区水利联席会议的部分代表。总理用"大禹治水，三过其门而不入"的故事，勉励水利工作者要为人民除害造福。1950 年 8 月，总理在中华全国自然科学工作者代表会议的讲话中强调国家建设计划中，不可能百废俱兴，要先从几件基本工作入手。

这个时期，以治理淮河为中心任务，解决当时江河水患最突出的问题。1951 年 5 月"一定要把淮河修好"的号召大大推动了当时的水利建设。

由于淮河支流特别多，分布地区广，工程量大，涉及豫、皖、苏、鲁数省，又加上当时物质、施工条件落后，因此治淮任务的困难和艰巨程度不可想象。但是在各级党和政府正确领导和组织部署下，各方面同心协力、大力支援，广大群众意志奋发、奋勇参战。终于战胜了一切困难，使整个工程进展顺利。

1951 年的春、冬，苏北运河整修工程和苏北灌溉总渠先后完工。建成了一条长达 168km 的苏北灌溉总渠。7 月淮河上游的石漫滩水库完工，该水库是淮河上游完成的第一个水库。可蓄洪水 4700 万 m³，灌溉农田 9 万亩。11 月高良涧进水闸和淮安支东分水闸先后开工。

1952年淮河支流颖河上游的白沙水库和汝河上游的板桥水库开工兴建。冬来暑往，治淮工程一个接一个。1953年新沂河嶂山切岭、苏北导沂整沭、淮安杨庙穿运、三河闸、刘老涧节制闸等陆续开工或完成。安徽省以修筑淮北大堤为主，实施了淮河干流和主要支流的堤防工程建设。在正阳关以下淮北大堤上修建涵闸防洪排涝工程；疏浚了西淝河、濉河等重要支流；完成了西淝河、茨河、北淝河等支流的水系调整和截源改道工程。1954年佛子岭水库完工，该水库可蓄洪水5亿m³，灌溉农田70多万亩，并可减轻淮河的洪水威胁等。1954年淮河再次发生特大洪水，但由于这些水利设施发挥作用，洪水东注黄海，南入长江，顺畅下泄，没有发生水患。1956年淮河中游史河上游的梅山水库拦河大坝建成。大坝全长558m，坝高84m，大大增强了水库的蓄水能力。

此外，全国各地的治水工作也都全面展开。1950年河北省渤海区灌溉工程的四大重点之一的蓟运河灌溉工程开工；长江最大支流之一的汉水治理工程开始；湖南大通湖蓄洪垦殖工程开工。1951年河北省独流减河工程开工，1953年完工。该工程包括开挖独流减河、南运河改道等主要部分。这一工程的完工，完全解除了天津市和津浦铁路的洪水威胁。

1952年10月国家领导视察黄河，发出"要把黄河的事情办好"的号召，从此根治黄河的工程提到日程。1953年河南省境内的引黄济卫（卫河）工程全部修建完工，共修筑渠道4945km，可灌溉农田72万亩。

长江干流上兴建的第一个最大的防洪工程——荆江分洪工程，于1952年始建，1953年完成。该工程包括修筑黄天湖大堤、修建进洪闸（太平口）和节制闸（黄山头），加固堤防，整理分洪区渠道等，分洪区总面积921km²，围堤周长208km，建成后分洪区蓄水量可达54亿m³。

1954年我国第一座大型山谷水库——北京市郊区永定河官厅水库竣工。该工程于1951年开工，建成后蓄洪水22亿多m³，大大减少了水患威胁。

1954年夏，长江、淮河中下游由于雨量特别集中，均超过历史最高水位，长江岸边的大城市武汉告急。但由于几年来治水工程的成效，以及当地党政、民众奋力抗洪，终于使洪水没有酿成灾害，确保了武汉的安全，事后便有了"庆贺武汉人民战胜了一九五四年的洪水"的题词。

1955年7月国务院会议通过关于根治黄河水害和开发黄河水利综合规划的报告。1956年3月新华社报道，全国兴修农田水利的五年计划提前、超额完成，经过五年的努力，不仅大大减少了水患，而且实现了扩大农田灌溉面积达800万km²，比原计划480万km²超额约40%。这标志着治水工作取得了阶段性胜利。

治淮工程持续到20世纪60年代初。1958年起兴建了从洪泽湖到新沂河的淮沭河工程。河长100km，宽1.04km，并建造了二河闸、淮阴闸、沭阳闸等控制工程，跨淮河和沂沭河两流域调水，达到分淮入沂，淮水北调和淮沂互济的综合治理目标，增强了调度排洪的能力。到20世纪60年代，共建成了佛子岭、梅山等10座大型水库和官沟、响水坝等一大批中型水库以及几百座小型水库；先后开建了城西湖、城东湖、蒙洼和瓦埠湖4个蓄洪工程；沿淮开辟了18个行洪区；举世闻名的淠史杭沟通综合利用工程和新灌区也开工兴建。至此治淮工程的预定目标基本完成，初步形成了蓄泄兼筹的中游干流防洪工程体系。历史上多灾多难的淮河两岸人民，在从新中国成立初治淮以后到 20 世纪 70 年代末虽然发生过多次大洪水，但却再没有酿成重大水患。

1958 年下半年开始的"大跃进"运动，实质上是以加快经济发展为目的的生产建设运动。它反映了在生产资料所有制方面的社会主义改造任务完成之后，迫切要有一个生产建设大发展的热潮。经过"三大改造"运动，生产关系虽然发生了根本变化，但就生产力和物质基础来说仍是历史的、落后和贫穷的。农业生产基本上仍是靠人力和畜力，抵御自然灾害和抗风险的能力薄弱，水、旱、虫灾频发，农业产量低而且不稳定。可想而知，在当时国际形势下，经济生产"大干、快上"、加快发展的要求远比现在迫切得多。

从农业上来说，大跃进是以贯彻党中央 1957 年制定的《全国农业发展纲要》"四十条"为发端的。《全国农业发展纲要》明确提出用 12 年时间粮食亩产要分别达到"四五八"的目标，即黄河以北 400 斤，黄河以南、淮河以北 500 斤，淮河以南 800 斤。当时在《全国农业发展纲要》的鼓舞下，全国农村首先掀起了一个大搞水利建设的高潮。

由于 1958 年农村人民公社的普遍建立，使大型水利工程能够进行统一规划、部署，不再受原来县、乡区划的局限；同时大大增强了劳动力和资源的统一调配、开展大协作和八方支援的能力，因此使水利建设的规模进一步扩大。这就大大促进了全国的水利化建设。在新中国水利建设史上，有许多治水的大工程、大建设是在三年"大跃进"时期实施的。

在"大跃进"中，各地兴起了修建水库的热潮。至今遍布全国的水库，其中有半数以上始建于"大跃进"时期。如著名的北京十三陵水库就是在 1958 年修建的，当时很多中央领导人都曾到工地上参加过义务劳动。还有其他一些大型水库，如北京密云水库、浙江新安江大水库、辽宁省汤河水库、河南省鸭河口水库、广东省新丰江水库、海南省松涛水库等，都是在"大跃进"中施工或建成的。这些大型水库都具有蓄水、防洪、灌溉、抗旱、养殖、发电等综合性功能，对当地的环境、生态和经济发展起着重大作用。

治水的规模大、力度强，是大跃进时期水利建设的一个特征。由过去的筑堤、导流发展到对大江大河的拦河、截流、改道等，气壮山河。这在历史上是不敢想象的。其中包括对海河、黄河、长江支流等许多大江大河的治理。例如，1958 年实施和竣工的海河拦河大坝合龙工程，把华北五条内河入海河道切断，使淡水不再流入大海，海水不再上溯内河；黄河三门峡截流工程，于 1957 年开始，1958 年截流成功，是根治和综合开发黄河的主体工程。截流后，可造成 647 亿 m^3 的库容，历史上"三年两决口"的黄河从此再无发生过水患。同时具有防洪、发电、灌溉等综合功能，可灌溉农田 4000 万亩；丹江口水利枢纽工程，是根治和综合开发汉水的主体工程，1958 年胜利截流、第一期工程完成；黄河刘家峡水利枢纽工程完成截流，大坝截流后，可形成蓄水 49 亿 m^3 的水库，可灌溉农田 1500 万亩；黄河青铜峡水利枢纽工程拦河坝合龙截流。该工程是一个发电、灌溉、调节黄河水量等综合利用的水利枢纽工程。建成后，可控制宁夏、内蒙古等地区的黄河凌汛，并形成宁夏地区一个面积 1000 万亩的灌溉网。

全国各地的水利工程更不计其数，气势豪迈。在仅仅三年的时间内就兴建了那么多的大型工程，可谓功绩卓著。如果不是在"大跃进"和人民公社时期，这样的壮举是不可能有的。

二、20 世纪六七十年代的水利建设与发展

在 20 世纪六七十年代，水利建设作为"农业学大寨运动"的一个重要组成部分，更加广泛、深入地开展起来。其主要特点是由过去的偏重防洪向综合开发利用的目标发展，贯彻 "水利是农业的命脉"的号召，主要解决农业用水和抗旱问题。为此还开掘了许多新河道，修建了大量的水利枢纽工程，治水规模和投入进一步扩大。仅 1975 年一年的投资就有 45.3 亿元。从新中国成立初到 1979 年中央政府用于水利基本建设的投资达到 760 多亿元（据万里在 1980 年 10 月全国水利厅局长会议上的讲话）。到了 20 世纪 70 年代末，就总体上实现了对江河、湖泊水情的控制。不仅基本消除了大的洪涝灾害，而且达到了灌溉、发电等综合利用的显著效果。

这时期的一些大型水利工程，例如，震惊中外的河南林县"红旗渠"，被称为"人造天河"，该渠于 1960 年动工，1969 年全部竣工。在当时困难艰苦的条件下，林县人民硬是在巍巍太行山的悬崖峭壁、险滩峡谷中开凿出一条河道。在施工过程中共削平了 1250 座山头，共开凿悬崖绝壁 50 余处，斩断山崖 264 座，凿通隧洞 211 个，跨越沟涧 274 条，架设了 152 座渡槽，共动用土石方 2229 万 m^3。创造出了水利建设史上的奇迹！全渠由总干渠及 3 条干渠、数百条支渠组成。总干渠长 70.6km，引水量 20m^3/s。支渠配套工程建砌石渠道 595m，总长约 1500km。建成后灌溉面积扩大了 60 万亩。大大缓解了当地的农业干旱缺水问题。湖北省汉北河也是一条人工河，1970 年竣工，全长 110 多 km，建成后扩大灌溉面积 100 多万亩，等等。

1969 年竣工的江都水利枢纽工程，由三座大型抽水机站、五座中型节制水闸、三座船闸和疏浚河道等十多项工程组成，它把长江、淮南、大运河和里下河连接起来，利用这些河流的不同水位，通过自流和机动引水相结合进行排涝和抗旱，可灌溉农田 250 多万亩。

1972 年竣工的辽河治理工程，上游和支流共修建水库 220 座，共修筑堤防 4500km，流域共建电力排灌站 920 处，可灌溉农田 1100 多万亩。

1973 年完成的海河治理工程，前后用了十多年的时间，共修筑防洪大堤 4300 多 km，开挖、疏浚河道 270 多条，新建涵洞、桥、闸六万多座。修建大中型水库 80 多座（总库容达 130 多亿 m^3）。其中有岳城、岗南、黄壁庄、密云等 18 座大型水库和 60 多座中型水库。建蓄滞洪区 20 多处。对洪、旱、涝、碱等灾害进行了全面治理，使海河的排洪能力比历史上提高了十倍多，在流域内实现了每人一亩水浇地，1973 年粮食总产量比 1963 年增长了一倍。海河完全被治理。

横跨皖豫两省的淠史杭水利工程，是一座以防洪，灌溉为主，结合发电、航运、水产养殖等大型水利水电枢纽工程。该工程始建于 1958 年，20 世纪 70 年代初竣功。建成了包括龙门口水库等五大水库在内的新灌溉区，使安徽西北部 10 个县的耕地得到灌溉，可灌溉农田 900 万亩。被称为可与都江堰齐名的伟大壮举，使安徽人民世代受益。

对黄河的治理，1974 年完成了黄河三门峡水利枢纽工程的改建工程，以及刘家峡、盐锅峡、青铜峡等水库和水电站的建设。同时完成了对黄河下游的治理，共修建和加固堤防 3000 多 km，沿岸建成涵闸 60 多座、引水虹吸等灌溉工程 80 多处。扩大灌溉面积 800 多

万亩。由此黄河完全被人所征服，变水害为水利。

长江流域的丹江口大型水利枢纽工程，于1958年动工，1973年竣工。该工程是由我国自行勘测、自行设计、自行施工建造的一座具有防洪、发电、灌溉、航运、养殖等综合效益的大型水利工程。它由拦河大坝、水力发电厂、升船机及湖北、河南两座灌溉引水渠等四个部分组成。拦河大坝长近2.5km，坝高162m，最大蓄水量209亿m³。建成后使汉江防洪能力提高到可抵御20年一遇洪水。历史上汉江中下游洪涝灾害频繁，堤防三年两溃，所谓"沙湖沔阳洲，十年九不收"的状况从此结束。发电厂装机总容量90万kW，年均发电量40万kW·h。升船机可提升载重150t的驳船。鄂豫两条引丹灌渠，年均引水9亿m³，常年灌溉耕地360多万亩，灌溉效益共5亿余元，使鄂西北、豫西南成为商品粮基地。长江流域的碧口、柘溪、凤滩、石泉等大型水库工程，这期间也先后竣工。长江干流上的葛洲坝水利枢纽工程于1970年开始建设，是当时中国最大的水电站，装机总容量270万kW，到20世纪70年代末接近尾声。到这时，对长江水患的治理取得了决定性的胜利。1980年夏秋之际，长江发生了25年来最大的洪水，但由于新建的水利工程的作用和广大军民的协力抗洪，千里干堤无一处溃口，确保了两岸人民的安全。

其他大型水利工程，例如，1970年横贯豫、皖、苏三省的大型水利工程——开挖新汴河、治理沱河的工程竣工；河北省治理大清河中下游工程竣工，该工程可使天津、保定、沧州等地区14个县免受洪涝灾害，并确保天津市和津浦铁路的安全。1971年四川省都江堰灌溉渠系改造工程完成，海河水系工程之一的永定新河和北京排污河工程完工。1976年内蒙古自治区哈素海灌区水利枢纽主体工程建成，可灌溉农田29万亩。1979年河北省潘家口水库关闸截流。该工程于1975年开工，规模仅次于湖北的丹江口水电站和葛洲坝工程。水库蓄水量可达29亿m³。1977年巴彦淖尔盟河套灌区总排水干渠扬水站建成，每年排水4.5亿m³，可担负灌区400多万亩农田的排水任务。1978年江苏谏壁大型电力抽水站主体工程建成并投入运行，可灌溉农田200多万亩，排涝农田400多万亩。

迄今遍布全国的大中小水库，除了建于大跃进时期的外，绝大部务是在20世纪六七十年代"文革"时期修建的。70年代竣工的大型水库工程，例如，1972年福建晋江山美水库竣工，建成后可蓄水3.95亿m³，灌溉农田60多万亩。1976年湖北省黄龙滩水利枢纽工程竣工，水库库容12.28亿m³，水电站年发电量7.59亿kW·h。还有湖南省的欧阳海水库、双牌水库等等。据统计，止于1979年，全国各地共建成了大中小型水库（库容10万m³以上的）8万多座。同时，开掘、兴建人工河道近百条，新建万亩以上的灌溉区五千多处。灌溉面积达到8亿亩，是1949年的三倍。在很大程度上解决了农业用水的问题。

到20世纪70年代末，新中国治水工程取得了决定性胜利，水利建设的预定目标基本实现。由此江河洪水基本形成由人控制、服从人的设计和摆布的格局。不仅洪水泛滥的历史基本结束，而且变水害为水利，基本上消灭了大面积的干旱现象，扭转了几千年来农业靠天吃饭的历史。

三、新世纪水利建设与发展

半个世纪以来，人们主动应对自然、推动社会发展，在充分认识水的危害和作用的实践中，顺应自然规律、科学治水，经历了规避水患、大兴水利（修坝筑渠）工程的单一的偏重防洪过渡到综合兴水利、避水害的多项并举的综合开发的综合型水利建设时期。随着人们实践的不断深入，对水利的认识也在不断地提高，我们对待兴水利、避水害原则始终要坚持水利的永续发展、和谐发展，用科学的发展观统领水利建设与发展，不断探索水利发展新途径。如今，我国水利建设与发展经历了由工程水利到资源水利的发展的不同阶段，现在正在高朝着现代水利发展的新阶段迈步，在转型时期既要把握工程水利和资源水利阶段的建设规律，更要在继承与创新基础上提高新阶段水利建设的新思路。将工程水利、资源水利、环境水利、民生水利和和谐水利融为一体，从面推进现代水利的发展进程。

（一）工程水利

工程水利是防洪、除涝、灌溉、发电、供水、围垦、水土保持、移民、水资源保护等工程（包括新建、扩建、改建、加固、修复）及其配套和附属工程的统称。水利工程是用于控制和调配自然界的地表水和地下水，达到除害兴利目的而修建的工程，也称为水工程。水是人类生产和生活必不可少的宝贵资源，但其自然存在的状态并不完全符合人类的需要。只有修建水利工程，才能控制水流，防止洪涝灾害，并进行水量的调节和分配，以满足人民生活和生产对水资源的需要。

按目的或服务对象可分为：防止洪水灾害的防洪工程；防止旱、涝、渍灾为农业生产服务的农田水利工程，或称灌溉和排水工程；将水能转化为电能的水力发电工程；改善和创建航运条件的航道和港口工程；为工业和生活用水服务，并处理和排除污水和雨水的城镇供水和排水工程；防止水土流失和水质污染，维护生态平衡的水土保持工程和环境水利工程；保护和增进渔业生产的渔业水利工程；围海造田，满足工农业生产或交通运输需要的海涂围垦工程等。一项水利工程同时为防洪、灌溉、发电、航运等多种目标服务的，称为综合利用水利工程。随着人们实践的不断深入，对水的认识的不断提高，水利工程不断拓展，分类也会更加清晰。

（二）资源水利

资源水利就是把水资源与国民经济和社会发展紧密联系起来，进行综合开发、科学管理。具体概括为水资源的开发、利用、治理、配置、节约和保护六个方面。在资源水利实践中，水不能单纯作为人们开发利用的物质，而更应该作为一种人们生活必不可少的宝贵自然资源来加以利用和保护。所以资源水利强调的是资源的优化配置和资源管理，工程措施只是作为辅助手段来应用。资源水利又有专家叙述为：资源水利是以实现水资源的可持续利用为目标，以优化水资源配置和加强水资源管理为手段，注重提升水资源的优化配置，强调资源的重要性和市场的配置作用，更注重水资源配置和管理上的投入，包括制度建设和体制创新的投入，是水利可持续发展的新模式。

资源水利不同于工程水利。从横向看，从工程水利向资源水利的扩展，是将水利由单一的工程系统向工程系统、经济社会发展系统、资源系统和生态环境系统有机结合的方向发展；从纵向看，是将水利由单纯注重社会效益，向社会效益与经济效益并重，再到社会效益、经济效益和生态效益有机统一的方向提高。我们也应看到，工程水利向资源水利转变，传统水利向现代水利发展，它们之间因果相连，并无泾渭之分。资源水利，要依靠工程水利奠定的物质基础，既包括工程水利的内涵，又展现了与现代社会相适应的可持续发展的现代水利的雏形。根据资源水利的要求解决洪涝灾害，一方面要求我们进一步加大对防洪工程的投入，不断提高防御洪涝灾害的能力；另一方面，要求我们高度重视经济和社会发展对洪涝灾害的影响，在生产力布局、国土整治中，尽可能地考虑到洪涝灾害的影响，采取经济有效的避灾措施。同时，加强防汛指挥通信系统现代化建设，积极建立防洪基金，大力推进防洪保险和灾后救助事业，认真落实各项减灾措施。

水利部原部长汪恕诚提出由工程水利向资源水利转变，就是治水思路的拓宽和深化。以可持续发展的战略眼光来重新审视我国的治水事业，进一步搞好21世纪的水利工作，是当前值得深入探讨的一个大问题。

（三）现代水利

现代水利是较之与近代水利而言，是近代水利的一次飞跃和进步，同时较之与传统水利而言，是从水资源大力开发向水资源的科学配置和科学管理转变。无论是传统水利还是近代水利我国都取得了辉煌的成就，但随着我国经济的快速发展和科学发展观的提出，从现在起，我们必须向现代水利奋进。正如钱正英院士在2009年接受《经济观察报》专访时说，我国"经过多少年的努力，我们已经基本完成近代水利，水资源的开发利用已经到了世界水平的前列，三峡工程就是一个标志"。接着她又指出："我们现在的问题是，新的矛盾出现了，有的地方水资源过度开发，近代水利已经走到顶头了，应当开始转变到现代水利阶段了。"现在我们应该自觉地转入现代水利。她还指出："中国正处于从近代水利到现代水利的转变过程中。水利工作要进入一个新的历史阶段，要再依过去的老路走，不行。关键是要转变观念，树立人和河流和谐发展的观念"。要转变观念需有与之相适应的文化支撑。

从内涵规定而言，现代水利是指遵循人与自然和谐相处的原则，运用现代先进的科学技术和管理手段，以水的安全性和水环境建设为主线，以优化配置水资源为中心，以建设节水防污型社会为重点，充分发挥水资源多功能作用，不断提高水资源利用效率，改善环境与生态，实现水资源的可持续利用，保障经济社会的可持续发展。原水利部副部长翟浩辉在《关于水利现代化问题》一文中也指出：现代水利建设的指导思想是：以邓小平理论和"三个代表"重要思想为指导，认真贯彻落实科学发展观，遵循人与自然和谐相处的原则，运用现代先进的科学技术和管理手段，大力提高水利设施标准和工程运行能力，优化水资源配置，全面建设节水防污型社会，不断提高水资源利用效率和效益，实现水安全和水资源的可持续利用，保障经济社会的可持续发展。这一指导思想的提出也进一步阐明了现代水利的内涵和建设现代水利应遵循的原则。

现代水利的发展是建立在现代工业和综合利用现代科学技术基础之上的，并包含了科学治水、科技兴水的全部内容。因此，现代水利的发展目标，是用现代发展理念指导水利，用现代的科技成果装备水利，用现代的先进技术改造传统水利，用现代的先进的经营理念和手段管理水利，提高水利信息化水平，从而建立现代化的防洪安全体系、现代化的水资源供给体系、现代化的水工程管理体系、适应现代人生活需求的水环境体系、能够促进水利可持续发展的人才保障体系和不断创新的科技体系以及政策支持体系。

在大力推进现代化建设的进程中，水利现代化必须跟进。实现四个现代化，水利现代化要先行。现代化的基础是经济，经济的发展离不开水利发展，经济进一步发展乃至实现现代化，必然要求水利先行发展以提供支撑和保障。水利现代化既是经济社会发展到一定历史阶段的产物，又是经济社会进一步发展的必然选择。水利现代化一般都是在经济进一步发展以后提出的，这既是国外实践的总结，也是中国人民在实践中逐步的感悟和认知。十一届三中全会以后，中国经历了 30 多年来经济迅猛发展，在 20 世纪末已初步实现了小康，目前正在全面建设小康社会，正是在这样的基础上，人们开始思考更进一步发展的问题，即 21 世纪中叶全面实现现代。其中的农业现代化与水利现代化更有直接的关系。为此，水利部在 2000 年提出了"实现从传统水利向现代水利、可持续发展水利转变"的新的治水思路，并开始研究和探索水利现代化的问题，使人民逐步认识到经济越发展，农业要跟进，水利越要先行，农业是国民经济的基础，农业的发展直接关系到我国的粮食安全。中国是世界第一人口大国，十几亿人的吃饭是第一件大事，世界上任何国家都养活不了中国，中国人的吃饭只能靠中国人自己解决。而实现粮食安全，在于坚持不懈大搞农田水利基本建设，不断改善农业生产条件，提高土地的产出率。只有产出高了，粮食增产，农业增效，农民才能增收，也才能逐步实现农村小康。而当前影响农村和农业发展的突出矛盾：一是土地锐减；二是生态环境恶化；三是农村仍有 3 亿多农民饮水不安全；四是农田水利基础设施老化失修，不少地方农业生产条件很差，挡不住、排不出、灌不上，还有大片的实心田，也有些地方既缺水又严重浪费水。这些问题怎么解决？根本的办法是加快推进现代水利建设。

经济实现现代化，必然要求水利现代化为此提供支撑和保障。从经济发展对水利的要求来看，我国水利仍然适应不了经济发展的需要。中国是一个洪涝灾害多发的国家，目前我国水旱灾害防御体系还不完善，特别是中小河流、中小水库的洪水威胁仍然严重，洪涝灾害损失占整个洪涝灾害损失的 60%～80%，山洪灾害防御手段还很薄弱。我国人口这样多，人的生命又最为重要，加之各地经济发展都很快，社会财富不断增长，因此哪一块都淹不得、淹不起。中国同时又是一个干旱缺水国家，尤其是北方经常发生干旱甚至连年大旱，全国每年缺水约 300 亿～400 亿 m³，有 400 多个城市缺水或严重缺水。而经济发展以后，不仅是城市，也包括广大的农村，对水资源的需求量将不断加大。另外，中国还存在水环境恶化的问题。植被覆盖率很低，水土流失严重，地下水超采严重，水质污染没有得到有效遏制。特别是水环境污染成了中国人的一块心病，许多地方已经是"有河皆污、有水皆脏"。改革开放以来，我国经济确实有了长足地发展，但是也应当承认在资源和环境上特别是水环境上付出的代价是沉重的。原水利部部长王恕诚提出的水多、水少、水脏、水浑的四水问题，特别是水资源紧缺的问题事实上已经成为中国经济发展的严重瓶颈。走不出这一瓶颈，中国的现代化将受到严重制约。而突破这一瓶颈的唯一选择，就是推进现代水利建设。陈雷部长认为，要从文化的角度重新审视人和水的关系，为解决我国依然严重的水问题寻求文化支撑，以先进水文化推进现代水利事业科学发展、和谐发展。为此，在推进水利现代化建设的进程中，要以先进的水文化为支撑，更新观念，明确方向有计划稳步推进水利现代化的建设。当前，现代水利建设的重点就是要从理念、方法、手段和保障等方面提高认识，转变观念并自觉应用现代高新技术解决安全用水，实现人水和谐。

第二节 现代水利发展展望

一、现代水利理念：生态水利

（一）生态水利内涵

生态水利是按照生态学原理，遵循生态平衡的法则和要求，从生态的角度出发进行水利工程建设，建立满足良性循环和可持续利用的水利体系，从而达到可持续发展以及人与自然和谐相处。从宏观上讲，生态水利就是研究：水利与生态系统的关系；水资源的开发与利用对生态环境的影响、水利工程建设与生态系统演变的关系；水资源开发、利用、保护和配置中，在提高水资源的有效利用水平、节约用水的条件下，保证生态系统的自我恢复和良性发展的途径和措施。因此，生态水利是把人和水体作为整个生态系统的要素来考虑，照顾到人和自然对水利的共同需求，通过建立有利于促进生态水利工程规划、设计、施工和维护的运作机制，达到水生态系统改善优化、人与自然和谐、水资源可持续利用、社会可持续发展的目的。要实现人与自然的和谐共处，必须尊重生态法则，将生态用水列入水资源开发、利用和配置方案中，保护和修复湿地生态系统，逐步恢复湿地生物多样性。水资源的开发利用不仅要考虑量和质的问题，而且应该是在不超过生态系统自我调节和自我修复能力基础上的合理开发利用。

（1）生态水利宗旨是通过生态设计、生态监控、生态规划，建设与自然和谐相处，与周边景观协调的以人为本的水利工程，以实现生态修复和生态安全，提高城乡居民的生活质量和环境质量。其核心是：合理开发、优化配置、有效保护和污染防治，取得量足与质优的水资源，以达到水资源的永续利用。

（2）生态水利是生态体系建设的重要组成部分，同时也是生态体系建设对水利建设的必然要求。生态体系建设离不开生态水利建设这个内涵，没有生态水利良好的发展建设就无法实现完整的、系统的生态体系建设。

（3）生态水利是从单一的、局部的传统水利升变到整体的、系统的、科学的、和谐的、可持续的水利；从简单的、单维的水利跃进到复杂的、多维的水利，可以满足更多方位的可持续发展和生态平衡的要求。

（4）生态水利是21世纪人类的文明进步和实现经济社会的可持续发展对水利提出的必然要求，同时也是21世纪水利发展建设的最高目标。

（5）生态水利是生态文明的基础和实现载体。生态文明主要是指人们在改造客观物质世界的同时，也要不断克服改造生产、生活过程中的负面效应，对水而言就是要尽力避免或减少对水环境、水生态的破坏。在文化价值观上，对自然的价值要有明确的认识，树立符合自然生态原则的价值要求、价值规范和价值目标；在生产方式上，要转变高生产、高消费、高能耗、高污染的工业化生产方式，以生态技术为基础实现社会物质生产的"生态化"，使生态产业在产业结构中居主要地位，成为经济增长的主要源泉；在生活方式上，人们的追求不再是对物质财富的过度享受，而是一种既满足自身需要又不损害自然生态的生活；在社会结构上，要把生态化渗透到社会结构中，以便协调人类与自然之间关系。

（6）生态文明的核心是统筹人与自然的和谐发展，建设生态文明，既是继承了中华民族的优良传统，又反映了人类文明的发展方向。生态文明遵循的是可持续发展原则，树立人与自然的平等观，把发展与生态资源保护紧密结合起来，在保护生态、资源、环境的前提下发展，在发展的基础上改善生态环境，实现人类与自然的和谐发展。建设生态文明是落实科学发展观的需要。生态水利是绿色水利，是可持续发展水利，更需要生态文明的支撑。

生态水利包括四个理论内涵：①水充分满足人民生活和经济社会发展的需要；②为满足社会发展需要而实施的水利行为，要充分考虑水利环境保护，不能以破坏水利环境为代价；③对于已造成的水环境破坏进行治理和恢复；④与社会进步和人民生活水平提高相适应，要提供良好的水环境和优美的层次。

生态水利是一个新的科学概念，也是一则新的发展战略，有望成为水利科学一个分支学科，即生态水利学。

生态水利是水利发展战略中的崭新成员。生态水利具有高层次、综合性、和谐性和创新性特点。昔日水利发展战略的提法有：工程水利、资源水利、环境水利、民生水利、和谐水利等等。从系统科学观看，它们是一个统一的整体，有内在的紧密联系；从生态观看，它们是一个战略"生态链"。生态水利"是最高战备形态的水利，可以涵容其他各种水利。

生态水利具有全新的功能效应。水利的内涵可概括为：人类社会为了生存和发展的需要，采取各种措施，对自然界的水和水域进行控制和调配，以防治水旱灾害、开发利用和保护水资源。其范围包括：防洪、排水、灌溉、水力、水道、给水、污染、港工等八大工程。进入20世纪以后，水利中又增加了水土保持、水资源保护、环境水利和水利渔业等新内容。今天，把"生态水利"放进去，完善水利功能体系，是科学合理的战略思考，将强力推进现代水利的健康快速发展，将重建生命江河、生命水域，实现水与人的和谐及可持续发展。

生态水利具有学科性特点。在社会经济快速发展的历程中，在中国水利抗争水短缺、水污染和水生态破坏的艰苦实践中，生态水利将发挥着巨大的战略作用，同时，也为生态水利学的产生提供了丰富的实际内容和理论升华的基石，生态水利学的诞生将是科学发展的必然。

水利是利国利民的伟业，在其发展的过程中，将始终遇到资源不足、污染破坏等挑战，生态水利将是一把利剑，为水利的大发展作出贡献。

（二）生态水利的理论渊源

早在1938年，德国Seifert首先提出"亲河川整治"概念。他认为工程设施首先要具备河流传统治理的各种功能，例如，防洪、供水、水土保持等，同时还应该达到接近自然的目的。亲河川工程既经济又可保持自然景观，使人类从物质文明进步到精神文明、从工程技术进步到工程艺术、从实用价值进步到美学价值。20世纪50年代，德国正式创立了"近自然河道治理工程学"，提出河道的整治要符合植物化和生命化的原理。1962年

H.T.Odum 提出将生态系统自组织行为（Self—organizing Activities）运用到工程之中。他首次提出"生态工程"（Ecological Engineering）一词，旨在促进生态学与工程学相结合。Schlueter 认为，近自然治理的目标，首先要满足人类对河流利用的要求，同时要维护或创造河流的生态多样性。Bidner 提出，河道整治首先要考虑河道的水力学特性、地貌学特点与河流的自然状况，以权衡河道整治及其对生态系统胁迫之间的尺度。Hohmann 把河岸植被视为具有多种小生态环境的多层结构，强调生态多样性在生态治理中的重要性，注重工程治理与自然景观的和谐性。Rossoll 指出，近自然治理的思想应该以维护河流中尽可能高的生物生产力为基础。Pabst 则强调溪流的自然特性要依靠自然力去恢复。Hohmann 从维护河溪生态系统平衡的观点出发，认为近自然河流治理要减轻人为活动对河流的压力，维持河流环境多样性、物种多样性及其河流生态系统平衡，并逐渐恢复自然状况。

　　由于受知识背景、社会地位以及研究角度的影响，不同的学者对其划分略有差异。但是，综观人类在开发利用水资源的历史长河中，水利工作大致经历了原始水利、工程水利、资源水利和现代水利四个发展阶段，其中生态水利是人们正在实践和追求的发展阶段。

　　生态水利阶段是实现人与水和谐共存、协调发展，经济社会与自然生态复合系统协调互动的生态水利阶段。此阶段水资源得到合理使用与优化配置。曾一度被破坏的水生态环境得到修复与改善，生物多样性得到保护。防洪安全、供水安全、环境安全保障体系得到巩固和提高。生态、环境、社会、经济等综合效益得到全面实现。

　　我们可把生态水利理解为一切顺应自然规律并旨在保护、改善和修复水生态环境，确保水生态和水资源安全的水利建设与水事活动的总称。其核心是研究水资源污染防治、水资源优化配置和可持续利用，通过生态设计、生态环境建设、生态监测、生态保护来实现生态修复、生态安全与生态灾难的防治。主要建设理念如下：

　　（1）通过生态使水利工程建设成为"以人为本"、"生态安全"，并与自然和谐相处、与周边景观环境协调的"亲水型"、"生态型"、"环保型"、"景观型"的工程，以提高城乡居民的生活质量和环境质量，实现水资源的良性循环和可持续发展利用。

　　（2）趋利避害，积极预防、限制和减少水事行为及其他生产生活活动而可能引发的生态灾难，如水土流失、河道淤积、溪河断流、湖库干涸、水质恶化、地面沉降、堤坝波决等。

　　（3）转变观念，实现"从控制洪水向洪水管理转变"，通过雨洪回渗和兴建必要的水源工程，充分利用洪水资源，以解决、调控径流时空分布不均、地域分布不均的矛盾，弥补由于水资源不足和河湖湿地被大量占用而引发的生态问题，计从总体上实现水域和水量的占补平衡。

　　（4）加强治污力度，切实保护好水资源、水质和水源地，特别是保护好源头原生态环境及人工建设水源地的亚生态环境。

　　（5）充分利用大自然的自我修复功能，达到局部恢复和总体改善生态环境的目的。

　　（6）大力推广节水利工程和分质取水、分质供水和分质用水，从我国水资源紧缺与"大水利"、"大生态"的实际和理念出发，在满足流域生态用水与生产生活用水的前提下和水权理论的指导下，以市场机制和价格杠杆，实行跨流域调水，以解决水资源紧缺地区水资源不足的困难，改善缺水地区的生态环境，实现水资源的优化配置和综合平衡。

总之，"生态水利"处于最高层次，是水利工作的终极目标。生态水利是生态体系建设的重要组成部分，同时也是生态体系建设对水利建设的必然要求。生态体系建设离不开生态水利建设这个内涵，没有生态水利良好的发展建设就无法实现完整的、系统的生态体系建设。从普通水利进入到生态水利是水利发展史上的新飞跃，它将使朴素的水利上升到高级的水利，从单一的、局部的水利进入到整体的、系统的、科学的、可持续的水利，从简单的单维的水利进入到复杂的多维的水利，满足更多方位的可持续发展和生态平衡要求。

（三）生态水利工程是水利建设的必然要求

1. 从我国古代著名的水利工程看生态水利

我国是文明古国，科学技术在 18 世纪之前一直处于世界领跑地位，科技创新、发明一直占世界总量的 60%，伟大的水利工程数不胜数。古代著名的水利工程在不同程度上孕育着生态水利的内涵。

我国古代著就了许多典型的水利工程，如郑国渠、都江堰、京杭大运河、坎井等，它们既很好地解决了水患问题，还兴水利、除水害，变水为宝，充分利用水资源，改善人们生活和生产，促进经济发展，已蕴涵着一定的生态水利因素。如郑国渠修成后，在一定程度上防止了水旱灾害，改良了土壤，还改善了交通，加强了各地的联系，特别是为秦始皇最终统一中国做好了物质准备，关键是郑国渠的修通充分利用水来满足人民生和经济社会发展的需要。又如都江堰是 2000 年前中国战争时期秦国蜀郡太守李冰及其父子率众修建的一座大型水利工程，是我国现存的最古老而且依旧在灌溉田畴，造福人民的伟大工程，李冰据水流及地形特点，在坡度较缓处修楔形口子，号曰"金灌口"。据《永康军志》载"春耕之际、需之如金"因此宝瓶口古时又名金灌口，它是有效控制水的咽喉。这一工程既孕育着人们智慧的结晶，也体现了生态水利的科学内涵。一是遵循与自然和谐的治水理念，即"乘势利导，因地制宜"的治水原理，布设都江堰无坝引水枢纽。二是都江堰的三大工程即鱼嘴分流堤、宝瓶口引流工程和飞沙堰溢洪道，它既调节水流又控制流量，还可以泄洪排沙。三是可持续管理措施，坚持岁修制度，按照治水"三字经"、"六字诀"、"八字格言"科学措施来进行维修。体现了可持续管理理念。再如京航大动河和坎井也充分体现了水资源良性循环和可持续发展及利用，这些对水资源、水质和水源利用及保护的重要性，都是生态水利的精髓之所在。

2. 水利工程对生态系统的胁迫效应

在数百万年长期进化过程中，自然河流与周围的生物种群交织在一起，形成了复杂、有序、动态稳定的河流生态系统，依据其自身规律良性运行。人类历史与自然河流历史相比要短暂得多。例如，据科学家估计，长江形成的历史应追溯到约 300 万年前喜马拉雅山强烈运动时期。而人类有记载的历史不过几千年，与河流自然年代相比实在微不足道。但是这几千年人类为了自身的安全与发展，对于河流进行了大量的人工改造。特别是近 100多年来利用现代工程技术手段，对河流进行了大规模的开发利用，兴建了大量工程设施，改变了河流的地貌学特征，河流 100 多年的人工变化超过了数万年的自然演进。Brookes估计，至今全世界有大约 60%的河流经过了人工改造，包括筑坝、筑堤、自然河道渠道化、裁弯取直等。据统计，全世界坝高超过 15m 或库容超过 300 万 m³ 的大坝有 45000 座。其中大约 4 万座大坝是在 1950 年以后建设的。坝高超过 150m 或库容超过 250 亿 m³ 的大坝有 305 座。建坝最多的国家依次为中国、美国、苏联、日本和印度。

这些水利工程为人类带来了巨大的经济利益和社会利益，却极大改变了河流自然演进的方向。人们始料未及的是对于河流大规模的改造，造成了对于河流生态系统的胁迫，导致河流生态系统不同程度的退化。水利工程对于河流生态系统的胁迫主要表现在以下两方面：

第一，自然河流的渠道化。

所谓"河流渠道化"涵盖的内容有以下方面：①平面布置上的河流形态直线化。即将蜿蜒曲折的天然河流改造成直线或折线形的人工河流或人工河网。②河道检断面几何规则化。把自然河流的复杂形状变成梯形矩形及弧形等规则几何断面。③河床材料的硬质化。渠道的边坡及河床采用混凝土、砌石等硬质材料。防洪工程的河流堤防和边坡护岸的迎水面也采用这些硬质材料。

河流的渠道化改变了河流蜿蜒形的基本形态，急流、缓流、弯道及浅滩相间的格局消失，而横断面上的几何规则化，也改变了深潭、浅滩交错的形式，生境的异质性降低，水域生态系统的结构与功能随之发生变化，特别是生物群落多样性将随之降低，可能引起淡水生态系统的退化。

第二，自然河流的非连续化。

自然河流的非连续化主要表现为以下方面：

（1）筑坝使顺水流方向的河流非连续化。筑坝后，流动的河流变成了相对静止的人工湖，流速、水探、水温及水流边界条件都发生了重大变化。库区内原来的森林、草地或农田统统淹没水底，陆生动物被迫迁徙。水库形成后也改变了原来河流营养盐输移转化的规律。由于水库截留河流的营养物质，气温较高时，促使藻类在水体表层大量繁殖，产生水华现象。藻类蔓延遮盖住大植物的生长使之萎缩，而死亡的藻类沉入水底，在那里腐烂时还消耗氧气。溶解氧含量低的水体会使水生生物"窒息而死"。由于水库的水深高于河流，在深水处阳光微弱，光合作用也弱，导致水库的生态系统比河流的生物生产量低，相对要脆弱，自我恢复能力变弱。河流泥沙在水库淤积，而大坝以下清水下泄又加剧了对河道的冲蚀，这些变化都大幅度改变了生境。由于靠水库进行人工径流调节，改变了自然河流年内丰枯的水文周期规律，即改变了原来随水文周期变化形成脉冲式河流走廊生态系统的基本状况，不设鱼道的大坝对于洄游鱼类将形成不可逾越的障碍。

（2）由筑堤引起的河流非连续化。堤防也有两面性，一方面起防洪作用，另一方面又妨碍了汛期主流与岔流之间的沟通，阻止了水流的横向扩展，形成另一种侧向的水流非连续性。堤防把干流与滩地和洪泛区隔离，使岸边地带和洪泛区的栖息地发生改变。原来可能扩散到滩地和洪泛区的水、泥沙和营养物质，被限制在堤防以内的河道内，植被面积明显减少。鱼类无法进入滩地产卵和觅食，也失去了躲避风险的场所。鱼类、无脊椎动物等大幅度减少，导致滩区和洪泛区的生态功能退化。

这种退化也降低了河流生态系统的服务功能，本来大自然对于人类的恩赐因此而减少，这样反过来又损害了人类自身的利益。从 20 世纪 70 年代开始，人们开始反思水利工程的功过得失，特别是讨论水利水电工程对于生态系统的负面影响问题。随着现代生态学的发展，人们进一步认识到河流治理工程还要符合生态学的原理，也就是说把河流湖泊当作生态系统的一个重要组成部分对待，不能把河流系统从自然生态系统中割裂开来进行人工化设计。在欧洲陆续有一批河流生态治理工程获得成功，同时相应出现了一些河流治理生态工程的理论和技术。

水利工程建设存在正面和负面的影响，筑坝壅水，上游形成水库，进行径流调节，会产生以下负面影响：

（1）淹没（包括人口、耕地、森林、珍稀物种、矿产资源、风景名胜等）。

（2）库区及下游河道水质变化，水库可能产生富营养化问题，下游纳污能力可能会降低。

（3）因径流调节而使下游某个时段水量减少，对河流生态不利，对航运取水不利。

（4）多沙河流库区泥沙淤积和下游冲刷，河道下切。

（5）阻塞鱼类回游通道。

（6）库区坍岸、滑坡及诱发地震等地质问题。

（7）破坏植被及水土流失。

但是，我们把水利工程和生态对立起来的论调是没有依据的。要充分了解和正确处理水利工程中的生态问题。为此必须注意以下几点：①必须正视和重视水利工程对生态的影响，实事求是；②在看到负面影响的同时，更要看到正面影响，对正面影响，要努力开发、扩大其效益，对负面影响，则应尽可能限制和减免它；③要在工程规划设计施工的全过程中强化生态意识和环保意识，在工程选址、规模论证、方案比选、施工布置中就要将生态问题作为一个重要因素予以充分考虑，尤其是对于高坝大库更须谨慎决策，务求取得最佳经济、社会、生态的综合效益。

汪恕诚同志说过"从水利实际看，任何一项水利水电工程，其本质都应该是生态工程"。这要从两方面来认识，从资源看，水资源是为数不多的随时空而循环产生的再生性资源，只要在它的承载力允许条件下开发利用并加以保护，是可以永续利用的，都江堰就是榜样。从工程性质看，水利工程对生态都有正面和负面双重影响，一般水利工程都是正面影响大于负面影响。如防洪是对生态的保护，灌溉供水是对生态的改善，水力发电则被公认为可再生的清洁能源，它在运行期较之其他能源（火电、油电、核电等）在生态保护和节约资源上有着不可替代的优势，实质是替代型生态水利工程。因此说，水利水电工程本质上是生态工程。

3. 水利工程需要生态性要求

对水利工程的生态性要求在生态水利建设中占据着极其重要的地位，没有对水利工程的生态性要求，就难于实现生态水利的目标。水利工程是生态水利的桥梁工程，它的一端是资源水，另一端是产业水，形象表式为：资源水→水利工程→产业水，水资源的开发和利用都要通过水利工程这个桥来实现。因此，生态水利必须对水利工程提出生态性要求，主要表现在对水利工程的规划、设计、施工及管理、运用、供给的全过程都必须满足生态规律的良性循环和可持续发展的原则。而不是单一的为一时一地的需要而去建设水利工程，如果失去良性生态的可续性，我们的水利工程就不能立项、更不能建设，这是生态水利对水利工程建设的必然要求。

生态水利，一开始从水利工程的规划上，就必须第一考虑生态性要求，满足良性生态和可持续发展的原则；第二，从设计上更要满足生态性要求的结构，或叫生态设计标准，未能满足生态要求的结构设计不予批复，或叫技术不准；第三，在水利工程的施工方式、方法上必须是满足生态要求的方案和技术，对破坏生态的施工方式、方法和技术不用，或叫方案不可；第四，是在管理和运用上，要满足生态要求，就是实现生态管理、生态使用，无污染、无危害，或叫生态运转；第五，是水利工程在整体系统上要满足生态性要求，那就是说，每一处水利工程都不是单一的存在，它即是独立的又是联系的，因此，它必须满足整体的系统的生态要求。例如，长江流域的水利工程不仅要满足个体的生态要求，更要满足整个水系的生态要求。

如葛洲坝、三峡大坝等工程的建设，既要满足个体的生态设计要求，又要满足整个长江流域水系的生态要求，不影响整体水系生态的良性循环和可持续性。例如，鄱阳湖水利枢纽工程的建设，江西省鄱阳湖湖区生态环境当前面临：一是湿地干枯、生物退化、越冬候鸟减少。近几年来鄱阳湖越冬的候鸟已经从往年的 100 万只减少为 50 万只左右；二是沿湖 300 多万亩农田无法灌溉，沿湖地区 100 多万人饮水困难；三是血吸虫病防控难度加大，部分地区有蔓延之势。

产生问题的主要矛盾是枯水，近几年来，每当进入秋季，长江下游水位减少，显著"拉空"鄱阳湖的水位。从而每年鄱阳湖枯水期提前了 40 多天，又延长了一个半月才结束。水量的减少，直接导致鄱阳湖自净能力的退化。每年进入秋冬季后，鄱阳湖局部水域出现富营养化趋势。《鄱阳湖生态经济区规划》提出建设鄱阳湖水利枢纽工程，既考虑了湖区生态环境当前面临的主要矛盾，又考虑了长远如何使湖区生态环境状况得到根本改善，使鄱阳湖永远成为一湖清水。

考虑到工程建设可能引发的生态安全问题，原来鄱阳湖水利枢纽工程设计的防洪、灌溉和发电三大功能中，防洪功能已经取消；为了保护洄游鱼类，发电功能也已取消。为此，虽然江西每年不仅少了 10 亿 kW·h 电，灌溉功能也由于水位调低，效果大打折扣。但是生态的需要该舍弃的必须舍去，一定要保护好一湖清水。

工程建成后，将对鄱阳湖湿地进行调节，确保越冬候鸟有食物吃。按照现在设计的水位运行，包括吴城国际湿地保护区的 1000 多 km² 的湿地都不受影响。另外，即便建设这个工程，鄱阳湖每年依然有半年的时间与长江自然连通，这与长江大部分鱼类洄流时间正好吻合。这个水利工程将成为三峡工程的补充——每年七八月份，长江进入汛期，鄱阳湖就拦蓄洪水。等两个月后，三峡开始蓄水，鄱阳湖就开始放水，正好补充了下游正常的流量。三峡工程蓄水量有 200 亿 m³，鄱阳湖能调 100 亿 m³ 下去，而且这个工程的水资源调度权不归江西省，由国家长江水利委员会调度。全国一盘棋地保证水资源的可持续利用。

从国家对鄱阳湖地区发展的定位和内涵上去理解，如果不建这个水利工程，湖区持续干枯、生态退化，就难以为大湖流域的开发提供示范，难以保障长江中下游的水生态安全，难以保护湿地候鸟开展国际生态经济合作。

二、现代水利手段： 数字水利

数字水利以新的治水思路为指导，紧密跟踪当前科技的最新技术和发展趋势，从水利信息流入手，将以计算机为核心的信息技术全面引入水利行业，对于实现中国水利现代化提供了可操作的具体内容。数字水利直接服务于水利现代化，将大大推进我国水利现代化进程，是我国水利现代化必由之路。随着时间的推移，数字水利的内涵将不断丰富与发展，我国水利现代化水平也将不断提高。

（一）数字水利的含义

"数字水利"是一个以空间信息为基础，融合各种水文模型和水利业务的专业化系统平台，是对真实水文水利过程的数字化重现，它把水活动的自然演变搬进了实验室和计算机，成为真实水利的虚拟对照体。"数字水利"是由各种信息的数据采集、传输、存储、模拟和决策等子系统构成的庞大系统。可以根据不同需要，对不同时间的数据进行检索、分析，透视水文环境要素的变化规律，实现数字仿真预演。"数字水利"的应用不仅仅局限在防洪抗旱，它还能够为流域内水量调度、水土流失监测、水质评价等提供决策支持服务；能够为水利工程运行、水利电子政务和水利勘测规划设计等提供信息服务；能够为人口、资源、生态环境和社会经济的可持续发展提供决策支持；能够为人居环境、社区规划、社会生活等方面提供全面的信息服务，提高人们的生活质量。

由此可知，数字水利是指综合应用计算机技术市场、遥感、地理信息系统、全球定位系统，以及仿真、多媒体和大规模储存等技术，以通信网络为纽带，对水事活动中相关信息组成的多分辨率、多尺度、多时空，并能多维时空描述、分析的虚拟水利。

数字水利这一概念的提出有深刻的社会和技术背景。一方面新的治水思路立足于可持续发展这一基本理念，着眼于人与自然的协调共处，把水利放在自然和国民经济宏观巨型系统中，统筹考虑，水利信息的种类和来源大大扩展了，对信息需要更加深度的加工和处理，新的治水思路迫切需要先进的技术手段提供支持；另一方面，信息技术飞速发展，计算机计算速度不断得高，操作系统不断升级，网络宽带提供了前所未有的技术手段和解决方案，将对水利的科研、规划、设计、施工和管理产生全方位的影响，为水利行业全面技术升级提供了可能。

数字水利有三大特点：交叉、集成、创新。学科交叉对文化教育提出了挑战；集成呼唤着新的技术；创新推动着现代技术广为应用。

交叉主要是指知识的交叉、专业的交叉、技术交叉。数字水利不仅需要自然科学方面的知识，而且更需要社会科学方面的知识，不仅需要水利专业的技术、而且需要其他相关行业和 IT 行业的技术。数字水利致力于采用一系列的高新技术手段将水利放在社会、经济和自然综合环境，进行整体研究开发，实现跨领域、跨科学、跨专业的联合攻关。数字水利这一特点对人才提出了更高的要求，将对现行的水利人才培养体制和学科设置提出严峻挑战。

集成就是对水利有关的各类知识和技术进行全面整合。知识技术的交叉不是胡乱的组合，而是着眼于解决中国三大水问题而对相关的知识和技术进行有序整合。综合集成各类高新技术以建设先进高效的水利业务系统是实施数字水利的核心内容。

创新意味着没有现成的技术模式可以照搬，将各类高新技术全面引入水利行业需要艰巨的技术创新。IT 技术日新月异，各类先进技术设备不断涌现，我们必须在纷纭繁杂的潮流中，要准确把握数字水利的关键技术，认真处理好"变"与"不变"的关系，正确区分哪些是亘古不变的水资源运动规律，哪些是变化较少的东西（如信息流程），哪些是变化较快的技术手段。对前人研究的成果要虚心研究吸收，对日新月异的新技术要努力跟踪学习，只有这样，数字水利才有发展的基础，才有不断创新的源泉和动力。

（二）数字水利的国内外发展现状

随着"数字地球"理论提出与信息技术的发展，世界兴起了数字化的浪潮，数字国家、数字地区、数字城市以及数字区域与行业的概念等被一一提出，并逐步得以实施，数字水利在国内外也有了很多的研究。

1. 国外研究概况

美国在流域管理方面代表了当今国际发展的方向。美国地质调查局（USGS）是美国资源管理和信息整合的国家机构，同时收集整理全球相关资源的信息，全美几乎所有江河湖泊的水文水质信息等资料从互联网上可以看到实时情况，而且它们还建立了河床的多比例尺 DEM，能对地形特征进行分析。

法国国家安全署（CNES）和法国科技部领导实施的"帕可特"（PACTES）一体化遥感和现代防洪管理及风险分析工程项目，已在法国得到了应用。此项目 2000 年开始，集法国先进技术于一体，有十几家科研机构和专业公司参加研究，包括法国科学院（ASYRIUM）、阿尔卡特通信公司（ALCATEL）、法国 SPOT 卫星影像中心等，其采用的现代技术代表了当今洪水风险管理的水平。在工程应用方面主要包括：洪水预警、风险预防、风险管理及风险评估等，并建立了水数据库（HYDRO）、雨量分布学数据库（PLWIO）和地理学数据库（GEOBANQUE）等，开发了多种应用模型。

澳大利亚墨累—达令河流域（Marrury-darling River Basin）已建立了十几个用来分析气候、环境变化对水资源及生态环境影响的模型。其中，应用比较广泛的有：模拟水资源动态变化的 HEC-HMS、LEACHM-SWIM，SPAC 和 TOPG-IRM 模型，用来模拟流域的物理、化学和生物过程的 WAVES 模型、模拟水环境变化的 SEESAW 模型。

在"数字河流"的具体的应用技术中，信息采集与分析已取得了重要进展。其中河道数字化测图工作在国外已开展，但由于水下地形的复杂多变，水下地形的自动成图诸多难点，在国外的成图经常采用昂贵的水下三维量船（如法国罗纳河国家公司）直接成图。还有运用 SPOT 影像生成的 DEM，例如，在西班牙东南部的半干旱的环境中进行河道和流域盆地的分析，运用地表高程的地质统计分析描述河道的时空变化等。

2. 国内研究概况

我国数字水利建设起步于 20 世纪 70 年代，当时主要是围绕水情信息汇总、处理展开的。20 世纪 90 年代前后，水利信息化逐下向以微机和网络为平台转型。开始于 1993 年的国家防汛抗旱指挥系统，目前，该项工程已获国家发展改革委员会的批准，初步设计工作已经完成。该项目完成了 23 个地市级水情分中心示范区建设和 4 个工情分中心试点建设以及永定河流域的微波系统建设；完成了国家防办与7个领域机构的异地会商系统建设，实施了长江防汛指挥系统的建设，开展了部分项目的实验工作；完成了水利信息骨干网的建设，目前正在实施防汛抗旱指挥异地会商视频会议系统。

我国的水利信息骨干网的建成，形成了初步覆盖全国的实时水情计算机广域网，实现了大部分重要防汛水情检测信息在网上的实时交换，初步实现了水利部与各流域机构及各省（自治区、直辖市）水行政主管部门的宽带互联，正在实现与地市级水行政主管部门的互联，从中央到省事、地市的水利信息化网正在逐渐形成。

我国还启动了全国水土保持监测网络与信息系统、水利部及七大流域机构的水利电子政务一期工程、水资源实时监控系统试点建设为标志的水利信息化专项工程建设。

为了获得丰富及时的水利数据资源，水利部实施了国家水文基础数据库、1/25万水利基础基础空间数据库、水利政策法规数据库、水利数字图书馆建设试点为代表的专业数据库建设。全国水土保持数据库、全国农田灌溉发展规划数据库、全国蓄滞洪区社会经济信息库、水利建设移民基本信息库、全国防洪工程数据库也正在积极建设中。

另外，我国还在长江干堤加固工程、治太工程、治淮工程、塔河、黑河领域水资源综合规划与生态环境保护工程、首都水资源保护工程等大批中型水利工程建设中开展了信息化配套项目建设。利用国外政府或组织的贷款或赠款，在已获得资助的工程项目中，也不同程度实施了信息化配套项目建设，例如，长江防洪决策指挥系统、汉江防洪预警、黄河防洪、松花江防洪、湖南湖北江西三省城市防洪项目；新疆塔里木、河西走廊、陕西关中、四川、淮海平原等地的灌区节水改造项目；黄土高原、福建、黑龙江、吉林水土保持项目；小浪底水利枢纽（二期）移民项目；部分人力资源培训与合作交流项目。部分国家重点水文网站的技术改造，也加强了雨情、水情、工情、灾情信采集，报汛传输能力建设。

尤其值得一提的是，部分领域还多渠道筹资，开展了数字流域的试点建设工作，积极探索和引进了许多信息化工作的新技术、新方法、新经验。例如，数字黄河、数字长江、数字海河等项目的建设。

综上所述，我国水利信息化建设在近年来取得了巨大的成就，但从整体上看，水利信息化基础设施依然薄弱，究其问题的原因是多方面的，有信息资源不足、信息共享困难、已有信息资源的综合服务能力弱，水利信化建设工作和运行管理体制尚不健全，缺乏稳定的投资渠道保障等方面的因素，也有思想认识不到位，思维方式跟不上和思想观念需转变等方面的因素。解决这些问题办法既要靠经济作基础，更要有与现代水利相适应的文化给予支撑和引领，进一步唤醒人们现代水利的自觉。

（三）我国数字水利标志性成果——"金水工程"

水利部信息化工作领导小组于2001年4月明确将水利信息化建设命名为"金水工程"，并一直沿用至今，随后，水利部正式组织编制完成了《全国水利信息化规划》（暨"金水工程"规划）编制工作，并于2004年正式印发。

"金水工程"的建设目标是广泛开发水利信息资源，基本建成水利信息网、国家水利数据中心和安全体系，全方位构建水利信息基础设施；健全信息化建设运行管理体制，统一标准规范，加强人才培养，营造水利信息化保障环境；基本完成国家防汛抗旱指挥系统一期工程和全国水土保持监测与管理信息系统建设，全面启动水资源管理决策支持系统、水质监测与评价信息系统和水利行政资源管理系统建设，部署其他业务应用系统建设，基本形成水利信息化综合信息服务，提高水行政管理效率。

"金水工程"的基本任务是建设水利信息基础设施，营造水利信息化保障环境，开发十大重点业务应用，构建水利信息化综合体系。

1. 水利信息基础设施建设

（1）信息采集系统。通过对现有信息采集系统的补充、完善与整合，提高信息采集时效、增强信息采集能力、丰富采集信息内容、提高系统整体利用率，形成综合采集体系。近期依托各业务建设专项，对各项信息采集范围、内容作出统一部署，按照对现应用信息采集的急需。

（2）水利信息网。建成连接水利行业各级、各部门的全国水利信息网，为业务应用提供数据交换、视频信息传输和语音通信等服务。

依托国家防汛抗旱指挥系统期工程，建设上达中央、下至地市分中心的水利信息网政务外网，实现信息采集节点到各级信息收集节点之间的互联互通。依托水利电子政务一期工程建设水利部机关至流域机构的水利政务内网，实现涉密信息和办公信息的传递。

（3）水利数据中心。水利数据中心由国家水利数据中心、流域分中心和省（自治区、直辖市）数据管理节点共同构成，在水利信息采集、存储、处理和服务的过程中发挥核心作用，是构成完整基础设施体系的重要部分。通过水利数据中心建设，实现信息资源的共享和优化配置，满足业务应用多层次、多目标的综合信息服务需求。

以国家水利数据中心试点建设为主要内容，选择部分流域开展水利数据分中心试点建设，为流域分中心和省（自治区、直辖市）数据管理节点的全面建设摸索经验、完善标准、提供示范。

2. 业务应用系统

水利业务应用系统近期以防汛抗旱指挥系统、水资源管理决策支持系统、水土保持监测理信息系统、水质监测与评价信息系统和水利行政资源管理系统建设为重点，使其初步满足业务应用需求。

水利业务应用系统在中央、流域和省（自治区、直辖市）的应用不尽相同。全国由十大流域和省（自治区、直辖市）所处的地理环境、经济社会发展水平、管理范围和层次不同，各业务系统在不同节点上的应用各有侧重，各级应用系统要根据当地的实际情况和不同应用目标有针对性地建设。

3. 保障环境建设

水利信息化保障环境由水利信息化标准体系、安全体系、建设及运行管理、政策法规、运行维护资金和人才队伍等要素共同构成。保障环境是水利信息化综合体系的有机组成部全，是水利信息化得以顺利进行的基本支撑。

为保证水利信息基础设施应用系统建设的顺利进行、运行持续稳定和作用有效的发挥，保障环境的建设必须与之相结合、相协调，并适度超前。

目前，"金水工程"已取得巨大的建设成就，国家防汛抗旱指挥系统、水利骨干信息网、全国水利基础信息数据库、数字黄河工程已初步建成，并发挥了重大作用。在"十一五"期间，在全面完成国家防汛抗旱指挥系统一期工程，全国水土保持监测与管理信息系统（一期）、水利电子政务综合应用平台和国家水利数据中心建设的基础上，也将启动"金水工程"其他相关工程建设。

三、 现代水利目标：民生水利

民生水利是现代水利发展的重要目标之一，是水利事业科学发展的重要举措。是可持续发展治水思路的应有之义，也是积极践行可持续发展治水思路的着力点。党的十六大提出科学发展观之后，全国各条战线认真贯彻和落实。科学发展观第一要义是发展，核心是以人为本。从此之后民生工程，民本经济带民生的工作内容得到大力的倡导，民生水利也是在这一社会大背景下运用而生。这是一种社会理性，是一种社会进步。所谓民生，即民生是与人权、与需求、与责任有关的概念。民生就是关于人民的生活问题，既人民群众最关心、最直接、最现实的利益问题，如就业、医疗、教育和社保等。从需求角度看，民生是指实现人的生存权有关的全部需求和与实现人的发展权利有关的普遍需求。前者强调的是生存条件，后者追求的是生活质量。即保证生存条件的全部需求，和改善生活质量的普遍需求。从责任角度看，就是党和政府施政的最高准则。近几年的实践更加证明当今的政府是更加亲民、更加关注民生的政府，也充分体现了中国共产党是亲民、爱民、关注民生的执政政党。

（一）民生水利的概念及特性

民生水利是解决直接关系人民群众生命安全、生活保障、生存发展、人居环境、合法权益等方面的水利工作。民生水利是传统水利向现代水利、可持续发展水利转变过程中的突出问题。深入贯彻落实科学发展观，必须把科学发展观的根本要求与民生水利的具体实践结合起来，以解决人民群众最关心、最直接、最现实的水利问题为重点，以政府主导、群众参与、社会支持为途径，以构建城乡统筹、区域协调、人水和谐的水利基础设施体系为保障，着力解决好直接关系人民群众生命安全、生活保障、生存发展、人居环境、合法权益等方面的民生水利问题，努力形成保障民生、服务民生、改善民生的水利发展格局，使人人共享水利发展与改革成果。民生水利具有公共性、差别性和综合性三性的特性。公共性，涉及人民群众的基本需求，具有广泛的受益面，政府应当发挥主导作用，公共财政应给予更大支持。差别性是指，东中西部、城市农村、流域之间的民生水利问题表现各异，不同阶层群体对民生水利的期盼各不相同，解决这些民生水利问题的难易程度、紧迫程度和方法措施也不尽一致。但民生水利还具有综合性，一项民生水利工程往往具有保障生命安全、促进经济发展、改善人民生活、保护生态与环境等多种功能和多重效益，发挥某一功能效益又需要多项民生水利工程相互配套配合。了解这三大特性的目的是在建设民生水利的过程中，要以积极的态度，理信的思维和科学的谋划来统筹，还要有与现代水利相适应的先进水文化作支撑。正如陈雷部长所说，强调民生水利，旨在树立一种发展理念，倡导一种价值取向，确立一种实践要求，实现一种目标追求。从民生角度审视和发展水利，蕴涵着以下重要意义：一是更好地诠释水利工作"为谁干"。要把解决涉及人民群众切身利益的水利问题作为各项工作的出发点和落脚点，紧紧围绕保障民生推进水利发展，通过发展水利促进民生改善，让最广大人民群众共享水利发展成果。二是更好地诠释水利工作"干什么"。水利工作要统筹兼顾、重心下移，把人民群众最关心、最直接、最现实的水利问题作为工作重点，既要锦上添花、更要雪中送炭。三是更好地诠释水利工作"谁来干"。政府要发挥主导作用，公共财政要给予更大支持，充分调动全社会的积极性，形成治水兴水的合力。四是更好地诠释水利工作"怎么干"。在建设、管理、改革等各个领域和环节，都要以是否符合民生要求、是否有利于解决民生问题作为决策的根本依据，把群众受益与否、满不满意作为衡量工作的基本标准，努力形成保障民生、服务民生、改善民生的水利发展格局。

（二）民生水利及其实践

解决好事关民生水利问题，中央十分关心、社会十分关注、群众十分关切。早在2008年我国第二十一届"中国水周"也是世界第十六届"世界水日"宣传日，当时我国水周宣传日的主题是"发展水利、改善民生"。从此，就民生水利提出了具体的要求。作为水利行业更是紧紧围绕服务民生推进水利发展，紧紧依靠水利发展促进民生改善，实实在在解民忧、帮民富、保民命安。近年来，我国水利行业围绕民生水利的目标和要求，坚持以人为本的科学发展观，特别重视民生水利，国家也给予了很大的投入和支持，水利事业有了新的发展。仅2009年国家拉动内需投入4万亿，水利占了很大的份额。水利事业特别是民生水利取得了较好的成绩。笔者有幸列席了2010年全国水利厅局长会议，从陈雷部长的报告中了解到了我国水利事业的成就较为辉煌。陈雷部长报告开篇之首就指出，2009年是应对国际金融危机取得显著成就的一年，也是水利发展与改革加快推进的一年。各级水利部门坚决贯彻落实中央保增长、保民生、保稳定的各项决策部署，奋发努力，迎难而上，锐意改革，扎实工作，防灾减灾成效突出，扩大内需水利建设加速推进，水利管理取得突破，水利改革逐步深入，水利又好又快发展势头强劲，为保持经济平稳较快发展提供了有力支撑。他在报告中列举了一组数据是振奋人心的，一是，2009年有9个台风在我国沿海登陆，各级水利部门突出抓好防、避、救工作，预警及时、防范到位、管理有序、措施得力，安全转移群众278.6万人次，单次台风平均死亡人数明显减少，特别是在防御"浪卡"、"苏迪罗"、"莫拉菲"、"彩虹"工作中实现了零死亡。二是，2009年在中央应对国际金融危机政策措施的带动下，在各级党委、政府的重视下，在发展改革、财政等部门的大力支持下，水利基础设施建设再掀新高潮。水利投资保持较高强度，全年落实预算内中央水利投资637亿元，落实省级地方水利投资790亿元，年度水利投资规模达1427亿元。重点水利项目深入实施，淮河、太湖、洞庭湖等大江大河大湖治理继续加强，西藏旁多、贵州黔中、四川亭子口、太湖走马塘等工程开工建设，黄河古贤、珠江大藤峡、淮河出山店等重点项目前期工作取得新进展。按照"三年重建任务两年基本完成"的要求，大力推进四川等地震灾区水利恢复重建工作。三是，涉及民生的水利问题加快解决。列入专项规划的6240座病险水库各项前期工作全面完成，已开工建设6124座，开工率超过98%。解决了6069万农村人口的饮水安全问题，提前一年完成"十一五"饮水安全规划任务，提前6年实现联合国千年宣言提出的到2015年将饮水不安全人口比例降低一半的目标；农田水利建设态势趋好，2008—2009 年度冬春水利建设完成投资和出动机械台班数均创历史新高，新增蓄水能力 11.7 亿 m³，新增灌溉面积 1368 万亩，改善灌溉面积 5770 万亩，新增节水灌溉面积 2499 万亩。启动 400 个小型农田水利重点县、103 个山洪灾害防治试点县和 273 条中小河流治理项目建设；水土保持生态建设扎实推进，完成水土流失综合防治面积 7.5 万 km²，其中综合治理面积 4.8 万 km²，实施封育保护 2.7 万 km²。治理小流域 3200 条，新建淤地坝 208 座。全面推进生态清洁型小流域建设，深入开展水土保持监督执法专项行动；农村水电持续快速发展，全年新增装机容量超过 300 万 kW，全国农村水电装机容量达 5400 万 kW，年发电量 1500 多亿 kW·h。小水电代燃料工程全面启动，水电农村电气化县建设扎实推进，全国首次农村水能资源调查评价工作全面完成，农村水能资源管理取得新成效。

四是，水资源管理和保护取得重要突破。按照实行最严格水资源管理制度的要求，研究建立用水总量控制、用水效率控制、水功能区限制纳污指标体系。完成了流域取水许可总量控制指标编制工作，通过水资源论证否决了上百个不符合国家产业政策、高耗水、高污染的建设项目；节水型社会建设深入推进，水资源利用效率不断提高。加大全国水功能区管理工作力度，对 200 多个水功能区实施动态监测，加强入河排污口监督管理和饮用水水源地保护，成功应对多起突发水污染事件。组织实施第九次黄河调水调沙，黄河连续 10 年不断流，黑河水资源统一调度和首都应急调水成效明显。大力实施太湖流域水环境综合治理，太湖水质明显改善。深入开展地下水保护行动，继续推进水生态系统保护与修复。水利风景区建设取得长足进展。

数字是枯燥的，但数字最能说明问题，这每一个数据都跟民生有关，近年各省都在按照民生水利的要求加大民生水利建设力度和速度。如江西省在山江湖治理的基础上，又提高出了环鄱阳湖经济区的建设，2009 年底已上升国家战略，鄱阳湖经济区建设是江西具有全方位快速协调发快展的战略，2009 年底已上升为国家战略。是江西的重大民心工程，水利战线是一次机遇也是一次挑战。正如规划中指出，重开发、轻保护的传统发展模式惯性依然较大，水利人要带头转变观念。鄱阳湖是长江的重要调节器，年均入江水量达 1450 亿 m³，约占长江径流量的 15.6%，水质长年保持在Ⅲ类以上，鄱阳湖水量、水质的持续稳定，直接关系到鄱阳湖周边乃至长江中下游地区的用水安全。鄱阳湖承担着调洪蓄水、调节气候、降解污染等多种生态功能，拥有丰富的鱼类、鸟类等物种资源，是全球 95% 以上的越冬白鹤栖息地，在保护全球生物多样性方面具有不可替代的作用，是我国重要的生态功能保护区，是世界自然基金会划定的全球重要生态区，是我国唯一的世界生命湖泊网成员，在我国乃至全球生态格局中具有十分重要的地位。保护区域内的生态和自然环境，保护一湖清水是江西人民的历史责任。

（三）民生水利发展与展望

当前民生水利仅仅是刚刚起步，还任重道路远。2010 年中央经济工作会议强调要把农业基础设施建设重点放在水利上，对十二项直接涉及水利的工作提出明确要求，充分体现了党中央、国务院对水利工作的高度重视。同年中央农村工作会议把突出抓好水利基础设施建设作为夯实农业农村基础、统筹城乡经济社会发展的重要手段，这充分说明党和政府非常关注民生，更加重视民生水利。尽管近年来，我国民生水利建设虽然取得很大成效，但必须清醒地看到，涉及民生的水利问题仍然十分突出，在我国贫困地区、民族地区、边远山区，和革命老区、不少群众饮水、用电和防洪安全等基本水利需求还没有得到有效保障。与此同时，随着经济社会的发展，民生水利服务范围亟待扩大，功能效用亟待强化，规程规范亟待完善，技术标准亟待提高，保障能力亟待增强。这就要求水利行业必须立足经济社会发展新阶段，顺应人民群众新期待，找准民生水利着力点，全面推动民生水利新发展，在更大范围、更广领域、更高程度、更好水平上造福人民群众。陈雷部长在谈到谋划民生水利新发展时讲到，当前和今后一个时期，我们要在加快水利工程建设、加强水资源管理、深化水利改革的同时，着力解决问题最突出、矛盾最集中、群众要求最紧迫的水利问题，增强民生水利保障能力，扩大民生水利成果，使水利更好地惠及民生，造福人民群众。并提高出了当前和今后一个时期要加快完成三大任务，着力做好四项工作，努力实现五个突破。这正是当前和今后民生水利建设与发展的目标与方向。三大任务：一是，确保如期完成病险水库除险加固任务。在完成大中型和重点小型病险水库除险加固的基础上，统筹考虑规划病险水库除险加固，编制全国小 I 型病险水库除险加固规划，力争用 2～3 年时间完成除险加固任务。二是，进一步加快农村饮水安全工程建设步伐。要进一步加大力度，因地制宜地采用集中供水、分散供水、城乡供水管网向农村延伸等方式，加快解决饮水安全问题。要健全农村供水工程管理体制与运行机制，确保工程建得成、管得好、用得起、长受益。要抓紧完成新增农村饮水不安全人口复核工作，编制 2010—2013 年全国农村饮水安全工程规划，统筹解决新增饮水不安全问题。三是，全面推进大型灌区续建配套和节水改造。集中力量进行大型灌区续建配套和节水改造，做到每年完成一批，验收一批。四项工作是着力做好中小河流治理工作；着力做好中型灌区续建配套与节水改造工作；着力做好节水灌溉推广工作；着力做好水电新农村电气化县建设和小水电代燃料工作。五个突破是抓好小型农田水利重点县建设；实施坡耕地综合整治；开展蓄滞洪区安全建设；搞好病险水闸除险加固；开展农村水环境整治，这一项项的任务，一项项的重点工作和重点突破，都是硬任务，任重而道远，既需要水利人的共同努力，也需要全社会的关注。

"十二五"是我国水利发展的关键时期，政府和学者们都认识到我国经济发展形势和人民对水利事业的企盼都要求"十二五"期间要切实解决水利建设中的一系列的重要问题。概括起来说有 12 个重大问题，包括深入研究"十二五"水利发展目标问题，提出"十二五"水利发展的目标和指标体系；深入研究民生水利发展问题，建立和完善民生水利发展的长效机制；深入研究水利投资和接续项目问题，抓紧提出一批符合国家投资方向和投资政策的重大水利工程项目和接续项目；深入研究落实最严格水资源管理制度问题，促进水资源的可持续利用；深入研究河湖水系连通、水量调配和提高水环境承载能力问题，发挥河湖水系的综合功能，实现水量优化调配；深入研究流域和区域水利发展布局问题，明确流域和区域水利发展的重点和要求；深入研究水土保持与生态修复问题，对水生态系统进行综合治理；深入研究促进水资源节约保护和优化配置的工程、技术、经济、法律、行政等措施，保障国家水资源安全；深入研究流域、区域、城乡水资源统一配置和调度，强化城乡水资源统一管理；深入研究应对全球气候变化问题，增强应急管理能力；深入研究洪水风险管理问题，加强洪水调度管理和洪水资源化利用；深入研究水利发展重大体制机制问题，逐步建立水利良性发展长效机制。民生水利列为 12 个重大问题之中并且位置靠前，可见民生水利在当今水利事业中发展的地位。

四、现代水利保障：人水和谐

水是人类文明进步与社会和谐发展的基础，人水和谐的现实困境越来越成为制约经济社会和谐发展的瓶颈，人水和谐不仅是水文化的核心，而且是社会和谐发展的基本维度，我们应该积极发展水文化，正确认识和处理人与水的关系，加强生态教育，促进人水和谐与经济社会的协调发展。

党的十六大以来，党中央先后提出了树立和落实科学发展观、构建社会主义和谐社会的重大战略思想。党的十六届六中全会又通过了《中共中央关于构建社会主义和谐社会若干重大问题的决定》。建设社会主义和谐社会总体上是要达到以人为本，实现人的全面发展，建立和谐的人际关系，并促进人与自然相和谐，创造稳定的发展环境。那么，水利作为国民经济的重要门类和经济社会发展的基础，承担着构建社会主义和谐社会的重要使命。主要体现在两方面，一是要实现人水和谐，二是创造安全用水环境。人水和谐是人与大自然和谐的一个重要方面。长期以来，人们为了生存和发展，往往过度地挤占水面，过度地开发水资源，又忽视水资源的节约、保护和水生态的修复，致使湖泊萎缩、湿地减少、海水内侵、地下水枯竭、水源污染。所有这些问题，表面是水对人的伤害，但本质上是人对水的伤害造成的后果。要建立和谐的社会形态，就必须达到人水和谐，把坚持人与自然和谐作为破解我国水资源问题的核心理念；就要以水资源承载能力为基础，尊重自然规律，以可持续发展的社会经济文化政策为手段，以完善的制度为保障，使人类社会与自然和谐相处，促进可持续发展。水安全问题更值得注意，主要表现在防洪安全、饮水安全、粮食安全和水生态安全等方面，水安全不仅关系到经济发展，也关系到社会的稳定。凡是水安全的时候，经济就发展，社会就稳定，国家就兴旺，反之，经济衰退，民不聊生，社会就不稳定。历史上因水旱灾害引起社会动荡、王朝更迭的事例就很多。因此，加快现代水利发展，实现水安全，才能促进经济稳定发展，社会安定和谐，人民安居乐业（摘自水利部副部长翟浩辉中国现代水利建设高级论坛讲话）。党的十六届六中全会报告还把重点搞好水、大气、土壤等污染防治，作为加强环境治理保护，促进人与自然相和谐，构建社会主义和谐社会的重要任务。之后，党的十七大又提出要加强生态文明和社会文明建设，促进人与自然和社会的协调发展。可见人与自然的和谐是构建社会主义和谐社会的基础，而人水和谐则是基础中的基础，因而是社会和谐发展的基本维度。对此，我们应该从以人为本的科学发展观构建社会主义和谐社会的高度，正确认识和处理人与水的关系，积极发展水文化，加强生态教育，促进经济社会的和谐发展。

（一）人水和谐：人类文明进步与社会和谐发展的基础

人类的生存和健康是人类文明进步与社会和谐发展的前提，它需要人与水的和谐关系作为支撑，这就决定了人水和谐是人类文明进步与社会和谐发展的基础。

1. 水是人类文明的摇篮

在大约 300 万年的人类历史中，人类选择自然所迈出的第一步是逐水草而居。从尼罗河、底格里斯河、幼发拉底河、黄河、恒河的沿河河岸诞生了古埃及、巴比伦、中国和印度四大文明古国。至今，世界上几乎所有的重要城市都偎依着一条河流。不仅如此，水更是生命之母。生命科学认为，地球上最早的生命首先是诞生在海洋中。水是一种自然存在，是生命赖以生存的重要自然资源。水的存在又是变化多端的，水变化的威力改变和影响着自然、生命、人类以及社会的发展。在此意义上，可以说，水一直是影响人类社会和谐发展的基本维度：一方面水为人类生存和开展农业、工业、能源、运输等经济社会活动提供了必要的支撑条件，是人类文明进步与社会和谐发展的基础；另一方面，水也能通过干旱、洪涝灾害等给人类带来灾难，影响人类文明进步与社会的和谐发展。

2. 水是文化的渊源

历史遗留至今最原始的文化形式是神话传说。西方文化经典《圣经》一开篇，就描绘了伊甸园中的一条河流，然后才出现人类始祖亚当、夏娃，之后又是诺亚方舟在滔滔的大水中让他们绝处逢生，这看似神话传说，实则包含了人类最初的生存经验和感受，成为西方文化发展的渊源。而在中国家喻户晓的女娲补天神话故事中，女娲最伟大的功绩是补天，补天的本质就是抗洪、防旱。中国许多古老的神话往往都源于水：精卫填海，本质上也是抗洪的内容。夸父逐日，后羿射日，其实反映的都是抗旱的概念。从现在仍然存在的最古老的文化形式神话，我们可以看到人类在与水的相互作用中努力获得平衡与和谐发展的理想追求。由水而生成的水文化也是一个民族的历史文化的积淀，体现了千百年来与一个民族朝夕相处的文化要素，浓缩了大量极为重要的文化内涵；水是抽象概念的自然物质符号形态，它不但孕育文明，而且对一个民族的深层文化给出简约直观而全面的诠释。古希腊哲学泰斗泰勒斯就从哲学本体论的高度认为"水是万物之源"，并把水作为世界的"始基"产生万物。中国古代的哲学家、思想家都十分推崇水，老子提出"天下莫柔弱于水"，孔子认为"智者乐水，仁者乐山"，孟子指出"民归之犹水之就下，沛然谁能御之"，荀子则更加强调"水则载舟，水则覆舟"等等，这些有关水的圣贤语录，不仅仅展露了华夏文化特有的品质，更蕴涵着人类普遍的世界观和人生哲理。

3. 水是中国社会历史朝代变更的脉搏

据文字记载：大禹治水之后，其子启创立了中国历史上的第一个朝代夏。事实上，是大禹在治水的过程中组织了民众，正是这种组织的存在奠定了中国国家建立的基础。这就是说，中国这个国家本身的产生，最直接的原因就是水。之后，因为大旱大涝引起农民造反导致改朝换代，是中国封建社会变更中屡见不鲜的现象。由此可见，水对于人类社会历史的发展有直接影响。

4. 人水和谐蕴涵着丰富的文化内涵和社会意义，是水文化的核心

回顾历史，人类文明离不开水的滋养、人类的生存和健康离不开清洁的水源和良好的水环境。水不仅是生命存在和社会发展不可缺少的自然物质，而且人类在认识和改造水的过程中形成了丰富的水文化。古代先贤很早就认识到水对人类存在和社会文明进步的意义，古希腊哲学泰斗泰勒斯就把水作为世界的本源，认为万物产生于水。2700多年前的管仲也提出"水者，何物，万物之本源也"，可见中西方哲学家都从本体论的高度把水作为世界的"始基"物质加以重视。在中华文明之初，思想家们便形成了"上善若水"和"厚德载物"

这一对朴素哲学理念，前者说的是水的品格"利万物而不争"，而后者讲的是做人的道理，要以德对待自然，才能有利于人类与自然界的和谐发展，形成了"天人合一"的思想。它要求人类必须更好地理解人与社会、水和环境之间错综复杂的相互关系，这些相互关系植根于各种社会和文化过程当中，其核心是人与自然和谐相处。

综上所述，因为水涉及人类生存的各个方面，每个社会团体都在其世界观和伦理标准的基础上建立了与水的利用有关的社会结构、规则和实践。其结果使水具备了丰富的文化内涵和社会意义。这种文化内涵和社会意义统称水文化，主要是指人类认识和改造水所形成的物质和精神成果的总和。水文化的内容是多层次的，但其核心是人水和谐，主旨是可持续利用水资源，促进经济社会的可持续发展。人水和谐不仅是人与自然和谐的基础，而且是人类文明进步的基础。过去，我们一直倾向于从工程技术的角度去解决水问题，但是，仅仅依靠工程技术并不能带给我们有效的解决方式。近年来，水的文化价值在解决发展用水方面的作用日益受到重视，而人水和谐是水文化的核心。这就要求我们要进一步挖掘人水和谐所蕴涵的丰富的文化内涵和社会意义，从水文化的视角促进社会主义和谐社会的发展。

（二）人水和谐的现实困境：制约经济社会和谐发展的瓶颈

地球是宇宙中目前发现的唯一适合人类生存的星球，就是因为地球淡水的存在。对于生命之水，人类不是报之以礼而是虐待；自然不堪受辱，必然降灾于人类。正如经济观察报采访"治水女帅"钱正英院士一文中指出，几十年来，中国开发与利用水资源的能力越来越强，但由此带来的负面效果也越来越多。在目前可持续发展已经成为一种全球性理念的背景之下，我们有必要对现行的水利政策以及各地的具体做法进行严格的拷问。不合理不科学的工业布局导致的用水效率低下，不良的价格机制引发的水资源滥用，过度开发利用造成的水质污染，欠考虑的决策带来的浪费问题，都是水利工作的重大忧患，并成为制约经济与社会发展的瓶颈。因此，水资源短缺（甚至出现河湖干涸、地下水衰竭）、洪涝灾害、水污染、水土流失、荒漠化和水环境恶化等等人水和谐的现实困境，越来越成为制约经济社会和谐发展的瓶颈，应该引起高度重视。

1. 人水和谐面临的现实困境之一：水资源紧缺和水环境恶化

我国是一个缺水严重的国家，人均淡水占有量仅为世界平均值的1/4。全国669座城市中有400余座供水不足，其中严重缺水的城市有110座。在32个百万人口以上的特大城市中，有30个长期受水困扰。

缺水主要表现为水源性缺水和水质性缺水。一方面，我国北方及西北地区天干地旱，水源本身不足，影响国民经济发展。另一方面，我国南方尽管水资源丰富，但由于污染等人为所致的水质性缺水严重。水质性缺水和水源性缺水并存，严重影响我国经济发展和人民群众的身体健康。以黄河为例，作为我国西北、华北最重要的水源，黄河承担着流域内50多座大中城市和420个县居民饮水供水任务。但是，随着黄河污染加重和地下水过量开采，沿黄河一些城市饮水安全亮起"红灯"，开始面临水质性缺水和水源性缺水的双重危机。特别是近年来，中国水情一再告急，除传统的北旱南涝、江河断流或泛滥成灾的水情之外，出现了丰水地区城市缺水、水体污染现象严重等新情况。2006年酷夏，重庆大旱，百年一遇。自 2001 年秋季以来，云贵高原的严重旱情导致云南人民饮用水告急。而自松花江水污染事故以来，中国共发生 130 多起与水有关的污染事故，达到平均每两至三天一起。一系列水情折射出人水关系不和谐的一面，直接影响人居安全：一方面，工业废水的肆意排放，导致 80% 以上的地表水、地下水被污染，饮用水安全问题比较突出。例如，污染前的滇池不仅是昆明市的护城池，而且曾经是市民的主要饮用水水源；但由于严重污染，即使现在加大治理至少 50 年也恢复不到污染前的状态和功能，这也是加剧云南人民饮用水困难的一个重要原因。另一方面，由于历史原因，我国还有不少农村的群众喝不上干净的水，饮用水含有高氟、高砷等有害物质。全国尚有 3 亿农村人口喝不上符合标准的饮用水。

同样，由于人口的增长和社会经济的快速发展，人类对水循环的影响越来越大，改变了淡水的质量和分布，给人类文明和社会发展带来了严重影响。根据第二次世界水发展报告，全球约有 1/5 的人没有安全的饮用水，2.6 亿人没有享受到基本的卫生设施。与水有关的各种自然灾害，例如，洪水和干旱，比其他任何自然灾害夺走的生命都多。和水有关的疾病每天造成成千上万名儿童的死亡。人水和谐的现实困境越来越严峻，成为制约经济社会和谐发展和人类进步的瓶颈。

2. 人水和谐面临的现实困境之二：水土流失

水土流失是在水力、重力、风力等外力作用下，水土资源和土地生产力的破坏和损失，包括土地表层侵蚀、植被的破坏以及水的损失。水土流失流走的是水，损失的是土，二者都是人类生存最基本的物质基础。水土流失是一个全球性的重要环境问题。早在 1984 年美国世界观察研究所发表的《1984 年世界形势报告》中就指出，"土壤侵蚀是对世界经济的长期威胁，迫使世界经济走向不可持续发展的道路"。这一警告绝不是危言耸听。水土保持关系到人民的生命财产安全，关系到国计民生，关系到可持续发展及人与自然和谐发展的大局。而我国是世界上水土流失最为严重的国家。据资料显示，我国每年流失的土壤总量达 50 亿 t。严重的水土流失，不仅造成土地退化，耕地减少，而且加剧洪涝灾害，严重危害人居环境安全。1998 年长江发生全流域性特大洪水的重要原因之一就是中上游地区水土流失严重所致。人为因素特别是对自然资源的掠夺性开发利用，是造成水土流失的主要原因。 因此，有效控制水土流失，捍卫生存之基，越来越成为树立科学发展观，合理开发利用自然资源，促进人与自然、社会和谐发展的当务之急。

3. 人水和谐的困境严重影响社会的和谐发展

人水和谐是人类文明进步的基础，人类社会的和谐首先依赖于人水和谐，但是，人水关系面临的现实困境，使人水和谐蒙上了层层阴影：水资源紧缺、水环境恶化和水土流失严重已成为制约人类社会发展的主要因素，作为基础性自然资源的水，早已成了公共性的社会资源和战略性经济资源，而且具有全球性。这就使人水和谐的现实困境已经不是一个地区和国家的问题，越来越需要国际合作。可见，促进人水和谐不仅是我们构建社会主义和谐社会的重要任务，也是构建和谐世界的重要任务。

首先，人水不和谐必然会引发一系列政治、经济、社会问题，影响一个社会的稳定与和谐发展。中国历史中因为大旱大涝引起农民造反导致朝代变更，是屡见不鲜的现象。同时，水作为重要的生存资源，常常是引起国际争端的原因。一个从事战略研究的国际机构预测，印度和巴基斯坦之间因为水而发生战争是"不可避免的"。巴基斯坦的人均可利用水资源量已经从独立时的 5600m³ 减少到目前的 1200m³。到 2010 年将可能达到临界值 1000m³。因此，如果印度和巴基斯坦计划采取政治途径重建他们的关系，水将是决定性因素。

其次，人水不和谐会造成社会贫困。据资料显示，中国 90% 以上的贫困人口生活在水土流失严重地区。这绝不是巧合，水土流失造成的生态恶化是导致贫困的重要原因。例如，江西省水土流失面积在 50 万亩以上的 42 个县（市、区）中，有 35 个是贫困县。全省 12 个水土流失面积超百万亩的县市，2003 年人均财政收入仅为 240.58 元。

最后，人水不和谐会直接带来严重的经济损失。据水利部统计，"十五"期间，农田受旱面积平均每年达到 3.85 亿亩，平均每年因旱减产粮食 350 亿 kg。每年因缺水而影响工业产值 2300 亿元。专家警告：再这样下去，20 年后中国将找不到饮用水资源！

印第安人有一句话：不是我们祖先把生活留给下一代，而是向下一代借生活。我国著名社会学家费孝通针对迅速发展带来的环境恶化曾经提出：能不能再给子孙后代 5000 年？随着经济社会的发展，我们对水的需要、利用和破坏都在加剧人水的不和谐，世界各国现代化的进程反复证明仅仅依靠工程技术是无法解决人与水的矛盾冲突，这就越来越需要借助文化的力量，而人水和谐作为水文化的核心，也越来越成为全球水资源管理与治理的新课题。

（三）面对未来：发展水文化，促进人水和谐

党的十六届六中全会把加快发展文化事业和文化产业，满足人民群众文化需求作为构建社会主义和谐社会的重要内容；十七大以来，党中央更是提出要加强社会主义物质文明、精神文明、政治文明、社会文明和生态文明建设，把构建社会主义和谐社会摆在更突出的地位，构建和谐社会应遵循坚持以人为本，坚持科学发展观，全国各地、各行各业都在研究如何落实。和谐社会既包括人与人之间的和谐，也包括人与自然的和谐。我们知道，科学发展观的核心是可持续发展，可持续发展的实质是要保持人与自然的和谐共处。在人与自然的和谐相处方面，很重要的一环就是人与水的和谐相处。这就启发我们在解决人水和谐的现实困境时，不仅要发挥科学技术的作用，更要充分发挥水文化的作用，坚持以人为本的科学发展观，促进人水和谐，实现人与自然、社会的和谐发展。

1. 积极发展水文化，促进人水和谐

人水和谐的现实困境使水承载的文化价值受到重视。2006 年联合国召开的以水文化为主题的会议就突出了这一信息。联合国教科文组织总干事松浦晃一郎认为，要实现公正和稳定的可持续发展，水资源管理与治理就需要充分考虑到水具有的强大文化功能。尽管科学技术对于了解水循环和利用水资源至关重要，但是，科学技术的发展需要适应具体的环境，并且反映人民的需求和期盼，而这又受到社会和文化因素的影响。可见，人与水之间的关系很大程度上取决于人们对水的认识，而人们对水的认识属于水文化内容。水文化是人类水观念的外化，反映了人类对水的认识程度，水文化的重要内涵是人与自然相处的哲学，实现人与自然的和谐相处、人与水的和谐相处，保持生物多样性以及公正稳定的可持续发展，是水文化概念提出的初衷，所以我们说人水和谐是水文化的核心。

水文化在当代的价值可以从两个方面来理解：一方面，水文化意识有助于人类平衡人与自然的关系。这种意识是人类长期以来和自然共存的过程中积累起来的，它是基于人类对于水与人类生存之间的关系的深刻理解，以及水与人类社会文明进程的理解之上的。有了对水的深刻理解，人们才能亲水、保护水、爱惜水，注重平衡水与可持续发展之间的关系。在当代的水资源利用中，需要强化人类的水意识，这种意识是每一个民族保护水资源、获得可持续发展的文化基础。另一方面，水文化是一种关于水的社会规范。这些规范包括了人们对于水源、水设施的管理措施、利用以及保护水资源的传统意识与传统制度。这些社会规范是通过人们不同的观念、传统习俗以及传统的成文或不成文的规则体现出来的。

　　在当代的水管理和利用中，普遍存在水文化意识的弱化及水的使用、管理的社会规范的丧失的问题，从而使水丧失了重要的文化基础。这是人水和谐面临的现实困境越来越恶化的根本原因，因而重新认识并建设水文化已十分迫切。首先，党和政府要制定正确的切合实际的水利路线、方针、政策，并提供必要的人、财、物等方面的保障，为促进人水和谐提供政策支持。其次，在重视技术治水的同时要加强水文化建设，特别是要改变对传统人水关系和价值观念的认识。不能把水看成是取之不尽、用之不竭的自然资源，而水是有限的、宝贵的社会资源和战略资源。加强由工程水利向资源水利和传统水利向生态水利的转变，并使之逐渐成为共识。再次，要建立科学合理节约用水的权利义务观，加强立法，借鉴国外把水作为一种商品，对其占有和使用作出明确的法权规范，不仅要对因节约用水而多出的水的商品买卖进行保护，而且要对浪费和污染水作出严厉的惩罚，建立谁污染谁负责的公共水意识，为人水和谐提供文化支持和法律制度保障。

　　水文化和水资源利用在全球属于新兴课题，也是可持续发展的重要课题，水的管理不仅是技术问题，更是社会问题、人的观念问题。对于水利部门来说，重视水文化的建设与研究，有利于改善水利院校学生知识结构，有利于提高行业职工的综合素质，有利于使技术治水与文化护水并重，使人水和谐的文化理念深入人心。如何充实和改进大学教育中水利学科的相应内容和教材，以"文化"理念培育水利界的新一代，当是题中之意。同时，水文化建设与研究应渗透到社会生活各个方面，它的领域也正在随着时代的发展逐步拓展。例如，针对人水和谐面临的现实困境中存在的水资源紧缺问题，在全社会提高水文化意识，建设节水型社会就是有效解决方式之一。节水必须依靠社会观念的支撑，而且必须作为社会的核心价值观。目前我国正在从过去以供水建设为主导，转向加强水资源需求管理、建设节水型社会，这是一个可喜的变化。

　　2.　正确认识和处理人水关系

　　哲学家、生态学家认为"水是有生命的，它需要理解"，水犹如人，水不是冰冷的外物，而是有自身生命、自身特性、自身规律的活体，人所要做的只是正确地"认识它、适应它、接受它、享用它"。只有实现人水和谐才能保证河流的生态环境，才能维护河流的健康生命；只有河流拥有健康的生命，才能真正维护人类的生命和健康。这就要求我们追求经济发展不能以牺牲人与水的和谐关系为代价。对于人水和谐的现实困境中存在的由于过度开发导致的水土流失、水污染等环境问题，世界自然基金会专家认为，中国应吸取西方发达国家经济高速期对水资源利用的教训。地方政府应该在观念上和中央政府保持一致，树立科学发展观，在工作中切实体现人和自然和谐发展的理念。

事实上，西方发达国家也曾出现过很多流域严重水污染的事例，例如，德国莱茵河严重污染的严酷事实就最终唤起了公众的环保意识和爱水意识。我国近年也在初显这一问题，如太湖的蓝藻问题、沿海发展较快地区污染严重等问题，都不可小视。前者讲到国外西方发达国家的污染问题，从 20 世纪 60 年代起，开始对污染的河流进行治理并取得显著成效。中国怎么办，绝不能走"先污染、后治理"的老路。江西是欠发达地区，虽然水污染好于发达省市，但在加速赣都经济发展的过程中要特别注意保护自然环境，发挥好后发优势。这就要求我们在规划和发展经济时应充分考虑一定流域和区域的水资源承载力。国家"十一五"规划纲要首次提出按照区域的功能进行规划和建设。如在水资源严重短缺地区、矿山脆弱区要限制经济开发活动。这是我国实施经济合理增长，保护生态与环境，实现可持续发展的重大战略措施的转变，江西鄱阳湖生态经济区建设上升为国家战略，首先是要发展，但在发展中一定优先保护好自然生态环境。这才是生态经济区建设中的科学发展。国家和各省地正制定"十二五"和中长欺期发展规划，在"十二五"及以后的中长期规划纲要更应该强化这一点，并建立和完善相应的政策、制度和保障措施。

3. 加强生态教育是促进人水和谐的根本途径

人水和谐是水文化的核心，营造良好的水文化环境，促进人水和谐，加强生态教育是根本途径。生态教育的目的，就是引导公民个体正确认识人与自然的关系，培养善待、尊重、敬畏生态的价值取向，激励对个体、自然和社会的责任感，并最终达到完善人格完美生态。在进行生态教育的过程中，我们应当注意做好政府主导、学校培育、新闻媒体与社会主推等三个方面的工作。

首先，要积极发挥政府在加强生态教育，促进人水和谐中的指导作用。我国的生态环境总体上十分脆弱，如果在开发中不重视生态环境教育，就会出现一些地方为了追求当前的经济利益而牺牲环境，从而影响整个经济社会的可持续发展和人民生活水平的提高。为此，中央十分重视生态环境教育，在实施西部大开发战略时特别强调要把保护生态环境、建设绿水青山作为西部大开发的重中之重。党的十六届六中全会强调要"实施重大生态建设和环境整治工程，有效遏制生态环境恶化趋势。完善有利于环境保护的产业政策、财税政策、价格政策，建立生态环境评价体系和补偿机制，强化企业和全社会节约资源、保护环境的责任。完善环境保护法律法规和管理体系，严格环境执法，加强环境监测，定期公布环境状况信息，严肃处罚违法行为。"这说明党和政府对加强生态教育的高度重视。最近，国务院又批准了鄱阳湖生态经济区发展战略，将对长江中下游特别是环鄱阳湖地区生态经济发展有重大促进作用。

其次，学校教育应该成为生态教育的主渠道，从小培养，着眼未来。国外一些国家的做法值得学习，例如德国。要让人们认识到水是缺资源，开展一些感性化的教育，如经历松花江水污染事件的哈尔滨市民和严重旱灾的云南农民更懂得水的珍贵，让人们意识到或许有一天，水像油一样珍贵，就必然不会拧开龙头就哗哗流下，人们更能感受水的价值。联合国教科文组织的专家在公布了大量有关人类"虚拟用水"的数据。例如，一杯茶所含的虚拟水量是 35L，1kg 牛肉为 1400L，而一件全棉 T 恤衫和一张 A4 的纸竟也能消耗 2000L

和 10L 的水。由此推算，一个德国居民每天尽管从自来水管中获取 126L 水，其日虚拟耗水量却为 4000L。通过"虚拟水"概念，每个公民都可以在日常生活、工作和休闲中切身感受水之珍贵，我们的举手投足皆可视作水消费行为。由此，人水和谐将从抽象的哲学概念，转变为科学生态保护生动实践和可持续发展的新境界。

人类的教育是围绕着生命的存在与发展来展开的，而人类的生命又是与自然界的生命形成唇亡齿寒的关联，两者由此共同构成了生态。所以，生态教育原本就是人类教育活动的题中之意。作为教育内容的生态，其不断生成、发展、变动的过程，也是个体主体性发展的过程。生态教育的目的，就是引导公民个体正确认识人与自然的关系，培养善待、尊重、敬畏生态的价值取向，激励对个体、自然和社会的责任感，并最终达到完善人格完美生态。

同时，由于教育是文化的载体，水文化既然反映着人类社会各个地域和各个时期一定人群对自然生态水环境的认识程度，以及其思想观念、思维模式和行为方式，那么，生态教育也要体现时代性和地域性。因此，学校生态教育应该融入地方教材和校本教材，系统有机地整合校内外丰富的生态教育资源，突出时代性与地域性。目前，一些高校如南昌工程学院根据自身特点建设以水为涵的校园文化，就是很好的特色生态教育。

再次，新闻媒体与社会应该为生态教育大力营造氛围，积极推进水文化的传播。这对新闻媒介的公共舆论引导以及整个社会在环境氛围的营造提出了要求。

一方面，公众媒体应该通过舆论引导担负起社会教化的责任。节水必须依靠社会观念的支撑，必须关涉到社会的核心价值观，因此，公众媒体应该担负起社会教化的责任。根据议程设置理论和培养理论，公众媒体可以通过经常性报道、评论分析、征集意见，展开讨论、后续报道等形式引起人们的关注，并且认识到问题的严重性，进而展开讨论和思考，起到舆论监督和导向的作用。对于特别重大严重的事件要进行精心策划，集中报道。充分发挥新闻照片的视觉冲击力、形象性和可信性。笔者注意到，近年来媒体对有关生态环境的报道，特别是水问题的报道力度越来越大，这是一个好现象。例如，天津高校在大学生中开展的爱水、惜水、护水活动经媒体报道后就对培养大学生的节约用水、爱护生态意识取了良好效果。

另一方面，整个社会应该大力推进生态教育。在纳入学校教育、学科教学体系的同时，生态教育还必须与传统人文教育、公民意识教育以及爱国主义教育有机结合，从一时的善待、尊重、敬畏自然的行为上升为一种习惯、一种理念、一种文化素养和一种主体意识。生态教育，节约用水，不应该是局部的事，而是整个国家的事，需要全体公民身体力行，贯穿于生活的每一天。

由水而生成的水文化是一个民族的历史文化的积淀，体现了千百年来与一个民族朝夕相处的文化要素，浓缩了大量极为重要的文化内涵；水是抽象概念的自然物质符号形态，它不但孕育文明，而且对一个民族的深层文化给出简约直观而全面的诠释。"天下莫柔弱于水"，"智者乐水，仁者乐山"，"民归之犹水之就下，沛然谁能御之"，"水则载舟，水则覆舟"等有关水的圣贤语录，不仅仅展露了华夏文化特有的品质，更蕴涵着人类普遍的世界观和人生哲理。因此，学习和掌握本民族的水文化过程也就是学习和理解本民族文化的过程；水是最普及的生态和文化形态，溶于普通百姓生活，认识一个民族的水文化，也就是认识这个社会广大民众的生活，这也使水文化成为民间国际对话的一条便捷的通道。水保持住一个自然生态，一个多元而平衡的文化生态。所以，我们说生态教育在纳入学校教育、学科教学体系的同时，还必须与传统人文教育、公民意识教育、爱国主义教育以及改革创新教育有机结合，从一时的善待、尊重、敬畏自然的行为上升为一种习惯、一种理念、一种文化素养和一种主体意识。江西是一个水文化底蕴深厚的地方，也是一个水资源约占优势的省份，我们要保持好这一优势，传承好优秀的水化，通过各种宣传教育，使爱水、亲水、护水意义家喻户晓，使大人到小孩都能变成自觉行动。加上一大四生态工程的实施，赣鄱在地人与水、人与自然将会更加和谐。

值得一提的是，生态教育应该渗透到生活的方方面面，成为每个公民自我教育的一个必要组成部分。这就是说，生态教育重在体验。事实证明，已经习惯于拧水龙头取自来水的城市居民根本无法感受遍布全球的水荒。经历松花江水污染事件的哈尔滨市民和严重旱灾的云南农民应该更懂得水的珍贵，或许有一天，当所有的水只能像油一样桶装购买，而不是拧开龙头就哗哗流下，人们更能感受水的价值。

第三节　新时期治水之策

一、我国新时期的治水策略

2013 年年初，水利部部长陈雷谈到新阶段的治水兴水之策指出，我们要深入学习贯彻落实党的十八大精神，全面把握经济社会发展新要求和人民群众新期待，按照中央治水兴水的决策部署，在新的起点上不断把中国特色水利现代化事业推向前进。

（一）在加快推进水利科学发展上迈出新步伐

我国地域辽阔，各地自然禀赋和经济社会发展条件不同，南方北方、东中西部、城市农村面临的水利问题千差万别。近年来，我国根据水利工作新形势新任务，因地制宜地提出可持续发展治水新思路，牢固树立民生水利发展新理念，着力解决人民群众反映强烈的水利突出问题，推动各项工作取得显著成效，水利事业焕发勃勃生机。

在新的历史起点上，我国要准确把握国情水情以及水利发展的阶段性特征，正确处理经济社会发展和水资源的关系，全面考虑水的资源功能、环境功能、生态功能，对水资源进行合理开发、优化配置、全面节约、有效保护和科学管理，统筹解决水多、水少、水脏、水浑等问题。加快实现从控制洪水向洪水管理转变，从供水管理向需水管理转变，从水资源开发利用为主向开发保护并重转变，从局部水生态治理向全面建设水生态文明转变。在更深层次、更大范围、更高水平上推动民生水利新发展，努力走出一条中国特色水利现代化道路，为经济建设打下更为坚实的水利基础，为人民群众带来更多的水利实惠，为子孙后代留下更为秀美的河流山川。

（二）在大力发展民生水利上取得新成效

水利与民生息息相关。随着经济社会发展和城乡居民生活水平提高，人民群众对水利提出了更多新期盼和新要求。保障和改善民生是水利工作的出发点和落脚点，我们必须把人民群众对美好生活的不断向往作为水利工作的奋斗目标，把群众直接受益的基础设施作为水利建设的优先领域，把群众满意作为评判水利工作的最高标准。大力推进水利基本公共服务均等化，着力构建保障民生、服务民生、改善民生的水利发展新格局。

要加快完成重点小型水库除险加固、重点中小河流近期治理、山洪灾害防治县级非工程措施建设，扩大中小河流和大江大河支流治理范围，启动山洪灾害调查评价和重点山洪沟治理，消除威胁人民群众生命财产安全的防洪隐患。加快农村饮水安全工程建设，全面解决农村人口饮水安全问题，积极发展集中供水工程，提高农村自来水普及率，努力实现城乡供水一体化。抓好农村水能资源开发与管理，加快水电新农村电气化县、小水电代燃料工程建设，全面实施农村水电增效扩容改造。高度重视水利移民工作，在制定移民安置规划方案和实施移民安置工作时，更加注重改善移民生活条件、提高生产能力、增强就业技能、完善社会保障，使移民真正"搬得出、稳得住、能致富"。建立健全蓄滞洪区管理制度，加强安全建设，完善补偿政策，积极改善蓄滞洪区群众生产生活条件。

（三）在夯实水利基础支撑上实现新跨越

我国已经实现了从农业大国向工业大国的历史性转变，但工业化、城镇化过程中的人口集中、城市扩张、产业集聚、生活方式变革等问题，给城市的供水保障、防洪排涝、资源环境带来了史无前例的压力。同时，信息化、农业现代化的突飞猛进，对水利发展既提供了难得机遇，也带来了严峻挑战。促进中国特色新型工业化、信息化、城镇化、农业现代化同步发展，水资源是基本条件，水利是基础支撑，保障任务十分繁重而紧迫。

要不断完善现代水利工程体系，继续推进大江大河大湖治理，重点建设一批防洪控制性枢纽工程，不断完善覆盖广泛、功能完备、工程措施与非工程措施相结合的防洪排涝减灾体系，切实筑起一道城乡防洪安全屏障。加强水资源配置工程建设。加快城乡重点水源工程、跨流域跨区域调水工程、河湖水系连通工程建设。着力构建我国"四横三纵、南北调配、东西互济、区域互补"的水资源宏观配置格局。加快形成布局合理、生态良好，引排得当、循环通畅，蓄泄兼筹、丰枯调剂，多源互补、调控自如的江河湖库水网体系，提高水资源调控水平和供水保障能力。加快利用信息技术对水利行业进行改造提升，推动信息化与水利规划、勘测、设计、建设、管理、预报、监测等各个环节的深度融合，以水利信息化带动水利现代化。大兴农田水利基本建设，加快实施大中型灌区续建配套工程、大中型灌排泵站更新改造工程和新增千亿斤粮食生产能力建设规划，抓好小型农田水利重点县建设，全面实施东北节水增粮行动，积极推进西北、华北规模化高效节水灌溉工作，集中力量建成一批规模化高效节水灌溉示范片区，不断增强农业综合生产能力和防灾减灾能力，提高农业用水效率和效益。

（四）在实行最严格的水资源管理制度上取得新进展

水是生态环境的主要控制性因素，水生态文明是生态文明的重要组成和基础保障。长期以来，我国经济社会发展付出的水资源、水环境代价过大，导致一些地方出现水体污染、水质恶化，河道断流、湖泊萎缩，地面沉降、海水入侵，水土流失、生态退化等问题，可持续发展面临严峻挑战。解决当前面临的资源环境问题、增强可持续发展能力、建设美丽中国，必须加快推进水生态文明建设。

要以实行最严格的水资源管理制度为抓手和切入点，抓紧确立水资源开发利用控制、用水效率控制、水功能区限制纳污"三条红线"，建立健全水资源管理责任和考核制度，从源头上扭转水环境恶化趋势。严格控制用水总量，进一步落实水资源论证、取水许可监督、水资源有偿使用等管理措施，制定主要江河流域水量分配和调度方案，维持河流生态流量和湖泊、水库、地下水合理水位，保障生态用水基本需求。着重提高用水效率，抓好用水定额管理和用水计划管理，制定强制性节水标准，实施重点用水监控，全面建设节水型社会。从严核定水域纳污容量，全面落实全国重要江河湖泊水功能区划，建立水功能区水质达标评价体系，实施入河湖排污总量动态监控。

综合运用调水引流、截污治污、河湖清淤、生物控制等措施，加强对重点生态区和水源地的保护，推进生态脆弱河湖和地区的水生态修复，逐步实现以水定需、量水而行、因水制宜、人水和谐的文明发展。深入推进水土保持生态建设，加大重点区域水土流失治理力度，加快坡耕地综合整治步伐，积极开展生态小流域建设，有效保护水土资源。积极开展水生态文明城市创建活动、农村水系和河塘清淤整治，给子孙后代留下山青、水净、河畅、湖美、岸绿的美好家园。

（五）在构建水利科学发展体制机制上实现新突破

随着水利综合功能逐步拓展，水利覆盖范围不断扩大，涉水利益主体日益多元化，水利科学发展涉及面更广、推进的难度更大。在全力抓好大规模水利建设的同时，我们要以更大的决心、下更大的力气，全面构建充满活力、富有效率、更加开放、有利于科学发展的水利体制机制，不断完善适合我国国情水情的水利发展模式，不断增强水利事业的生机活力。

要着力深化水利投融资体制改革，在建立健全政府主导、金融支持、社会广泛参与的水利投入稳定增长机制上取得新突破；着力深化水资源管理体制改革，在建立事权清晰、分工明确、运转协调的水资源管理机制上取得新突破；着力深化水利工程建设和管理体制改革，在建立健全市场信用体系、质量监管体系、工程安全运行保障体系上取得新突破；着力深化基层水利改革，在建立健全职能明确、布局合理、队伍精干、服务到位的基层水利服务体系上取得新突破；着力深化水价改革和水权制度建设，在建立健全反映市场供求和资源稀缺程度、兼顾效率和公平、体现生态价值和代际补偿的水资源有偿使用制度和水生态补偿制度上取得新突破。同时，要大力推进依法治水，加快完善水资源管理、河湖水域管理、节约用水、防汛抗旱、农田水利、农村水电等领域的法律制度，建立健全适合我国国情水情、科学完备、结构合理、相互衔接的水法规体系；权责明确、行为规范、监督有效的水行政执法体系；预防为主、预防与调处相结合的水事纠纷预防和调处机制。尽快完善全国、流域、区域水利规划体系，强化水利规划对涉水活动的管理、指导和约束作用。健全水利科技创新体系，加强水利基础研究和技术研发，力争在水利重点领域、关键环节和核心技术上实现新突破，依靠科技创新驱动水利发展。

二、江西水利发展的新举措

按照全面规划、统筹兼顾、标本兼治、综合治理的原则，结合江西省的自然特点、不同区域的经济发展水平和现代化建设的发展目标，全省水利发展的总体布局为：巩固和加强水利基础设施建设，以鄱阳湖生态经济区和五河干流的水利工程为重点，建立完善防洪减灾体系，优化水资源合理配置格局，提高水资源利用效率，加强水环境保护和河湖生态健康保障体系建设，积极推进节水型社会建设，强化水利管理，深化水利改革，完善水利管理和运行保障体系，促进经济平稳较快增长，以水资源的可持续利用保障经济社会的可持续发展，逐步建成与经济发展和自然条件相协调的水利保障体系。

（一）加强防洪减灾工程体系建设

（1）继续推进鄱阳湖区与五河干流及主要支流治理。完成鄱阳湖区二期防洪工程第五个单项除险加固，基本完成鄱阳湖区二期防洪工程第六个单项工程和五河重点段防洪整治工程及九江长江干流河段河道整治、五河尾闾等重点河段河（湖）疏浚工程建设；加快五河重点河段崩岸整治和河道整治。加快 1 万～5 万亩圩堤的除险加固工程建设。

（2）建成峡江、山口岩、伦潭、浯溪口等防洪控制性枢纽工程，力争解决万安库区防护遗留问题，提高对江河洪水的调控能力。

（3）做好康山、珠湖、黄湖、方洲斜塘等蓄滞洪区安全建设，确保康山等重点蓄滞洪区及时安全启用。

（4）加强沿江河、滨湖地区重点城市的防洪建设，构建城市综合防洪减灾体系。制定城市河湖治导控制线，避免城市盲目向洪水高风险区发展，满足防洪、排涝、生态以及美化城市环境等方面的需要。基本完成南昌、九江等全国重点防洪城市的防洪安全体系建设，加快赣州、宜春、抚州、上饶、吉安、景德镇、萍乡、新余、鹰潭等 9 个设区市防洪工程建设步伐，积极实施重点县（市）城市防洪工程，巩固提高城市防洪基础设施建设。

（5）加快推进重点地区中小河流治理和山洪灾害防治。加大中小河流治理力度，全面完成列入《全国重点地区中小河流近期治理建设规划》内的 42 个治理项目，有计划开展其他中小河流治理项目；加强山洪灾害的防治尤其是发生频繁、范围广、损失严重的山洪灾害的治理，加快江西省山洪泥石流治理步伐，逐步安排全省一级重点防治区涉及的 32 个县（市、区）的山洪泥石流灾害治理。

（6）切实加强城区和粮食主产区及鄱阳湖区排涝工程设施建设，积极实施红旗、信瑞等 10 万亩以上圩垸及各重点城市城区除涝工程建设，加大治涝工程建设力度，逐步提高重点地区排涝能力，逐步提高排涝标准。

（二）全面推进民生水利基础设施建设

（1）加快农村饮水安全工程建设。结合当前江西省的农村饮水安全状况，考虑各地的经济发展水平及各地的水源条件，因地制宜采取多种措施，优先解决高氟水、高砷水、苦咸水、缺水区以及血吸虫疫区的饮水不安全问题，所有高氟水、高砷水病区村完成改水，其次解决深山区、库区移民的饮水困难和饮用污染水、微生物超标等水质不达标的农村人口的饮水安全问题，全面完成农村饮水安全工程建设，提高农村集中供水普及率。

（2）加大灌区建设与改造力度。继续实施赣抚平原等 12 座现有大型灌区的续建配套与节水改造，加快廖坊灌区工程建设步伐，争取貉皮岭、峡江、共库、白云山、万安、蒋南等灌区增补列入国家大型灌区续建配套与节水改造实施规划，并加快工程建设；加强中小型灌区尤其是黄泥埠、长龙等重点中型灌区续建配套与节水改造，完善水利灌排设施条件，提高灌溉保证率和粮食单产水平；积极推进节水灌溉工程建设，大力推广节水技术，继续开展节水增效示范项目和节水增效示范县建设，修建节水灌溉工程，因地制宜推广管道输水灌溉、喷灌、滴灌等节水方式，推广水稻控制灌溉技术。

（3）继续推进病险水库除险加固工程。全面完成规划内大中型病险水库除险加固工程，全力推进小型病险水库除险加固。

（4）全面完成锦惠渠拦河闸、王家洲闸等164座大中型病险水闸除险加固工程建设。

（5）加快机电排灌泵站更新改造。全面实施完成大型机电排灌泵站更新改造工程，加快中小型机电排灌泵站更新改造步伐，提高粮食主产区的排涝能力。

（6）大力推进以小型农田水利重点县建设为重点的农田水利基本建设，加强中低产田改造；推进粮食主产区等重点地区应急抗旱水源建设，因地制宜地修建中小微型蓄引提工程、雨水集蓄利用工程，合理开发利用地下水。

（7）加大水电新农村电气化和小水电代燃料工程建设力度，启动农村水电增效减排工程；以水电新农村电气化县和小水电代燃料生态工程建设为契机，加强小水电建设，切实提高农民生活质量和水平，改善生态环境，推进"生态江西"建设。实施20个水电新农村电气化县和30个县的34个小水电代燃料生态保护工程建设。

（8）加快实施水利血防工程。针对不同的疫区类型，采取不同的防治策略和措施，并结合江河湖泊整治、灌区续建配套与节水改造、小流域治理以及农村饮水工程建设等进行水利血防工程建设。到2015年水利配合卫生等部门使所有流行县（市、区）达到传播控制标准，最终拟通过实施鄱阳湖水利枢纽工程，达到基本消灭湖区有螺区，从而阻断湖区钉螺传播途径，控制血吸虫病传播。

（三）合理开发和优化配置水资源

以保障城乡供水安全、粮食主产区和重点区域生态用水安全为主要任务，在对现有工程除险加固、改建、扩建和挖潜配套，充分发挥现有工程效益的基础上，因地制宜修建一些水源工程，提高对水资源在时间和空间上的调控能力，缓解水资源供需矛盾，进一步提高城市及重要地区供水保障能力，确保城乡居民生活、工农业正常生产的供水安全和重点区域的生态用水安全。

（1）建设一批支撑国家重点区域经济社会发展的重要水源工程。加快建设对鄱阳湖生态经济区城乡居民生活、工农业生产用水和生态环境保护等有重大影响的鄱阳湖水利枢纽工程，力争白梅、四方井、井山、东谷水库等骨干水源工程早日开工建设，增加水资源调控能力和抗旱能力，逐步构建较为安全可靠的水资源配置格局，确保城乡居民生活、工农业正常生产用水安全。

（2）建设一批支撑江西省新增百亿斤粮食生产能力的水利工程。

（3）加强老少边穷等地区的中型水库水源工程建设；结合供水、扶贫开发、山洪防治和中小河流治理，继续支持缺水地区的中型水库建设。

（4）加快南昌、景德镇、上饶等重要城市应急水源工程建设，改变单一水源供水的状况，保障供水安全程度，提高供水突发事件的应急能力。

（5）大力推进雨洪水等非常规水源利用，特别是雨水集蓄利用工程建设。

（四）加强水资源节约保护，全面推进节水型社会建设

（1）全面推进节水型社会建设。坚持开源与节流并重、节流优先、治污为本、科学开源、综合利用的原则，立足现有水源条件，充分挖掘节水和供水潜力，合理配置"生产、生活、生态"用水，提高农业灌溉用水利用效率、工业用水重复利用率和城市节水生活用水器具普及率，积极开展条件成熟地区节水型社会建设，在巩固提高萍乡市节水型社会成果的基础上，完成景德镇市、修水县、万年县、于都县、安义县、袁州区、渝水区、青原区、乐安县等国家和省级节水型社会建设试点任务，建成一批高水平、具有代表性的节水型社会示范区。以节水型社会建设试点为推动，在全社会树立节水新观念，建立和落实节水有关规章制度，提升江西省节水工作水平，全面落实国家下达江西省的各项节水目标任务。

（2）加强水资源保护。建立和完善江西省水资源监督监测站网，加强"五河一湖"及东江源头水环境保护，保护水质，保护和修复生态功能，提高水源涵养能力，保护自然资源和生物多样性，实现生态立省、绿色发展，推动绿色生态江西和鄱阳湖生态经济区建设。加快实施江西省五大河流和鄱阳湖及东江源头水环境治理工程、部分城市水环境治理工程以及水生态修复工程，重点开展集中式饮用水源地和东江上游水源的水质保护及治理措施，加快重要大中型水源地安全保障工程建设，开展农村面源污染防治工程建设，加强以农村村塘、沟渠整治为主的农村水环境治理工程，有效改善农村水生态环境。

（五）切实加强水土保持与河湖生态修复工程建设

（1）加强水土保持建设，有效改善水土流失区的生活生产条件和生态环境。继续大力推进国家水土保持重点工程、国家农业综合开发水土保持项目建设，积极实施革命老区水土流失综合治理工程、坡耕地综合整治工程和崩岗治理工程，加强对重点水土流失地区综合治理，充分发挥生态自然修复能力，积极推进生态修复、生态清洁型小流域和防治面源污染水土保持试点。加强国家水土保持重点治理工程的建设与管理，发挥重点治理工程在全省水土流失治理中的龙头带动作用。依法开展"三区"保护和治理，对生态环境良好的区域重点实施预防和保护，建立国家重点预防保护区；对易发水土流失、开发建设强度较高的重点区域实施重点监督，建立国家重点监督区，防止人为造成新的水土流失，切实加快水土流失治理步伐。

（2）加强河湖水生态修复治理，着力改善水生态环境。加强生态脆弱河流的综合治理，积极实施鄱阳湖湿地生态修复、东江源水生态修复与保护等工程，加快推进鄱阳湖水利枢纽工程建设；加强重要城市河湖水系连通和整治工程建设，重视水利工程建设对生态环境的影响；搞好水利风景区建设与管理。

（3）切实加强对地下水的保护，实行严格的地下水保护政策，加强地下水监测站网和地下水自动监测系统建设，加强地下水监测与保护工作，控制地下水超采，通过采取限采、禁采等综合治理措施，有效遏制地下水超采的趋势，缓解和改善生态环境压力。

参 考 文 献

[1]　中国水利文学艺术协会．中华水文化概论．郑州：黄河水利出版社，2008．

[2]　江西省水利厅．江西河湖大典．武汉：长江出版社，2010．

[3]　钱正英．中国水利历史·现状·展望．南京：河海大学出版社，1992．

[4]　钮茂生．中国的水．南京：河海大学出版社，1996．

[5]　顾浩．中国治水史鉴．北京：中国水利水电出版社，1997．

[6]　陈绍金．中国水利史．北京：中国水利水电出版社，2007．

[7]　全国保护母亲河行动领导小组办公室．啊！母亲河．北京：中国青年出版社，2003．

[8]　颜素珍．100 例水灾害．南京：河海大学出版社，2009．

[9]　萧燕生．水事大观．北京：中国水利水电出版社，2007．

[10]　陈绍金．中国水利史．北京：中国水利水电出版社，2007．

[11]　王英华．水工建筑物．北京：中国水利水电出版社，2010．

[12]　祁庆和．水工建筑物．北京：中国水利水电出版社，2005．

[13]　车玉明，姚润丰．治水兴邦——新中国 60 年水利事业改革发展启示录．[EB/OL]．[2011-07-08]．http://news.xinhuanet.com.

[14]　李水弟．赣鄱水文化．吉林：吉林大学出版社，2012．

[15]　[美]艾兰．水之道与德之端．北京：商务印书馆，2010．

[16]　王培君．对中华传统水文化的几点认识．中国水利，2009(11)．

[17]　冯天瑜，等．中华文化史．上海：上海人民出版社，2005．

[18]　靳怀堾．中华文化与水．武汉：长江出版社，2005．

[19]　汪恕诚．中国大坝建设的成就和展望．[DB/OL]．[2000-09-04].http://www.hwcc.com.cn.

[20]　中共中央马克思恩格斯列宁斯大林著作编译局．马克思恩格斯选集（第 4 卷）．北京：人民出版社，1995．

[21]　张光斗．对中国可持续发展水资源的新认识．[DB/OL].[2001-08-19].http://www.jswater.gov.cn.

[22]　潘杰．以水为魂——中国治水文化的精神传承．江苏水利，2006(6)．

[23]　尉天骄．当代中国水利事业中的文化精神．河海大学学报（哲学社会科学版）．2009(2)．

[24]　王如皋．从历代水利名人治水实践谈水利精神的弘扬．河海大学学报（哲学社会科学版），2008(6)．

芍陂

荆江大堤

都江堰水利工程

坎儿井

三峡水利枢纽工程

葛洲坝水利枢纽工程

丹江口水利枢纽工程

黄河小浪底水利枢纽工程

新安江水电站

龙羊峡水电站

万家寨水利枢纽工程

鲁布革水电站

二滩水电站

万安水利枢纽工程

峡江水利枢纽工程

赣江石虎塘航电枢纽工程

山口岩水利枢纽工程

柘林水利枢纽工程

南昌工程学院教师赴江西五大河流探源活动